国家自然科学基金(42271202)
江苏高校优势学科建设工程项目 资助出版

城市与区域系统分析实验教程
（R 语言应用）

Experiment of Urban and Regional System Analysis
（Applications in R）

胡　宏·编著

东南大学出版社
SOUTHEAST UNIVERSITY PRESS
·南京·

内容提要

本书根据作者近年来在南京大学讲授的本科专业核心课程"城市与区域系统分析"和中国大学慕课"探寻城市数字密码"实验教学内容编写。本书以城市与区域研究中的基础定量分析方法（数理统计方法）为核心，以数据获取、数据处理、描述统计、建模分析、结果解释为主线，将原理讲授、R语言编码、常见问题解答、应用场景举例结合，实用性和可操作性强。随书配套实验数据和R编码，方便读者练习。建议将本书与另一本南京大学尹海伟教授等编著的教材《城市与区域规划空间分析实验教程（第3版）》结合使用。

全书共分四篇16章。第一篇概念篇，包括城市与区域系统概念及特征、城市与区域系统分析概述、城市与区域系统分析的规划应用三章；第二篇实验准备篇，包括R语言及其操作简介、城市与区域数据库建立及导入、城市与区域数据预处理方法三个实验；第三篇基础分析篇，包括城市与区域数据描述统计方法、城市与区域数据统计推断方法、识别城市与区域系统影响因素的线性回归模型、理解城市与区域系统分类问题的逻辑回归模型、解析城市与区域系统交通问题的泊松回归模型五个实验；第四篇拓展篇，包括城市与区域系统聚类分析、城市与区域系统主成分分析和因子分析、城市与区域系统复杂影响机制分析、城市与区域系统时间序列分析、城市与区域系统分析方法综合应用五个实验。

本书可作为高等学校城乡规划、人文地理等相关专业的基础课程教学用书，也可为城市与区域规划研究和实践工作提供参考。

图书在版编目（CIP）数据

城市与区域系统分析实验教程：R语言应用 / 胡宏编著. — 南京：东南大学出版社，2022.12
ISBN 978 - 7 - 5766 - 0366 - 8

Ⅰ. ①城… Ⅱ. ①胡… Ⅲ. ①城市规划-定量分析-高等学校-教材 ②区域规划-定量分析-高等学校-教材 Ⅳ. ①TU984

中国版本图书馆 CIP 数据核字（2022）第 227114 号

责任编辑：马 伟 责任校对：子雪莲 封面设计：王 玥 责任印制：周荣虎

城市与区域系统分析实验教程（R语言应用）
Chengshi Yu Quyu Xitong Fenxi Shiyan Jiaocheng(R Yuyan Yingyong)

编 著	胡 宏	
出版发行	东南大学出版社	
社 址	南京市四牌楼 2 号（邮编：210096 电话：025 - 83793330）	
经 销	全国各地新华书店	
印 刷	苏州市古得堡数码印刷有限公司	
开 本	787 mm×1092 mm 1/16	
印 张	16.75	
字 数	411 千字	
版 次	2022 年 12 月第 1 版	
印 次	2022 年 12 月第 1 次印刷	
书 号	ISBN 978 - 7 - 5766 - 0366 - 8	
定 价	58.00 元	

前　言

随着计算机和信息通信技术在城乡规划和管理中的广泛应用,城市与区域规划越来越受到数据驱动,越来越需要定量分析方法支持。城市与区域系统是由若干子系统构成的复杂适应系统。在当前国土空间规划变革背景下,城市与区域系统分析通过将数理统计分析与 GIS 空间分析方法融合,从系统视角为国土空间规划提供科学方法支撑。掌握系统分析原理,了解多源异构的数据类型,选择合适的分析模型,是破解城市与区域系统问题的关键,也是当前城乡规划专业规划技术基础课程的必备教学内容。

南京大学城乡规划专业在将计量分析方法引入城市与区域规划教学方面探索已久。20 世纪 80 年代,南京大学林炳耀先生出版教材《计量地理学概论》,开设专业必修课“城市与区域系统分析”,将数理统计和计量地理学方法引入人文地理专业与城市规划专业。21 世纪以来,宗跃光教授、尹海伟教授先后主讲该课程,在计量地理教学内容中融入了更为多元和前沿的空间分析方法,并匹配相应的实验上机课程,讲授 SPSS 和 ArcGIS 等软件应用。2019 年以来,由我主讲该课程,面向城乡规划专业低年级学生,以城市与区域研究中的数理统计方法为讲授核心,并选择开源免费的 R 语言作为上机应用软件。经过几年的教学实践,我制作了与该课程相辅相成的中国大学慕课《探寻城市数字密码》。由我主讲的“城市与区域系统分析”课程获得南京大学教师教学竞赛一等奖。

本教程是我综合近年来线上、线下混合式教学心得,以城市与区域研究中的数据获取、数据处理、描述统计、建模分析、结果解释为主线,将原理讲授、R 语言编码、常见问题解答、应用场景举例结合,实用性和可操作性强。在实验数据选择和实验内容设计上通过引入革命老区可持续发展问题、健康城市设计问题、低碳城市规划问题等,启发读者从复杂系统视角认知城市与区域发展内涵,锻炼读者的辩证思维能力,培养读者的系统观和可持续发展观。随书配套实验数据和 R 语言编码(扫码下载),同时提供实验对应的SPSS 操作说明,方便读者练习。建议读者将本教程与尹海伟教授等编著的《城市与区域规划空间分析实验教程(第 3 版)》结合使用,达到数理统计分析与 GIS 空间分析方法融会贯通的效果。

本教程共分为四篇 16 章,包含 13 个上机实验。第一篇概念篇,介绍城市与区域系统概念及特征、城市与区域系统分析概述,以及城市与区域系统分析的规划应用;第二篇实验准备篇,包括 R 语言及其操作简介、城市与区域数据库建立及导入、城市与区域数据预处理方法三个实验;第三篇基础分析篇,包括城市与区域数据描述统计方法、城市与区域数据统计推断方法、识别城市与区域系统影响因素的线性回归模型、理解城市与区域系统分类问题的逻辑回归模型、解析城市与区域系统交通问题的泊松回归模型五个实验;第四篇拓展篇,包括城市与区域系统聚类分析、城市与区域系统主成分分析和因子分析、城市与区域系统复杂影响机制分析、城市与区域系统时间序列分析、城市与区域系统分析方法综合应用五个实验。

本教程由胡宏负责总体设计、各章节的内容汇编、图文校核与定稿工作。南京大学建筑与城市规划学院硕士研究生卞新寅、李可昕、王颜、赵慧敏、陈美伊参与部分章节的内容编写和实验设计。具体分工如下:

章节	参与研究生	章节	参与研究生
第1章　城市与区域系统概念及特征	赵慧敏	第9章　实验六:识别城市与区域系统影响因素的线性回归模型	卞新寅
第2章　城市与区域系统分析概述	陈美伊李可昕	第10章　实验七:理解城市与区域系统分类问题的逻辑回归模型	卞新寅
第3章　城市与区域系统分析的规划应用	王颜赵慧敏	第11章　实验八:解析城市与区域系统交通问题的泊松回归模型	卞新寅
第4章　实验一:R语言及其操作简介	卞新寅	第12章　实验九:城市与区域系统聚类分析	李可昕
第5章　实验二:城市与区域数据库建立及导入	卞新寅	第13章　实验十:城市与区域系统主成分分析和因子分析	王颜
第6章　实验三:城市与区域数据预处理方法	王颜	第14章　实验十一:城市与区域系统复杂影响机制分析	卞新寅
第7章　实验四:城市与区域数据描述统计方法	赵慧敏	第15章　实验十二:城市与区域系统时间序列分析	李可昕
第8章　实验五:城市与区域数据统计推断方法	陈美伊	第16章　实验十三:城市与区域系统分析方法综合应用	卞新寅

我主讲本课程以来,得到南京大学徐建刚教授、甄峰教授、尹海伟教授的指导和帮助,为本教程的框架设计奠定了基础。同时,在南京大学城市与区域规划系教研室教学研讨中,得到罗震东教授、于涛教授、石飞副教授、祁毅讲师、席广亮副教授、秦萧副研究员、张姗琪助理教授等老师对实验设计结合城乡规划应用的宝贵建议。东南大学出版社马伟编辑、秦艺帆编辑为本教程的出版做了细致认真的校核工作,在此一并表示衷心的感谢。

本教程由国家自然科学基金(编号:42271202)和江苏高校优势学科建设工程三期项目立项学科(南京大学城乡规划学)资助出版。本教程可作为高等学校城乡规划、人文地理等相关专业的基础课程教学用书,也可为城市与区域规划研究和实践工作提供参考。由于作者水平有限,本教程难免出现不妥与疏漏之处,敬请广大同行和读者批评指正。作者邮箱:h. hu@nju. edu. cn。

胡　宏
2022 年 11 月

目　录

概念篇

第1章　城市与区域系统概念及特征 ·················· 3

1.1　系统概念与系统科学发展历程 ·················· 3

1.1.1　系统的定义及特性 ·················· 3

1.1.2　系统科学发展历程 ·················· 4

1.2　城市与区域系统概念内涵 ·················· 9

1.2.1　城市系统 ·················· 9

1.2.2　区域系统 ·················· 10

1.2.3　城市-区域系统 ·················· 11

第2章　城市与区域系统分析概述 ·················· 13

2.1　定量分析与质性分析 ·················· 13

2.1.1　定量分析 ·················· 13

2.1.2　质性分析 ·················· 13

2.1.3　定量分析与质性分析比较 ·················· 14

2.2　城市与区域系统分析原理 ·················· 14

2.3　数理统计方法在城市与区域系统分析中的基本建模流程 ·················· 15

2.3.1　前提条件 ·················· 15

2.3.2　基本建模流程 ·················· 16

2.3.3　模型列举 ·················· 17

第3章　城市与区域系统分析的规划应用 ·················· 19

3.1　城市与区域系统分析的数据脉络 ·················· 19

3.2　城市与区域系统分析方法的规划应用途径 ·················· 21

3.2.1　对国土空间规划发展条件评价的支撑——以"双评价"为例 ·················· 21

3.2.2　对国土空间规划空间功能划定的支撑——以"三区三线"划定为例 ·················· 22

3.2.3　对国土空间专项规划的支撑 ·················· 23

实验准备篇

第4章　实验一:R语言及其操作简介 ·················· 27

4.1　R语言简介 ·················· 27

4.1.1　什么是R语言 ·················· 27

　　4.1.2　R语言的特性 ……………………………………………… 27

4.2　R语言安装 …………………………………………………………… 28

　　4.2.1　R语言安装 …………………………………………………… 28

　　4.2.2　RStudio安装 ………………………………………………… 30

　　4.2.3　R包下载 ……………………………………………………… 31

4.3　R语言界面基础操作 ………………………………………………… 31

　　4.3.1　RStudio界面基本介绍 ……………………………………… 31

　　4.3.2　RStudio界面基础操作 ……………………………………… 35

　　4.3.3　R安装常见问题解答 ………………………………………… 41

第5章　实验二:城市与区域数据库建立及导入 ……………………… 43

5.1　数据基本分类规则 …………………………………………………… 43

　　5.1.1　按计量尺度分类 ……………………………………………… 43

　　5.1.2　按时间维度分类 ……………………………………………… 44

　　5.1.3　按收集方法分类 ……………………………………………… 45

　　5.1.4　按数据获取直接程度分类 …………………………………… 46

　　5.1.5　按数据组织方式分类 ………………………………………… 46

5.2　数据需求与获取途径 ………………………………………………… 47

　　5.2.1　基础地图数据 ………………………………………………… 47

　　5.2.2　资源环境数据 ………………………………………………… 47

　　5.2.3　土地利用数据 ………………………………………………… 47

　　5.2.4　社会经济数据 ………………………………………………… 48

　　5.2.5　大数据与新数据 ……………………………………………… 52

5.3　数据库建立及R语言导入 …………………………………………… 54

　　5.3.1　实验目的 ……………………………………………………… 54

　　5.3.2　实验步骤 ……………………………………………………… 55

　　5.3.3　数据库导入常见问题解答 …………………………………… 58

第6章　实验三:城市与区域数据预处理方法 ……………………… 60

6.1　数据预处理意义与步骤 ……………………………………………… 60

　　6.1.1　数据预处理意义 ……………………………………………… 60

　　6.1.2　数据预处理的逻辑步骤 ……………………………………… 60

6.2　数据预处理方法 ……………………………………………………… 61

　　6.2.1　数据清理方法 ………………………………………………… 61

　　6.2.2　标准化处理 …………………………………………………… 63

6.3　R语言数据预处理 …………………………………………………… 64

　　6.3.1　实验目的 ……………………………………………………… 64

　　6.3.2　实验步骤 ……………………………………………………… 65

　　6.3.3　数据预处理常见问题解答 …………………………………… 73

基础分析篇

第7章　实验四:城市与区域数据描述统计方法 ························· 77
　7.1　数据描述统计 ··· 77
　　7.1.1　数据集中趋势测度 ··· 77
　　7.1.2　数据离散趋势测度 ··· 80
　　7.1.3　集中和离散趋势综合测度 ······································· 82
　7.2　数据可视化 ··· 82
　　7.2.1　基本可视化图表 ··· 82
　　7.2.2　高级可视化图表 ··· 88
　　7.2.3　数据可视化要点 ··· 89
　7.3　统计抽样方法 ··· 90
　　7.3.1　总体和样本 ··· 90
　　7.3.2　统计抽样方法 ··· 90
　　7.3.3　样本代表性误差及样本容量 ····································· 93
　7.4　统计陷阱 ··· 94
　　7.4.1　统计陷阱表现形式 ··· 94
　　7.4.2　甄别统计陷阱 ··· 95
　7.5　R语言描述统计 ··· 95
　　7.5.1　实验目的 ··· 95
　　7.5.2　实验步骤 ··· 96
　　7.5.3　调用R包常见问题解答 ·· 101
第8章　实验五:城市与区域数据统计推断方法 ························· 103
　8.1　数据分布 ··· 103
　　8.1.1　相关概念 ··· 103
　　8.1.2　正态分布 ··· 105
　　8.1.3　二项分布 ··· 110
　　8.1.4　泊松分布 ··· 111
　　8.1.5　中心极限定理 ··· 112
　8.2　参数估计与假设检验 ··· 113
　　8.2.1　参数估计 ··· 113
　　8.2.2　假设检验 ··· 113
　8.3　相关分析 ··· 116
　　8.3.1　概念界定 ··· 116
　　8.3.2　相关系数 ··· 117
　8.4　R语言统计推断 ··· 119
　　8.4.1　实验目的 ··· 119

8.4.2 实验步骤 ……………………………………………………… 119

第9章 实验六：识别城市与区域系统影响因素的线性回归模型 …… 126

9.1 回归分析 ………………………………………………………… 126

9.1.1 回归分析概述 ………………………………………………… 126

9.1.2 回归模型分类 ………………………………………………… 127

9.1.3 应用回归分析进行城市与区域系统研究的一般步骤 ………… 127

9.2 线性回归模型原理 ……………………………………………… 129

9.2.1 线性回归基本定义 …………………………………………… 129

9.2.2 一元线性回归模型 …………………………………………… 129

9.2.3 多元线性回归模型 …………………………………………… 130

9.3 R语言线性回归模型应用：南京市建成环境对房价的影响分析 …… 135

9.3.1 实验目的 ……………………………………………………… 135

9.3.2 实验步骤 ……………………………………………………… 136

9.3.3 线性回归常见问题解答 ……………………………………… 144

9.4 线性回归的应用场景举例 ……………………………………… 145

9.4.1 城市与区域发展差异的影响因素提取 ……………………… 145

9.4.2 用地布局对居民碳排放的影响机理分析 …………………… 145

9.4.3 公园绿地特征与居民满意度的关系分析 …………………… 145

第10章 实验七：理解城市与区域系统分类问题的逻辑回归模型 …… 146

10.1 二元逻辑回归模型原理 ………………………………………… 146

10.1.1 逻辑回归定义 ………………………………………………… 146

10.1.2 二元逻辑回归模型 …………………………………………… 147

10.1.3 逻辑回归模型在机器学习分类中的应用 …………………… 151

10.1.4 二元逻辑回归的一般建模步骤 ……………………………… 152

10.2 多分类逻辑回归模型原理 ……………………………………… 152

10.2.1 建模原理 ……………………………………………………… 153

10.2.2 模型解释 ……………………………………………………… 154

10.2.3 多分类逻辑回归一般建模步骤 ……………………………… 154

10.3 有序逻辑回归模型原理 ………………………………………… 154

10.3.1 建模原理 ……………………………………………………… 154

10.3.2 模型解释 ……………………………………………………… 155

10.3.3 平行性检验 …………………………………………………… 155

10.4 R语言逻辑回归模型应用：长汀县建成环境对居民交通出行的影响分析
…………………………………………………………………… 155

10.4.1 二元逻辑回归模型应用 ……………………………………… 155

10.4.2 多分类逻辑回归模型应用 …………………………………… 161

10.4.3 逻辑回归常见问题解答 ……………………………………… 168

10.5 逻辑回归的应用场景举例 ·· 169
　　10.5.1 城市空间扩张驱动因素探索与城镇用地扩张模拟 ·············· 169
　　10.5.2 国土空间灾害敏感性评估 ·· 169
　　10.5.3 建成环境对居民幸福感的影响机制 ·································· 169

第11章　实验八：解析城市与区域系统交通问题的泊松回归模型 ········· 170
11.1 泊松分布概述 ··· 170
　　11.1.1 分布特征 ·· 170
　　11.1.2 分布检验 ·· 171
11.2 泊松回归模型原理 ·· 171
　　11.2.1 因变量为事件发生次数 ··· 171
　　11.2.2 因变量为事件发生率 ··· 172
　　11.2.3 过度离散 ·· 172
　　11.2.4 泊松回归一般建模步骤 ··· 172
11.3 R语言泊松回归模型应用：城市建成环境的交通安全风险分析 ········ 173
　　11.3.1 实验目的 ·· 173
　　11.3.2 实验步骤 ·· 173
　　11.3.3 泊松回归常见问题解答 ··· 177
11.4 泊松回归的应用场景举例 ·· 177
　　11.4.1 灾害、事故发生次数的影响因素分析 ·································· 177
　　11.4.2 企业区位选择影响要素分析 ·· 177

拓展篇

第12章　实验九：城市与区域系统聚类分析 ······························· 181
12.1 聚类分析原理 ··· 181
　　12.1.1 基础概念 ·· 181
　　12.1.2 常用方法 ·· 183
　　12.1.3 建模要点 ·· 184
12.2 聚类分析与判别分析比较 ·· 185
　　12.2.1 判别分析模型原理 ·· 185
　　12.2.2 常用判别分析方法 ·· 185
　　12.2.3 聚类分析与判别分析对比 ··· 187
12.3 R语言聚类分析应用：南京都市圈社会－生态系统可持续性聚类分析 ····· 187
　　12.3.1 实验目的 ·· 187
　　12.3.2 实验步骤 ·· 188
　　12.3.3 聚类分析常见问题解答 ··· 194
12.4 聚类分析的应用场景举例 ·· 195
　　12.4.1 城市发展潜力评估 ·· 195

　　12.4.2　城市群类型综合划分 ·· 195
　　12.4.3　城镇体系规划支持 ·· 196
第13章　实验十:城市与区域系统主成分分析和因子分析 ·············· 197
　13.1　数据降维 ··· 197
　13.2　主成分分析原理 ··· 197
　　13.2.1　概念原理 ·· 197
　　13.2.2　建模步骤 ·· 198
　　13.2.3　主成分分析与聚类分析、判别分析比较 ····························· 198
　13.3　因子分析原理 ··· 199
　　13.3.1　概念原理 ·· 199
　　13.3.2　建模步骤 ·· 199
　　13.3.3　主成分分析与因子分析比较 ······································· 200
　13.4　R语言主成分与因子分析应用:南京市住宅特征的多变量降维分析 ······· 201
　　13.4.1　实验目的 ·· 201
　　13.4.2　主成分分析实验步骤 ··· 201
　　13.4.3　因子分析实验步骤 ··· 205
　13.5　主成分分析与因子分析的应用场景举例 ································· 209
　　13.5.1　城市竞争力评价 ··· 209
　　13.5.2　城市蓝绿空间满意度评价 ··· 209
第14章　实验十一:城市与区域系统复杂影响机制分析 ················ 210
　14.1　结构方程模型原理 ··· 210
　　14.1.1　四种变量 ·· 210
　　14.1.2　两个模型 ·· 211
　　14.1.3　方程构建与参数估计 ··· 213
　　14.1.4　模型评估与修正 ··· 214
　　14.1.5　结构方程模型一般建模步骤 ······································· 215
　14.2　R语言结构方程模型应用:南京市居民健身活动的影响机制分析 ········· 215
　　14.2.1　实验目的 ·· 215
　　14.2.2　理论模型构建 ··· 215
　　14.2.3　实验步骤 ·· 217
　　14.2.4　结构方程模型常见问题解答 ······································· 222
　14.3　结构方程模型的应用场景举例 ··· 222
　　14.3.1　居民满意度的影响机制研究 ······································· 222
　　14.3.2　城市碳排放驱动机制分析 ··· 222
第15章　实验十二:城市与区域系统时间序列分析 ···················· 223
　15.1　时间序列概述 ··· 223
　　15.1.1　基本概念 ·· 223

15.1.2　平稳时间序列 …………………………………………………… 224

15.1.3　非平稳时间序列 ………………………………………………… 224

15.2　时间序列分析模型 ……………………………………………………… 226

15.2.1　时间序列平稳性检验 …………………………………………… 226

15.2.2　平稳非白噪声时间序列分析 …………………………………… 226

15.2.3　非平稳时间序列分析 …………………………………………… 228

15.3　R语言时间序列分析应用：城市建设用地变化趋势分析 ………… 229

15.3.1　实验目的 ………………………………………………………… 229

15.3.2　实验步骤 ………………………………………………………… 229

15.4　时间序列分析的应用场景举例 ……………………………………… 235

15.4.1　城市环境监测的时间序列分析 ………………………………… 235

15.4.2　区域城镇化发展水平的时间序列分析 ………………………… 235

第16章　实验十三：城市与区域系统分析方法综合应用 ………………… 236

16.1　低碳导向的江苏省国土空间优化策略研究框架 …………………… 236

16.1.1　研究背景 ………………………………………………………… 236

16.1.2　研究思路 ………………………………………………………… 236

16.1.3　技术路线 ………………………………………………………… 237

16.2　R语言综合应用 ………………………………………………………… 238

16.2.1　实验目的 ………………………………………………………… 238

16.2.2　数据来源和变量说明 …………………………………………… 238

16.2.3　实验步骤 ………………………………………………………… 239

16.2.4　实验结论 ………………………………………………………… 251

主要参考文献 …………………………………………………………………… 252

概念篇

　　全球化、信息化背景下，城市与腹地区域相互作用日益密切，形成城市与区域系统。该系统是由若干子系统构成的复杂适应系统，具有整体性、层次性、动态性和自组织性等特征。当前正是我国迈上全面建设社会主义现代化国家新征程、向第二个百年奋斗目标进军的关键时刻，为了有效应对严峻复杂的国际形势和接踵而至的巨大风险挑战，在对城市和区域系统问题进行分析时，掌握系统分析原理，选择合适的分析模型，是破解城市与区域系统问题的关键。

　　本篇简要介绍城市与区域系统的基本概念和复杂性特征、城市与区域系统分析原理和建模流程，以及城市与区域系统分析的规划应用。需要指出，本书主要面向城市与区域系统分析的入门者讲解定量分析中的统计分析方法在城市与区域系统中的应用，因此本篇所列举的建模流程和模型方法侧重于相关的基本统计分析模型，为读者进行后续的定性与定量、统计与地理信息系统(Geographic Information System，GIS)综合研究奠定基础。

第1章　城市与区域系统概念及特征

　　系统是由相互联系、相互作用、相互依赖的若干部分组合而成的、具有特定功能的有机整体。只有用普遍联系的、全面系统的、发展变化的观点观察城市和区域，才能把握其发展规律。全球化和地方化导致区域内城市之间既是竞争关系也是合作关系，城市问题不再是单一尺度问题，而是多层级的城市-区域系统问题。生态环境保护和社会经济发展的多重需要使得区域内城市之间必须优势互补、整体协调发展。城市问题不再是单一目标问题，而是多目标的城市-区域系统问题。系统科学的发展，特别是近几十年复杂系统理论的兴起，为城乡规划学科从系统的角度解析城市与区域问题提供了新的理论架构和方法支撑。本章主要介绍系统科学发展历程，并辨析城市与区域系统相关概念内涵。

1.1　系统概念与系统科学发展历程

1.1.1　系统的定义及特性

　　系统的英语"System"一词源于拉丁语"Systema"，是集合、群的意思。该词在古希腊时期已被应用，当时尚未具有明确的科学含义，主要用于表示"复杂事物的总体"。此后，"系统"的内涵在古代整体观和辩证唯物主义的基础上逐渐拓展，继承了"物质世界普遍联系"及"整体"的思想。20世纪30年代，"系统"正式成为一个科学概念，众多学者从不同角度和学科领域展开研究。

　　1937年，美籍奥地利生物学家贝塔朗菲(L. V. Bertalanffy)提出：系统是由一定要素组成、具有一定层次和结构、不断与环境发生联系的整体。1967年，日本工业标准(Japanese Industrial Standards, JIS)将系统定义为"许多要素保持有机秩序、向同一目的行动的东西"。1978年，我国著名科学家钱学森从工程角度将系统定义为"由相互作用和相互依赖的若干部分组成、具有特定功能的有机整体，而这个'系统'本身又是它从属的一个更大系统的组成部分"。1984年，苏联哲学家苏沃洛夫(Л. Н. Суворов)认为"系统是某种统一的、整体的共同性，由存在于某些关系中的大量要素构成"。1985年，美国学者克朗(R. M. Krone)提出"系统是由相互关联的要素组成的复杂集合"。

　　尽管学者们对系统的定义不尽相同，但可以成为共识的是：系统是由多要素构成的有机整体，要素之间相互联系、互相作用。同时在观察、总结大量实际系统性质及其变化规律的基础上，学界提炼出系统的基本特性，具体如下：

　　① 整体性。系统内部各要素之间相互联系、相互制约，共同构成一个统一的整体，整体具有各要素所没有的新性质、新功能。

　　② 层次性。系统的层次性体现在两个维度：一个是纵向层次性，即系统由要素构成，要素由更低一级的要素构成；另一个是横向层次性，即系统可以分为若干相互联系、相互

制约又相对独立的平行部分。

③ 动态性。系统是开放的，时刻与外界进行物质、能量和信息的交换，并在与环境的相互作用中运动、变化、发展。

④ 稳定性。系统在一定内外干扰下不发生改变或改变后自动恢复至原有状态，但当干扰力超过系统承受的阈值时，系统将发生不可恢复的变化。

1.1.2　系统科学发展历程

系统概念是近代科学在前人理论基础上发展出来的。系统概念的形成经历了早期的整体观、机械的还原论以及综合的系统论三个阶段。系统科学中的整体思想最早可追溯至古希腊和古代中国的整体思想。当时的思想家普遍认为世界是由统一的物质本原构成，世界是一个统一的整体。希腊哲学家亚里士多德（Aristotle）指出"整体功能大于部分功能之和"，但此时的整体思想只是一种整体的观念，并未深入考虑系统的组成部分。

自 15 世纪始，近代自然科学逐渐发展，研究对象通常被分解为多个独立的部分，使用分析、归纳等方法进行分类研究。这种研究方法的盛行改变了人们观察事物的思维逻辑，引发了 16—18 世纪的科学思潮。人们一改往常整体的、系统的观察方法，取而代之的是将整体分解为部分，将系统拆分为元素，并进行分门别类的研究，这种研究思维被称为机械还原论。

19 世纪中叶，著名生物学家达尔文（C. R. Darwin）创立生物进化学说，这是科学领域的一次革命。生物有机体成为研究的热点，其系统性、整体性、有机性、复杂性给还原论的应用带来挑战。随着生产力的发展，许多大型的、复杂的工程技术和社会经济问题以系统的特征在 20 世纪涌现，并要求从整体上加以优化解决。此类现实需求推动自然科学、社会科学和工程技术的结合，从系统的结构和功能角度研究客观世界的系统科学便应运而生。

系统科学将研究对象视为完整的系统，分析其结构和功能，研究系统、要素、环境三者的相互关系和变化规律，从不同侧面揭示客观物质世界的本质联系和运动规律，是对现代科学研究从个体水平上升至复杂系统水平的适应。

系统科学的发展，改变了侧重逻辑分析的思维方式在近代自然科学的主导地位，开启了系统综合思维方式的科学时代。按照发展时间和研究内涵，诺贝尔奖获得者西蒙（H. A. Simon）教授和众多学者，主张将系统科学的发展历程概括为"三次兴趣波"或"三次浪潮"。

1. 20 世纪 30—60 年代：系统科学的形成与发展

20 世纪 30 年代以前，人们较多采用还原论的方法研究客观世界，将复杂问题简单化、动态问题静态化、整体问题部分化。这种研究思维脱离整体的联系看待事物，对了解整体、识别普遍联系的作用较弱。系统科学则转变了人们的思维方式，从以实物（局部）为中心转化为以系统（整体）为中心。

现代系统理论萌发于 20 世纪初，形成于 20 世纪 30—40 年代，发展于 20 世纪 50—60 年代，其代表理论包括一般系统论、控制论、信息论等。现代系统理论的发展标志着系统科学已步入现代科学的殿堂，正式登上人类文化的历史舞台。

（1）一般系统论

20 世纪 30 年代前后生物学领域发展迅猛，过去将有机体分解为独立要素，通过简单相加来解释有机体属性的研究方式受到现代实验的冲击,其中较为著名的是德国生物学家杜里舒(H. Driesch)的海胆实验。此外,不断有学者强调应当将生命体看作一个完整的系统,其中美籍奥地利生物学家贝塔朗菲深受机体概念和机体论的影响,并在1924—1928年间发表多篇文章阐述系统论的思想,提出了生物学中的有机概念。1937年,贝塔朗菲在芝加哥大学哲学讨论会首次提出一般系统论的概念,并于1945年在《德国哲学周刊》发表《关于一般系统论》一文,正式提出一般系统论。

一般系统论是关于系统的一般理论,依据"同构性"原理,研究系统的整体性特征和行为,提出适用于一切系统的普遍原理。贝塔朗菲认为系统思想的核心问题是"如何根据系统的本质属性使系统最优化",而系统的本质属性可以归结为以下几点:

① 整体性。系统由要素或子系统组成,但系统的整体性能大于各要素性能之和。

② 关联性。系统与其子系统之间、系统内部各子系统之间、系统与环境之间相互作用、相互依存、相互联系。

③ 层次性。一个系统由若干子系统组成,该系统本身又是其从属的更大系统的子系统。

④ 统一性。不同层次上的系统具有统一的运动规律,存在组织化的倾向,而不同系统之间存在系统同构。

(2) 控制论

美国数学家维纳(N. Wiener)于1948年出版了控制论的肇始之作——《控制论(或关于在动物和机器中控制和通信的科学)》。维纳认为控制论的目的在于寻找研究机体及其构成的巨大整体的方法,以解决控制和通信的一般问题。他从不同类型的物质运行形态(生命体、技术构造的非生命体和社会经济有机体等)中抽离出具有共性的控制和通信规律,从系统的角度研究其运营动态控制和调节规律。

1954年,我国科学家钱学森将控制论的理论和方法推广至工程技术领域,首创工程控制论。此后,控制论迅速发展,被应用至多个领域,相继产生了神经控制论、生物控制论、经济控制论和社会控制论。

控制论解释的系统由控制系统和被控系统组成,这二者本身又是由众多要素按一定规律组成的整体。控制论是一门研究控制与通信的科学,其研究对象具有共同的特征,即在控制作用下可以改变自己的运动并进入各种状态,生物系统、社会系统、工程系统和经济系统等均在其研究范围内。

(3) 信息论

美国数学家申农(C. E. Shannon)于1948年发表了《通信的数学原理》,这标志着信息论的诞生。信息论最早是一门从系统角度研究信息处理与传输的科学,通过信息判断系统的运行状况,并根据信息反馈对系统进行调解。

20世纪60年代,人们将信息论分为三类:①狭义信息论,研究消息的信息量、信道容量以及消息编码问题;②一般信息论,研究通信、噪声、信号过滤与预测、调制与信息处理问题;③广义信息论,研究包括上述两项在内的所有与信息有关的问题。

一般将信息论与一般系统论和控制论并称为"老三论"。也有学者认为信息论的主要研究内容和控制论的部分内容有所重叠,因此主张信息论是控制论的一部分。

2. 20世纪70—80年代：自组织理论的建立

进入20世纪70年代后，系统科学的研究人员意识到，上一阶段的系统科学仍处于初步阶段，尚不能回答"系统内部是如何组织的""系统如何演化"以及"系统的演化机制是什么"等问题。

在此背景下，自组织理论逐渐发展。人们认识到系统内部存在自组织机制，并研究系统如何从混乱状态中建立秩序，利用系统的自组织能力实现有效治理。这一时期出现了由普利高津（I. Prigogine）的"耗散结构理论"、哈肯（H. Haken）的"协同学"、托姆（R. Thom）的"突变论"构成的"新三论"，以及艾根（M. Eigen）的"超循环理论"、曼德布罗特（B. B. Mandelbrot）的"分形理论"和洛伦兹（E. N. Lorenz）的"混沌理论"等。上述理论以自组织系统为研究对象，研究其形成和演化机制，即在特定条件下，系统如何依靠自身由无序走向有序、由低级走向高级。

（1）耗散结构理论

1969年，比利时物理学家普利高津（I. Prigogine）在"理论物理与生物学"国际会议上发表题为《结构、耗散和生命》的论文，首次明确阐述耗散结构的概念及相关理论。普利高津认为耗散结构的形成需满足以下三个条件：系统开放、远离平衡态、不同要素之间存在非线性相互作用。他将系统运动的状态划分为平衡态、近平衡态和远平衡态三种，并在此基础上将耗散结构定义为：与外界不断进行物质、能量、信息交换的开放系统，在远离平衡态的非线性区发生涨落，进而形成宏观、稳定、有序的系统结构。该理论强调当一个系统接近平衡态时，其原有结构会逐渐趋于消亡，只有当系统远离平衡时，才能通过与外界进行物质、能量、信息交换而发生突变，即非平衡相变，由原来的混沌无序状态转变为一种在时间、空间或功能上的有序状态。

耗散结构理论以耗散结构为研究对象，研究其形成及演化机制以及耗散结构的其他性质。由于耗散结构系统能够自行产生组织性和相干性现象，即具有自组织性，因此耗散结构理论又被称为非平衡系统的自组织理论。耗散结构理论对自组织理论的主要贡献在于提出了自组织产生的两个基本条件："非平衡是有序之源"和"通过涨落而有序"，回答了"系统在什么条件下能够通过自组织进行演化"以及"系统如何实现自组织"的问题，对自组织理论而言具有起点意义。

（2）协同学

协同学最早由德国斯图加特大学理论物理学教授哈肯（H. Haken）于1977年创立。他将激光研究中得到的一般原理应用至物理、生态、经济、社会等多个领域，解释其中的自组织现象。通过类比分析，他发现不论是生物系统还是社会系统，它们从无序到有序的演化过程都是其子系统相互作用的结果，且都可以使用类似的理论方案和数学模型进行处理，从而在1970年提出建立协同学的相关问题，并于1977年出版《协同学导论》一书，这标志着协同学的正式建立。

协同学研究在一定条件下子系统之间如何通过非线性的相关作用进行协同，使系统结构由无序走向有序，形成具有一定功能的自组织结构，并在宏观上产生时间结构、空间结构或时空结构。

协同学理论在耗散结构理论"开放、非平衡态、非线性、有涨落"的基础上，提出了系统自组织的外部条件，并认为"系统由无序演化为有序"的关键在于"系统内部子系统之间非线性作用所引起的协同现象"。同时，哈肯论证了自组织机制促使系统由简单走向复杂，自组织成为刻画复杂性的科学概念。

（3）突变论

法国数学家托姆（R. Thom）于 1972 年出版《结构稳定性与形态发生学》一书，这宣告着突变论的诞生。突变论研究的是非线性系统从一种稳定组态以突变的形式转化为另一种稳定组态的现象和规律，为自然界中的突然变化和跃迁现象等提供了一般性的数学理论。

突变论认为，系统所处的状态可用一组参数描述，当系统处于稳定状态时，标识该系统状态的函数取唯一的值，当参数在某一范围内变化时，函数有多个极值；当系统丧失其稳定状态时，具备突变的可能。突变论通过明晰临界、渐变和突变的概念，研究系统在其演化中可能的路径，构建处理问题的结构化方法，为自组织理论贡献了重要的方法论启示。

3. 20 世纪 80 年代中期以来：复杂系统科学的兴起

20 世纪中叶，科学技术发展到一个新的阶段，社会物质生产达到新的水平，产业结构发生巨大变革，人们不仅要对客观世界的组织性、复杂性、不确定性做出科学的回答，还要深入主体——对人本身的组织性、复杂性、不确定性做出解释，诸如探讨人脑结构、思维机制以及揭示生命遗传机制等。人类所面临的系统比以往任何时候都更加复杂，所要解决的复杂性、不确定性的问题和难度比以往更多、更大。传统的思维方式已然不能适应，客观上要求有新的思维方式产生。

在此背景下，复杂性研究（Complexity Researches）或复杂性科学（Complexity Sciences）于 20 世纪 80 年代兴起，系统科学进入一个新的发展阶段。它以复杂系统为研究对象，提出研究系统的适应性以揭示复杂系统的运行规律。其代表理论为复杂适应系统（Complex Adaptive System，CAS）和开放的复杂巨系统（Open Complex Giant Systems，OCGS）。

（1）复杂适应系统

20 世纪 80 年代中期，对复杂性的研究成为国际学界的热点。1984 年在美国新墨西哥州以研究复杂性为宗旨的圣塔菲研究所（Santa Fe Institute，SFI）成立了。圣塔菲聚集了一批不同学科领域的著名科学家，包括三位诺贝尔奖获得者，分别是物理学家盖尔曼（M. Gell-Mann）、经济学家阿罗（K. J. Arrow）和物理学家安德森（P. W. Anderson）。这些科学家们认为事物的复杂性是在适应环境的过程中由简单性发展而来的，并将经济、生态、免疫系统、胚胎、神经系统及计算机网络等称为复杂适应系统，提出这些复杂系统的发展演化受到一般性规律控制。

1994 年，在圣塔菲研究所成立 10 周年的报告会上，圣塔菲研究所指导委员会主席之一、遗传算法发明人霍兰（J. H. Holland）首次提出复杂适应系统理论，并于会后出版《复杂性：隐喻、模型和现实》文集及《隐秩序：适应性造就复杂性》一书。霍兰借鉴经济学中代理人（agent）的概念，提出适应性主体（adaptive agent）一词，并将其定义为"具有适应能力的个体"，它们能够与环境以及其他主体进行持续不断的交互作用，不断"学习"或"积累经验""增长知识"，并能够利用学到的知识、经验改变自身的结构或行为方式，以适应环境的变化以及和其他主体的协调一致，促进系统发展、演化。而复杂适应系统可以看作由规则描述的、相互作用的主体组成的系统，这些系统随着经验的积累，不断变换其

规则来适应周边环境,由适应造就了复杂性。霍兰提出复杂适应系统理论的研究主要包括5个逻辑步骤:

① 识别7个基本概念——聚集、非线性、流、多样性、标识、内部模型和积木。前4个概念描述行为主体的特性,后3个概念刻画主体与环境相互作用中的机制。

② 建立适应性主体即个体演化模型,包括建立执行系统的模型、确立信用分派的机制和提供规则发现的手段。

③ 建立宏观演化模型,即所谓回声模型的基本框架。

④ 计算机模拟,即用计算机模拟复杂适应系统的复杂现象和演化形态。

⑤ 建立复杂适应系统的一般理论。

不同于早期系统科学中元素、子系统的概念,CAS理论的主体不是被动的,而是具有适应能力的个体。他们能够不断从环境中接受刺激并根据经验做出反应,在与环境的交互中成长或进化。这些特性使得CAS理论能够更真实地描述、观察和理解复杂系统。

(2) 复杂巨系统理论

20世纪80年代中期,在美国圣塔菲研究所开展复杂系统研究的同时,我国学者在钱学森的带领下对社会经济系统等复杂系统开展了研究,提炼与总结出"开放的复杂巨系统"概念和处理此类系统的方法论,并于1990年初发表《一个科学新领域——开放的复杂巨系统及其方法论》一文。钱学森等认为构成复杂系统的元素不仅数量巨大,且种类极多,彼此之间联系与作用很强,它们按照等级、层次的方式整合,不同层次之间界限模糊,包含的层次数量也不清楚,这种系统呈现出复杂性的特征。开放的复杂巨系统具体有以下4点特征:

① 开放性。系统与外部环境以及子系统之间存在能量、信息或物质的交换,就系统与环境的关系而言,开放表现为不确定的、动态连续的环境类型。

② 多层性。从已经认识到的比较清楚的子系统到可以宏观观测的整个系统之间层次众多,具体的层次数量却不清晰。子系统或组件的组成模式多种多样,可能是基本模式的组合或变异体。

③ 涌现性。系统由时空交叠的组件构成,组件之间通过多种交互模式,按局部或全局的行为规则进行交互。组件类型与状态、组件之间的交互以及系统行为随时间不断改变。系统中子系统或基本单元之间的局部交互,经过一段时间会在整体上演化出独特的、新的性质,并形成某些模式。

④ 巨大性。系统中基本单元或子系统数目极其巨大,达到成千上万甚至数以亿计。同时,众多开放的复杂巨系统,例如与经济和社会有关的巨型系统,往往表现出人机共存的特点。在系统中人既是系统的高级智能组件,也是系统演化发展的关键因素。对这类系统的处理,不能仅仅依靠机器,还要发挥个人及群体的知识、智慧与创造性。

为此,钱学森、戴汝为、于景元等中国学者提出了处理复杂系统的方法——"从定性到定量的综合集成法",后完善形成了"从定性到定量综合集成研讨厅体系"。这一体系由专家体系、机器体系和知识体系3个子系统构成,通过将科学理论、经验知识和判断力相结合,形成和提出经验性假设,再利用计算机技术,实现人机结合,以人为主,通过人机交互、反复对比、逐步逼近,实现从定性到定量的认识,从而对经验性假设做出明确的科学结论。

1.2　城市与区域系统概念内涵

1.2.1　城市系统

1. 城市系统概念

城市是随着社会生产发展形成的一种新的聚落形态,以非农业人口聚集为特征,是区域物质和精神财富的中心。由于人文要素在城市中大量聚集,且不断与其所处的地理环境发生相互作用,城市整体处于不断的变化中。第二次世界大战后,随着城市现代化的发展,城市发展的制约因素增多,所要解决的问题逐渐远离单纯的物质形态,诸如城市外观形式、建筑物公共设施的布局等,日益趋向人口、社会问题、经济发展等综合性、系统性的复杂问题。人们逐渐意识到应当从系统的层面对城市进行研究,将城市看作一个完整的系统,综合、全面地认知城市,于是城市系统的概念应运而生。

国内外诸多学者都曾对城市系统进行定义,根据关注重点可划分为三个阶段:强调人类主体性的初期阶段,突出人在城市系统中的主导作用;着重研究城市系统构成的中期阶段,将城市系统分解为社会、经济、自然三大子系统;最近几十年,学者们更加关注城市系统的复杂性,探索其内在交互作用机制。

规划先驱盖迪斯(P. Geddes)在 20 世纪初将系统视角引入城市规划领域,他认为"城市不仅是市区本身,还是城市近郊和远郊在进化过程中人口的集聚"。他将生态学的理论与方法应用至城市规划与建设,综合研究环境、市政设施、住宅和城镇规划等方面,探寻城市生长和变化的动力机制。20 世纪 20—30 年代,芝加哥人类生态学派将城市看作"人与人、人与环境互相作用的有机体",着重研究城市的演替过程和调控机理。1950年代初,底特律和芝加哥的交通研究引入系统的观点。城市越来越多地被视为一种系统,它包括若干根据活动或功能划分的小面积地块,地块之间通过城市的交通连接。但此时,人们对城市系统的认知还停留在机械系统层面。直至 20 世纪 60 年代,城市逐渐被视为一种不断演变的复杂系统,可利用科学技术手段对城市未来发展趋势进行预测,包括人口、就业、消费以及复杂的交通模式等。这种对城市系统看法的转变在城市规划领域产生了广泛而深远的影响。

城市系统的本质是对城市物质存在的共时及历时性质的一种刻画,研究的是不同地理环境下城市形成与发展、组合分布与空间结构变化规律。城市系统可看成是一定地域范围和历史时期形成的,以人为主体的,具有高度复杂性、开放性、空间异质性的社会、经济和生态复合空间地域系统。

2. 城市系统的复杂性

城市系统作为一个复杂巨系统,拥有众多的子系统,呈现出层次性、自适应性、动态性、自组织性和开放性的特点。在城市系统内部,人、社会与城市的关系繁复、城市人工环境与自然生态环境的耦合机制庞杂,加之各种随机因素和偶然事件的影响和干预,加剧了城市系统的复杂性,具体表现为以下方面:

(1) 城市系统多要素多层次之间关联复杂

城市系统以人类为主体,以城市空间为载体,不仅包含生产、消费、流通等空间现象,也包括造成空间现象的非空间过程,整体可以分为用地、建筑、道路、市政和园林五大物质子系统以及社会、经济、文化、生态和管理五大非物质子系统。城市系统规模巨大、要素极多,且要素间表现为复杂的网络状结构,相互联系、相互依存、相互制约、纵横交错地交织在一起。如果将每一个子系统、每一个层次、每一种关联都看作城市系统的一"维",那么城市系统就是一个多维巨大系统,其复杂性正是源自此。

(2) 城市系统内外部要素相互作用促进系统演变

城市是一个开放的耗散结构系统,系统内部要素之间、城市与外部及其他系统之间相互关联、相互影响,并存在物质、能量、信息、文化和人员的交流。外部的能量、物质、信息不断输入城市,引起城市系统内部的振荡、涨落、激化,最终导致城市系统的形态和结构发生变化。

(3) 城市系统的自适应和自组织具有动态性和非线性

城市从原始社会保障族群生存繁衍的聚落形态,发展为农业社会以防御和商品交换为主要功能的城和市的综合体,再到工业社会以满足机器大生产需求为主导的高密度建筑丛林,这个动态过程既是城市适应自然演进的过程,也是城市适应社会经济活动演进的过程。城市系统的发展演化具有明显的自组织特点。由于城市内部各子系统受到的干扰程度不同,适应性主体采取的应对范式不同,城市微观主体的相互作用自发地在宏观层面形成一定的秩序和模型。不同子系统在演化过程中具有不同的尺度、方向和速度,城市系统整体的发展方向由诸多独立的子系统并行和交互所决定,呈非线性特点,并最终导致城市系统的复杂多变。

1.2.2　区域系统

1. 区域系统概念

20 世纪之前,规划师对城市的研究大多局限于城市层面。后来区域的概念在城市规划领域萌发,人们逐渐意识到有效的城市规划需要超越城市边界,扩展至城市及其周围农村腹地范围,再扩展至由若干城市构成的城镇聚集区及其相互重叠的腹地。

区域是地球表面一定空间内以不同的物质客体为对象的地域结构形式。地理学将"区域"作为地球表面的地理单元。经济学将"区域"理解为在经济上相对完整的经济单元。政治学一般把"区域"看作国家实施行政管理的行政单元。社会学把"区域"作为具有人类某种相同社会特征的聚集社区。区域经济学家胡佛(E. M. Hoover)认为"区域是对描写、分析、管理、规划或制定政策有用的一个地区统一体"。南京大学崔功豪教授将区域定义为"依据一定目的、准则在地球表面划定的空间范围,它以某些物质或非物质的客体特征区别于其他空间范围"。

区域的本质表现为均质性、内聚性和空间性。区域和其外部空间相比存在差异,而区域内部各要素紧密联系高度相关。这种"高度相关"可分为两种情况:一是区域内部特性上的一致性或相似性,形成了均质地域;二是区域核心及与其功能上紧密相连的外围地区共同形成功能区或枢纽区。

由于区域内外部环境的联系日益复杂化和系统化,从系统的视角看待区域问题成为历史发展的必然。区域系统是由若干基本地域单元相互组合、相互作用构成的空间复合系统,这些基本地域单元在形式上表现为空间上的微元,如城市居民区、工业区、农田、乡村聚落等;在内容上反映地理要素,如基础设施、基本生产生活形式、自然资源等。

2. 区域系统的复杂性

区域系统是一个动态的、有层次的、可实现反馈的开放系统,其复杂性表现如下:

(1) 多层次主体自组织演化使区域系统发展呈现非线性

区域系统是由多地区、多层次、多部门立体交叉的复杂系统,它们相互联系形成一个有机网络。区域系统内的多层次主体基于效用最大化原理,通过自组织机制完成自身的演替,并产生一种正反馈的推动力促进系统积极发展,最终实现系统状态的跃迁。区域系统的演化是大量微观区位决策在时间维上的累积和空间维上的集聚。这种多主体和多子系统具有各自的演化规律,他们对效益最大化的追求而产生的自组织演化在区域系统整体层面呈现非线性的发展,具有复杂性和不确定性。

(2) 要素间的复杂联系导致区域系统演进的复杂性

区域内各组成要素通过相互联系、渗透和融合,形成具有强烈内在联系的统一整体,并不断推动区域系统变化发展。区域内某一局部的变化可能导致整个区域的变化,如某种资源的发现和开发利用、某个发展政策或战略的实施可能导致区域经济社会及其空间结构发生变化,从而形成新的区域格局。这种要素间的复杂联系奠定了区域系统结构或功能的复杂性以及区域系统在时间维度上的动态与随机。

(3) 开放性导致区域系统的动态性变化

区域是一个与邻为友、协调发展的开放系统。该系统内部之间以及系统内外环境之间不断进行物质、技术和信息等的双向交流,从而导致区域系统本身发生动态性变化,主要表现为区域界线的模糊。通常一个区域的特征在其中心典型地区表现得最清楚、最全面,但临近该区域的边缘,其特征就慢慢地与相邻区域融合起来、变得模糊。

1.2.3　城市-区域系统

1. 城市-区域系统相关概念

学术界对城市-区域系统的概念尚未有明确的界定。有学者将其理解为区域系统密切连接的第二种情况,即由区域核心及与其功能上紧密相连的外围地区共同形成功能区。具体表现为:以中心城市为核心,中心城市与其周边地区在功能分工和空间相互作用中密切联系、相互协作,中心城市与其紧密相连的周围区域共同构成城市-区域综合体。也有学者强调区域内城市之间的相互关系,将城市-区域系统理解为由多个城市实体要素、地域组织要素、城市间要素流三部分组成的时空动态变化综合体。总体而言,城市-区域系统强调系统的综合发展,相关概念包括大都市区、城市群(城镇群)、都市圈、大城市连绵区、市域城镇体系等,如表 1-1 所示。

(1) 大都市区

大都市区(Metropolitan Area)是国际上进行城市统计和研究的基本地域单元,是城市化发展到较高阶段时产生的城市空间形式,指一个由大的城市人口核心以及与其有着密切社会经济联系的、具有一体化倾向的邻近地域组合而成的功能区域。

(2) 城市群(城镇群)

城市群(Urban Agglomeration,又称城镇群)是一定数量、一定规模等级的城镇集聚在一个区域单元,由一定自然要素、经济基础、人口数量、交通网络和各种社会人文因素紧密结合而形成的有机联系的区域整体。

（3）都市圈

都市圈（Metropolitan Coordinating Region）是由一个或多个核心城市与若干个相关的周边城市组成的、在空间上密切联系、在功能上有机分工相互依存并且具有一体化倾向的城市复合体。

（4）大城市连绵区

《中国大百科全书·建筑园林城市规划卷》将大城市连绵区（Megalopolis）定义为：以若干个几十万以至百万以上人口的大城市为中心，大小城镇呈连绵状分布的高度城市化地带。大城市连绵区一般都拥有国际性的大港口，它的职能和作用往往具有国际意义。

（5）市域城镇体系

市域城镇发展体系在市（县）域范围内有特定属性的要素经特定关系而构成具有特定功能的有机整体，包括市（县）域内城镇和广大农村腹地的有机整体。"特定属性的要素"是包括地理生态、资金技术和知识组织在内的各激发要素。"特定关系"指作用于要素间的有机组织关系，主要体现在市（县）城镇体系的发展机制上。

表 1-1　城市-区域系统相关概念比较

名称	系统构成	举例
大都市区	由大的城市人口核心以及与其有着密切社会经济联系的、具有一体化倾向的邻近地域组合而成	上海
城市群（城镇群）	由一个或几个中心城市和多个具有密切经济社会联系的城镇组成	中原城市群
都市圈	以中心城市为核心，带动周边县市（可跨行政区划）	南京都市圈
大城市连绵区	由多个都市圈或城镇群构成	长江三角洲都市连绵区
市域城镇体系	由市（县）域行政区划范围内多层级城镇要素构成	江苏市域城镇体系

2. 城市-区域系统的复杂性

城市-区域系统的发展演化受城市和区域的多层级，自然、社会、经济和文化等的多要素联动影响，其形成和运行过程兼具城市系统和区域系统的复杂性，表现为以下几点：

（1）开放性造就复杂联系

城市-区域系统内部不同地理要素之间或与其周围环境之间，不断进行物质、能量和信息的交换和传输，且以"流"的形式贯穿其间，形成一个动态的、有层次的、可实现反馈的开放复杂空间系统。

（2）非均衡性促进时空动态演化

城市-区域系统内部非均质非均衡发展，无论是自然资源要素或是经济社会发展水平都具有一定差异。城市-区域系统的非均衡发展促使系统内空间单元通过有差异的非线性相互作用形成复杂、有序的结构，该结构随时间动态变化。

（3）层次性导致非稳定性

城市-区域系统内部具有联系密切的层次和系列，上一层次的大系统对下一层次的小系统具有决定性的影响。自上而下（top-down）的规制和具有适应性和自组织性的主体自下而上（bottom-up）的调节，使得城市-区域系统的运行具有非稳定性的特点。社会经济政策对城市-区域系统产生的影响会因尺度的变化而产生不同效果。

第 2 章　城市与区域系统分析概述

城市与区域系统分析是基于系统分析视角和方法对城市与区域问题进行的定量和质性综合解析。因为城市与区域系统是一个复杂巨系统，所以城市与区域系统分析也是一个多要素、多层次、多情景的时空动态分析过程。城市与区域系统分析需要实事求是、问题导向与价值判断相结合。实事求是，是指我们要通过客观的数据分析，把握城市与区域的发展状态及特征；问题导向，是指要聚焦所发现的问题，展开深入研究，理解现象后的机制；价值判断是指要依据城市与区域的相关发展理论与宏观政策导向，凝练分析结果，辩证地归纳相关结论，提出真正解决问题的优化策略。本章主要面向城市与区域系统分析的初学者，对比讲解定量分析与质性分析的特征，介绍城市与区域系统分析的一般原理，并着重讲解定量分析在城市与区域系统分析中的基本建模流程和较为基础的数理统计模型方法。

2.1　定量分析与质性分析

2.1.1　定量分析

定量分析建立在实证主义的方法论基础上，主要对自然和社会现象的数量特征、数量关系和数量变化进行统计量化分析。事物在属性上"质"的差异往往会在事物的"量"上得到展现，因此事物的数量特征与数量关系是事物本质的表现形式。大量的样本、准确的统计数据是定量分析开展的基础，按照某种数理方式对收集到的样本信息进行加工整理，得到研究对象的各项指标及其数值，进而归纳得出研究对象的发展规律或要素之间的关系是定量分析的核心。

指标以数值化的方式呈现，使样本某方面的属性能够被直观、准确地识别，也使样本具有可比性。研究者不仅能进行样本间的横向比较，也能纵向观察样本的变化发展。定量分析离不开清晰的数学语言和严谨的逻辑推理，在研究过程通常用调查法、实验法和相关法等方法将研究者剥离，使研究过程不受个人主观因素的影响。定量分析的结果主要通过分析数据来呈现，故而被认为具有普适性、精确性和客观性。只要数据和分析方法相同，定量分析的研究结果就应该没有差异。

2.1.2　质性分析

质性分析又称"定性分析"，建立在解释学、现象学和建构主义理论等人文主义的方法论基础上，主要对研究对象的特征、关系和规律进行描述，从"质"的方面分析和研究事物的属性。事物的根本差别表现为其"质"的差别，也就是属性和特征的差别。质性分析的核心是深入研究具体现象（案例），抓住事物的主要方面，获取对事物本质和深层次机制的理解。

质性分析的依据包括大量的历史事实与研究经验,这对研究者自身的积累有较高要求,常用观察法、深度访谈和文献研究等方法,研究过程中需要研究者与研究对象深入交谈、长期接触,建立密切的关系。用于质性分析的材料通常是描述性的文字、音频或图片等,需要研究者从本人的观点与视角出发,将所得资料归纳为抽象的理论。为确保结论的可信度,研究资料须尽可能充分、全面、丰富,这也有助于研究者深入揭示各种现象的内在联系。质性分析往往具有主观性、丰富性和深入性等特征,即便是面对相同的研究对象、使用同样的研究方法,质性分析的结果可能有所差异。

2.1.3　定量分析与质性分析比较

定量分析和质性分析是科学研究的两种基本思维范式和研究方法。定量分析侧重揭示事物的数量特征、数量关系和数量变化。质性分析则侧重对某种现象的特征、方式、含义进行观察、记录和解释。在实际研究中,定量分析与质性分析可以单独使用,也可以结合使用。定量分析和质性分析在研究问题的提出、研究资料的收集、推论方式、方法论、研究工具、研究策略等方面各有特色。

定量分析在城市与区域系统分析的优势表现在:第一,获取数据的途径广泛,包括统计年鉴、政府公报、地理信息网站等,这些途径受地域、时间和人员的限制很小,尤其是在信息技术相对成熟的当下,研究者能够较便捷地获取到丰富、海量的数据,例如通过网络爬虫爬取POI(兴趣点)数据;第二,分析基于大量样本,数据采集有固定方式和标准流程,分析过程相对严谨,受到人为干扰较少,因此得到的结果具有概括性和可信度。但定量分析也有其局限性,表现在:第一,研究数据大多是二手数据,研究者可能不方便对研究对象进行直接观察或与之沟通;第二,需要尽可能多的样本,否则得出的结论可能不可靠。

质性分析在城市与区域系统分析的优势表现在:第一,操作上简便易行,研究设计上更加灵活多样;第二,研究者在近距离和比较自然的环境下对城市与区域的研究对象进行观察,这不仅能充分调动参与人的积极性,也有利于研究者更深入地理解城市与区域发展问题。质性分析的局限性表现在:第一,研究单个样本需要花费的时间较长、成本较高,因此质性研究的总样本量往往有限;第二,结果受研究人员个人因素的影响较大,因此主观性较强,可重复性低。

定量分析和质性分析不存在孰优孰劣,它们作为"科学性"的研究手段,在核心层面的基本原则和方法是相通的。定量分析和质性分析都试图分析并解释研究问题,都需要进行描述性推论和解释性推论;所得出的结论都具有不确定性,所产生的理论都具有可证伪性;都以发展理论和检验理论为目的。在城市与区域系统分析中,往往需要综合使用定量分析和质性分析,以城市与区域系统分析中的基本定量分析方法为主线,以城市与区域规划基础数据的获取、处理、描述、分析、表达等一系列过程为核心,以质性分析的观察、分析、解释贯穿始终,最终以规划应用为落脚点,形成分析结论与规划对策。

2.2　城市与区域系统分析原理

城市与区域系统分析通过定性和定量分析方法对城市与区域问题进行解析,从而认识城市与区域系统组成部分、总结系统运作规律、最终给出系统优化建议,促使系统朝着整体最优的方向发展。在进行城市与区域系统分析时,研究对象可以是城市、区域这样的大尺度系统,也可以是系统包含的各个子系统,甚至是组成子系统的各类要素;研究内容主要为系统的发展规律或子系统间以及要素间的耦合关系;研究目标是为城市与区域发展提供指导,最终达到城市与区域系统可持续发展的目的。城市与区域系统分析一般遵循以下步骤(图 2-1):

① 划定系统边界。这里的边界主要是空间地域的边界,例如行政区边界、流域边界等;也可能是其他类型边界,如社会网络边界、信息流边界等。系统边界的划定有助于研究者明确研究对象、识别系统中的要素。

② 确定研究问题。城市与区域系统分析的研究问题包括系统要素自身的发展规律或空间分布规律、要素间或子系统间的关系、系统的结构特性或功能特性、系统效益等。

③ 确定研究目的。城市与区域系统分析的研究目的一般包含评估与优化两类。系统评估侧重描述系统的运行状态、发现阻碍系统发展的因素。系统优化则需要根据评估中发现的系统问题提出进一步的优化策略。

④ 进行模型化分析。模型化分析是城市与区域系统分析的关键步骤,主要指根据研究问题和研究目的选择合适的模型或方法对城市与区域系统进行分析。除常见的定性与定量分析方法外,动态仿真模拟也是城市与区域系统分析的有效手段,在系统动态演进研究中具有较大优势。模型化分析是包含模型选择、分析和评价的循环迭代过程。模型化分析输出的分析结果可为最终的系统决策提供依据。

⑤ 决策。需要以模型结果为依据,在综合考虑多种因素的基础上开展城市与区域系统决策。主要通过制定治理政策、调整空间结构、优化产业布局等方式,对城市与区域系统演进进行干预。

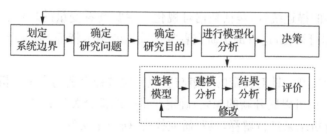

图 2-1　城市与区域系统分析流程示意

2.3　数理统计方法在城市与区域系统分析中的基本建模流程

2.3.1　前提条件

建模是对事物发展规律做出的一种抽象,主要描述系统的因果关系等相互关系。模型需要描述的关系各异,建模的手段和方法复杂多样。本书介绍的城市与区域系统定量分析主要侧重数理统计分析模型,建议读者在对城市与区域系统问题进行定量分析前,具备交叉学科知识储备、数据获取和统计分析等方面的基础。

1. 理论知识储备

城市与区域问题往往较为复杂,在分析中需要综合应用多学科知识,如城乡规划学、社会学、计量地理学、计量经济学、统计学等交叉学科知识都非常必要。

2. 数据获取

定量分析需要基于较多样本量、较好的统计显著性推断总体。为保证分析的有效性和结果的可靠性,定量分析需要数据来源可靠、客观、完整。

3. 统计软件使用

使用定量分析手段研究城市与区域系统问题时,不仅要在原理上掌握适合数据特征的分析模型,还要在实践中学会使用相关分析软件,包括:较基础的电子表格编辑软件Excel,统计相关专业软件SPSS、SAS、STATA,以及R语言、Python语言等。

2.3.2　基本建模流程

在城市与区域系统分析中应用数理统计方法可遵循以下步骤,该建模流程同样适用于GIS空间分析等其他定量分析(图2-2)。

① 确定具体的研究问题和可能涉及的研究变量。如基于历史数据预测居民的日常活动轨迹,研究变量是居民的日常活动轨迹;分析某城市的人口增长趋势,研究变量则是某城市人口规模;分析城市政策对土地价值的影响,则城市政策为自变量,土地价值为因变量。

② 建立研究框架,明确变量间的关系。构建研究框架需要结合既有理论、相关文献和实践经验,明确自变量和因变量之间的影响路径,并尝试对分析结果做出假设。

③ 收集数据并进行预处理。收据数据的过程受收集方式、渠道限制以及人为因素等影响,原始数据可能存在错漏或冗余,因此需要对原始数据进行预处理,提升数据质量,便于后续分析。

④ 进行基本的描述统计,包括数据可视化。主要查看变量的均值、方差以及其他分布特征,进行数据可视化,这有助于研究者掌握数据的基本特征,为选择合适的分析工具提供参考。

⑤ 建立数理模型。针对特定的城市与区域问题选择合适的定量分析模型,可以是对已有认知的验证,也可以展开新的探索,确定变量间的耦合关系和规律。

⑥ 对定量分析结果进行解释,撰写研究报告、研究论文等。

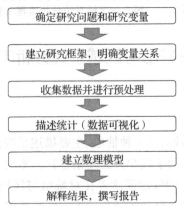

图2-2　定量分析基本建模流程示意

2.3.3 模型列举

数理模型构建是城市与区域系统定量分析的重点和难点,图2-3列举了部分数理统计模型,包括认识数据的简单模型、基本统计模型、进阶统计模型、空间统计模型、机器学习等。在城市与区域问题分析中,我们首先可以通过描述统计、假设检验、相关分析和方差分析来认识数据,进而根据研究目的选择适当的分析模型。如果需要结合空间分析方法对数据进行信息探索与挖掘,可以融合 GIS 技术与空间数据进行地理统计分析。如果需要进行海量信息处理,可结合大数据与机器学习方法进行城市与区域系统的分析与预测。

1. 认识数据方法

在认识数据阶段,可采用描述统计、假设检验、相关分析和方差分析等方法。描述统计是对统计现象进行描述,归纳数据的分布特征,其目的在于掌握数据的总体特征,这是对分析数据进行正确统计推断的先决条件。假设检验是根据一定假设条件由样本推断总体,假设检验中的假设由研究者自行选取,可以涵盖的范围非常广泛,在定量分析中判断是否相关、是否服从正态分布、两个总体均值是否相等、回归系数是否显著、过程是否稳定等均需要运用假设检验方法。相关分析是一种简单易行的测量变量之间关系的分析方法,可以分析变量间的关系情况以及关系强弱程度等,比如碳排放与城市化相关性、生态环境质量与居民健康水平的相关性等。方差分析是一种分析调查或试验结果是否有差异的统计分析方法,可用于比较两组或多组数据的差异性。

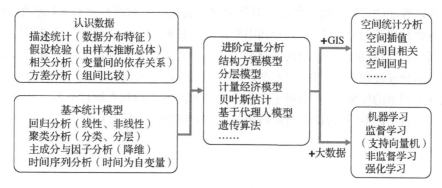

图 2-3 城市与区域系统分析模型列举

2. 基本统计模型

城市与区域系统分析经常使用的基本统计模型包括回归分析、聚类分析、主成分分析、因子分析、时间序列分析等。回归分析的核心在于找出多个变量间的关系。当研究需要确定两种或两种以上变量间相互依赖的定量关系时,可用回归分析。回归分析具体包括线性回归分析与非线性回归分析:线性回归模型构建线性回归方程,变量间的回归关系函数图像呈线性特征;非线性回归模型的函数图像呈非线性特征。聚类分析是基于数据的相似性,按一定规则对数据进行分类;在同一类别的数据有很大的相似性,而不同类别之间的数据有很大的差异性。主成分分析和因子分析都可对变量进行降维,但其原理有所区别。主成分分析是将原始变量转换为少数几个主成分,以此反映原始变量的绝大部分信息。因子分析是从数据中提取对变量起解释作用的少数公共因子。时间序列分析模型承认事物随时间发展的延续性，是应用历史数据推测事物未来发展趋势的模型。

3. 进阶分析模型

在熟练掌握基本统计模型后，可综合使用更为复杂的模型进行分析，如结构方程模型、分层模型、计量经济模型、贝叶斯估计、基于代理人模型、遗传算法等。在城市与区域系统研究中，有时需处理多个原因、多个结果的关系，或碰到不可直接观测的变量，此时可以使用结构方程模型。在做统计推断时，贝叶斯模型不仅利用了前期的数据信息，还加入了决策者的经验和判断等信息，并将客观因素和主观因素结合起来，对异常情况的发生具有较多的灵活性。

4. 空间统计分析

将前述定量分析方法与 GIS 空间分析方法结合，可以进行空间统计分析建模，包括空间插值、空间自相关、空间回归等。空间插值是地学研究中的基本内容，也是 GIS 空间分析中的主要方法之一，主要任务是基于采样点的测量值模拟未知点或区域的预测值。空间自相关指地理数据由于受空间相互作用和空间扩散的影响，彼此之间可能不相互独立，而是紧密联系。空间回归分析是在回归分析中考虑了空间自相关性，以便更好地解释事物之间的因果联系。

5. 机器学习

机器学习在城市与区域系统分析的应用日益广泛。机器学习可分为监督学习、非监督学习和强化学习等。监督学习是指利用一组已知类别的样本调整分类器的参数，使其达到所要求性能的过程。监督学习一般将数据分为有标签的训练集和无标签的测试集，通过训练集数据进行分类器训练，并利用测试集来检验分类器的精度。非监督学习侧重数据分组，将大量数据中类似的数据分为一组。强化学习是一种用于描述和解决智能体在与环境的交互过程中，通过学习策略达成回报最大化或实现特定目标问题的方法。

在以上列举的模型中，本书侧重介绍认识数据的方法和基本统计分析方法在城市与区域系统分析中的应用，为读者奠定城市与区域系统高阶分析的基础。

第3章 城市与区域系统分析的规划应用

在当前国土空间规划变革背景下,城市与区域系统分析通过将统计分析方法与GIS空间分析融合,从系统视角为国土空间规划提供方法支撑,提升国土空间规划中空间特征分析、发展条件评价和功能空间划定的科学性与准确性。我们要善于通过历史看现实、透过现象看本质,把握好全局和局部、当前和长远、宏观和微观、特殊和一般的关系,不断提高系统思维、战略思维、辩证思维与底线思维能力,为前瞻性思考、全局性谋划、整体性推进城市与区域的高质量发展提供科学规划支撑。本章主要梳理城市与区域系统分析中与国土空间规划相关的数据脉络,并简要介绍城市与区域系统分析中的统计分析方法在国土空间规划的应用途径,具体的应用场景举例可参考后面第三篇、第四篇的内容。

3.1 城市与区域系统分析的数据脉络

城市与区域系统分析涉及的数据脉络庞杂,本书梳理城市与区域系统分析中与国土空间规划联系较为密切的数据脉络。数据脉络可分为地理空间数据、社会经济数据和个体时空行为数据三个分支脉络(图3-1)。

地理空间数据是城市与区域系统分析支撑国土空间规划的基础,为其他多源数据的融合提供空间载体,并为城市与区域规划所需的数据空间可视化提供支撑。地理空间数据主要包括区域尺度的土地利用、资源禀赋、生态环境、自然灾害等方面的地理空间基础数据,以及对这些基础数据进行加工分析得出的用地多样性、地形起伏度、地质灾害评级等复合指标数据。在城市尺度,地理空间数据可分为更精细的层次,包括城市各类型建设用地数据、道路交通数据、建筑数据、公共服务设施POI数据等。基于上述地理空间类数据可以进行空间叠置与重分类,再结合组间差异比较、主成分分析、聚类分析等统计方法得到资源环境承载能力与城市开发适宜性评价结果。地理空间数据可通过遥感影像解译、人工智能图像识别获取,或从网络开放平台和政府部门等渠道获取。

社会经济数据在城市与区域系统分析中常常作为空间数据的属性补充,主要包括城市与区域的人口数据(人口规模、年龄结构、就业类型、收入情况等)、经济核算数据、贸易数据、能源数据、财政数据等统计数据,以及交通流、经济流等要素流数据。将社会经济数据与地理空间数据结合,可对城市开发边界、城市重点发展空间等进行深入分析,有助于综合评估城市与区域的发展定位,制定未来发展战略。具体而言,可应用描述性统计方法对数据资料进行整理和可视化;在城镇规模确定中,利用人口增长模型结合地方社会经济发展情况测算城镇未来人口规模,并以此确定城镇用地规模;应用时间序列分析方法研究城市与区域社会经济随时间演化的规律,将分析结果以空间可视化方法在地理空间中展现出来,有助于更好地认知国土空间演化特征。社会经济数据大部分可以通过查阅各地区统计年鉴获得，也可借助大数据爬取手段在各类网络开放平台获取。

个体时空行为数据主要包括手机信令数据、公交刷卡数据、APP（手机应用软件）签到数据、热力图、活动日志数据、GPS（全球定位系统）定位数据、浮动车数据等含有时空标签信息的个体行为数据。可从居民个体的时空活动轨迹推演居民的时空行为规律，研究居民活动-移动行为与城市空间的互动机理。例如城镇功能空间的划定中，利用手机信令数据或微博签到数据分析人口分布的动态变化轨迹及空间聚集模式，结合核密度分析与分类统计，解析城镇不同空间的实际功能。在城市空间结构规划中，利用浮动车数据获取居民在中心城区与外围郊区之间的日常活动-移动行为，探索个体行为与空间扩展的互动机理。个体时空行为数据需要应用数据获取软件从开放平台获取，或直接通过相关公司或组织联系获取。

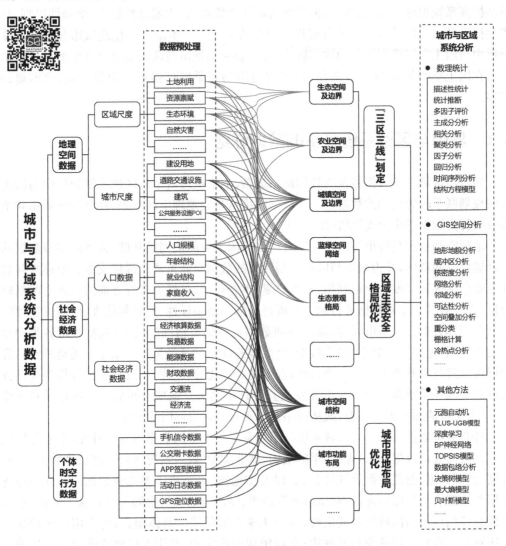

图3-1　城市与区域系统分析的数据脉络及其规划应用示意图

3.2　城市与区域系统分析方法的规划应用途径

3.2.1　对国土空间规划发展条件评价的支撑——以"双评价"为例

"资源环境承载能力评价"和"国土空间开发适宜性评价"（简称"双评价"）是编制国土空间规划的基础和前提，其主要目的是掌握资源环境承载能力和国土空间开发潜力，为优化国土空间开发保护格局，完善区域主体功能定位，划定生态保护红线、永久基本农田保护红线、城镇开发边界，确定用地用海等指标提供参考依据。

具体而言，资源环境承载能力是基于特定发展阶段、经济技术水平、生产生活方式和生态保护目标，一定地域范围内资源环境要素能够支撑农业生产、城镇建设等人类活动的最大合理规模。资源环境承载能力评价是对自然资源和生态环境本底条件的综合评价，反映资源环境对经济社会的承载能力。国土空间开发适宜性是在维系生态系统健康前提下，综合考虑资源环境要素和区位条件，在特定国土空间进行农业生产、城镇建设等人类活动的适宜程度。国土空间开发适宜性评价基于国土空间对城镇开发、农业生产、生态保护承载的适宜程度进行评判分级，通过对适宜性指标和约束性指标的分析，针对国土空间开发过程中的约束和适宜程度，判断区域各类国土空间进行开发的适宜性等级。国土空间开发适宜性评价有助于根据不同研究区域的尺度层级、发展阶段、主体功能、地域特性、数据基础等特征，明确规划目的，制定差异化的指标体系，全面真实地反映地方资源本底特征和核心问题。

城市与区域系统分析在"双评价"中的应用方面包括数据预处理和国土空间本底评价（图 3-2）。数据预处理指基础数据的获取与整理，包括基础地理类、土地资源类、水资源类、环境类、生态类、灾害类、气候气象类等数据的预处理工作。通过数据预处理，初步掌握区域的资源禀赋和环境条件，并简要分析国土空间开发问题和存在的风险。在数据预处理阶段，可应用的城市与区域系统分析方法（数理统计方面）包括数据统计指标提取，数据可视化、数据分布合理性和可靠性检验、方差分析、相关分析等。

国土空间本底评价则是基于前期构建的基础数据库进行资源环境承载能力与开发适宜性评价，包含的评价要素众多，本节简要说明城市与区域系统分析方法在生态保护、农业生产和城镇建设方面进行本底评价的应用可能性。

生态保护本底评价多从生态系统服务功能重要性与生态脆弱性两方面着手，选取土壤、水文、气象、海岸带、生物多样性等数据构建数据库，并基于栅格数据的加权叠置分析，将单要素评价等级集成为整体生态保护重要性评价结果，进一步结合下辖地区的实地调研反馈进行校核与修正，确定生态保护极重要区和重要区，为后续国土空间规划编制提供支撑。

农业生产本底评价多从农业生产的土地资源、水资源、气候、环境、生态、灾害等单项评价着手，基于空间叠置、重分类等分析方法综合得到农业生产条件分级。进一步通过修正因子识别出农业生产适宜区和不适宜区，并评估农业生产承载规模，供后续规划确定农业空间的适宜发展情况。

城镇建设本底评价是在生态保护极重要区以外的区域开展，着重识别不适宜城镇建设的区域。多从城市地形、地质、水文、气象、城市内部用地要素、城市区位特征等方面着手，使用空间叠置、重分类等分析方法综合得到城镇建设条件分级。进一步根据当地城镇建设限制因素确定城镇建设不适宜区，并评估城镇建设可承载的最大合理规模，为后续规划确定城市发展规模与边界提供依据。

在以上三类评价中，可应用的城市与区域系统分析方法（数理统计方面）包括主成分分析、因子分析、回归分析、聚类分析等，这些方法可辅助国土空间的多要素评级和分类。

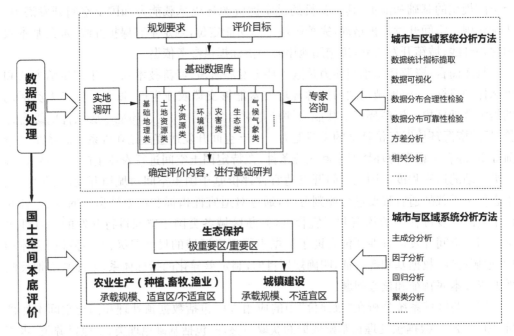

图3-2　城市与区域系统分析方法（数理统计）在"双评价"中的应用示意图

3.2.2　对国土空间规划空间功能划定的支撑——以"三区三线"划定为例

"三区三线"划定作为新时期国土空间规划的重要内容，为国土空间合理规划和利用提供保障。"三区"指生态空间、城镇空间和农业空间三种类型的国土空间。"三线"指生态保护红线、城镇开发边界和永久基本农田保护红线三条控制线。"三区三线"划定的依据是前述"双评价"结果，通过对不同类型空间要素做出全面综合的梳理，开展生态、城镇和农业三类功能适宜性评价，进而结合主体功能区规划，划定"三线"，最后划定"三区"。本节主要介绍城市与区域系统分析方法在"三线"划定中的应用途径（图3-3）。

其中，生态保护红线划定的基础是国土空间生态功能重要性评价和生态环境敏感性评价。将生态功能重要区域和生态环境敏感区域进行空间叠加，再与国土空间的禁止开发区和其他保护区进行校核，同时通过边界协调、规划衔接等过程形成生态保护红线，并以此确定生态空间范围。可应用的城市与区域系统分析方法（数理统计方面）包括因子分析、聚类分析等。

永久基本农田保护红线的划定一般应基于"双评价"中农业适宜性评价结果，根据分解下达的保护任务及相关要求，与原土地利用总体规划的基本农田保护区和土地利用调查的稳定耕地进行校核，考虑耕地质量与数量，结合城镇开发建设需要，划定永久基本农田范围,使得基本农田在数量上保持稳定,在空间布局上更加紧凑连续,提升农业空间质量。所使用的城市与区域系统分析方法与生态保护红线类似。

城镇开发边界划定以原土地利用总体规划的允许建设区和有条件建设区为基础,评估城市建成区的现状规模与发展需要,避让永久基本农田和生态保护红线,充分利用现行基础设施和自然地物地界综合确定。首先,从城市与生态空间的相关约束性与适宜性指标入手,通过空间分析和统计分析方法,综合评估影响城市用地规模与边界的刚性要素。然后,结合人口、社会经济发展趋势,通过时间序列分析、元胞自动机、蚁群算法等模型对未来城镇空间演化进行模拟,测算相关用地指标,划定城镇开发边界,并以此确定城镇空间范围。

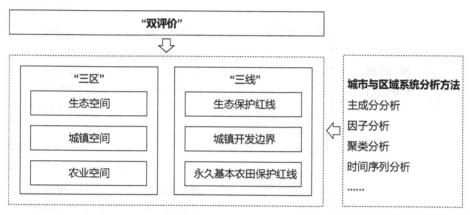

图 3-3　城市与区域系统分析方法(数理统计)在"三区三线"划定中的应用示意图

3.2.3　对国土空间专项规划的支撑

专项规划是国土空间规划体系的重要组成部分,在国土空间规划中发挥着支撑性和传导性的作用。城市与区域系统分析方法在专项规划中的应用途径多元,不仅涉及网络分析、空间叠合等空间分析方法,也涉及回归分析、主成分分析等统计分析方法。本节分别以绿地系统专项规划、综合交通专项规划和公共服务设施专项规划为例进行简要说明(图 3-4)。

绿地系统在构建国土空间开发保护格局中起到关键作用。绿地系统专项规划基于对绿地系统相关问题的识别,对绿地空间体系和结构功能进行规划完善,提升绿地系统品质。在规划过程中,可以通过卫星遥感影像数据、无人机遥感影像数据、街景图片数据等进行绿地系统基础资料库构建,对绿地系统网络结构进行分析,再结合相关分析、聚类分析、回归分析、机器学习算法等识别绿地系统布局的主要问题,为绿地系统专项规划提供技术支撑。

综合交通体系是国土空间的骨架,综合交通体系构建极大地影响区域自然资源的保护、开发与建设,也是城市空间发展的重要保障和依托。因此,综合交通专项规划是支撑国土空间规划的重要专项规划,其与国土空间总体规划、详细规划和其他专项规划有着千丝万缕的联系。复杂系统思维有助于厘清城市与区域交通子系统和其他子系统的复杂关系,优化交通规划与其他规划的协调性。在规划过程中,可应用城市与区域系统分析中的泊松回归模型、逻辑回归模型等方法研究各类交通规模需求，明确道路交通通行能力，结合国土空间"双评价"分析结果确定交通设施位置，进行适应城市与区域发展需求的综合交通专项规划。

公共服务设施专项规划是优化公共服务资源配置的重要工具。城市与区域系统分析方法可为公共服务设施专项规划提供服务范围、服务规模和供需平衡测算等技术支撑。随着大数据和新数据的应用，POI数据、遥感影像数据、社会调查数据等多源数据可作为公共服务设施基础数据，进而可利用空间可达性分析、主成分分析、因子分析、聚类分析、回归分析等城市与区域系统分析方法，为公共服务设施布局问题识别和专项规划提供参考。

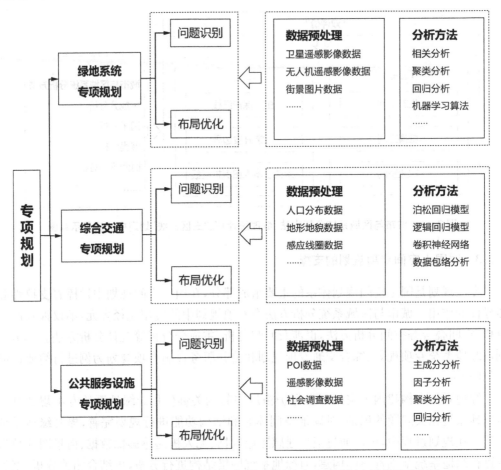

图3-4　城市与区域系统分析方法（数理统计）在专项规划中的应用示意图

实验准备篇

概念篇介绍了城市与区域系统分析的基础概念和规划应用方向。本篇围绕城市与区域系统分析实验的准备工作，首先介绍相关的分析软件R语言操作，然后讲解城市与区域系统数据类型和预处理方法，并展示相应的R语言数据库建立及导入、数据预处理实验步骤。需要注意的是，数据是客观存在的，反映的是事物的表象，但从数据所提取的信息，所反映的是事物的本质。在进行数据建库与预处理时，要根据研究目的，选择真实、全面、有效的数据。要有科学精神，科学地开展数据预处理工作。同时还要强调社会责任，谨慎选择数据，合理设计数据库，避免出现片面、夸张等情况。

第4章 实验一:R语言及其操作简介

支持城市与区域系统分析的软件众多,本章侧重介绍开源的数理统计分析和可视化语言 R 语言。R 语言有强大的建模功能且编码操作方便,本书所有实验都是基于 R 语言设计和展示的。

4.1 R 语言简介

4.1.1 什么是 R 语言

R 语言是用于统计分析以及数据可视化的计算机编程语言,最初由来自新西兰奥克兰大学的两位统计学家伊哈卡(R. Ihaka)和杰特曼(R. Gentleman)开发,于 1993 年首次亮相。由于这两位"R 之父"的名字都是以 R 开头,得名 R 语言。R 语言现在由 R 核心团队开发,但全世界的用户都可以贡献软件包。

4.1.2 R 语言的特性

R 语言的特性表现在功能全面、免费开源、交互灵活、可视化功能强大、简单易学等。

1. 功能全面

R 的主要优势在统计分析方面。它提供各种各样的数据处理和分析技术,几乎任何数据分析过程都可以在 R 中完成,包括经典的、现代的统计方法,如参数和非参数假设检验、线性回归、广义线性回归、非线性回归、方差分析、时间序列分析等。也可以通过 R 语言在较为前沿的数据挖掘与机器学习方面进行更多的探索应用。还可以利用 R 语言进行地理空间数据的处理和分析。

2. 免费开源

在统计软件付费的趋势下,R 始终都是免费开源的。R 的更新速度很快,包含最新的大量统计方法和案例。这是因为 R 语言有着由开发维护者以及全世界的 R 语言使用者(包括许多统计方面的教授学者以及学生)组成的 R 社区,R 社区由全球大量维护者共同维护。凭借 R 语言开源的生态以及 R 包极强的扩展性,R 社区不断贡献科学、实用、丰富的 R 包,借助于这些 R 包,使用者可以实现各种各样的统计分析功能。

3. 交互灵活

R 是一个可进行交互式数据分析且比较灵活的强大平台。数据分析往往包含多个步骤,而在 R 语言中任意一个分析步骤的结果均可被轻松保存、操作,并作为进一步分析的输入。通过 R 语言的交互式操作,使用者可以进行更多定制化的统计分析,清晰看到分析过程中每一步骤的输出结果,灵活调整参数和模型,更好地建模和解读模型结果。

4. 可视化功能强大

R具有优越的绘图功能。尤其对于复杂数据的可视化问题,R的优势更加明显。一方面,R中各种绘图函数和绘图参数的综合使用,可以得到各式各样的图形结果,无论是常用的直方图、饼图、条形图等,还是复杂的组合图、气泡图、星图、曼哈顿图等,都可以采用R语言实现。另一方面,从数值计算到得到图形结果的过程灵活,一旦程序写好后,如果需要修改数据或者调整图形,修改几个参数或者直接替换原始数据即可,减少重复劳动,这对需要绘制大量同类图形的使用者而言比较方便。

5. 简单易学

R语言虽然算是一门编程语言,可是其对于编程水平的要求并不高,编程技术门槛较低,编程思想简单。使用者即使没有编程基础,只要了解其基本的数据类型、数据结构以及一些基本的操作方法,便可入门R语言。同时R语言属于应用型的编程语言,每输入一行代码都可以进行结果输出,即使出现错误也可以通过报错提示进行更改,使得代码运行有着较高的效率。

R语言的官网是http://www.r-project.org,与R语言有关的重要网站还有CRAN(Comprehensive R Archive Network),其主站网址是http://www.cran.r-project.org/。在官网上可以下载到很多程序包以及有关R语言的资料。

总之,R语言应用是一种趋势,近年来国内R语言的使用群体也在不断扩大,利用R语言进行城市与区域系统分析、辅助城市与区域规划决策具有较大的应用潜力。

4.2　R语言安装

R语言的下载安装共包含三部分,分别为R语言编程环境、RStudio以及R包。其中:R语言编程环境是利用R语言进行统计分析的基础;RStudio是R软件的应用界面与增强系统,它使得R语言编程的体验感增强,R包则是针对R的插件,不同的插件满足不同的统计需求。

4.2.1　R语言安装

R语言的主网站在https://www.r-project.org(图4-1)。打开主网站后,选择左上角"Download"下面的"CRAN"。CRAN网页中罗列可供选择的镜像网站,需从CRAN的镜像网站下载R语言,建议大家选择国内镜像(图4-2),例如选择国内镜像https://mirrors.tuna.tsinghua.edu.cn/CRAN/。Linux、Mac OS X和Windows都有相应编译好的二进制版本(图4-3),根据用户自身的平台进行选择安装即可。

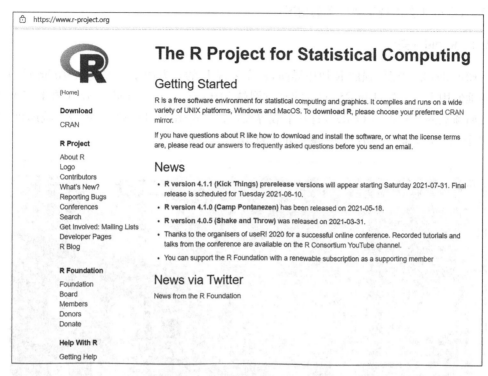

图 4 - 1　R 语言官方网站主界面

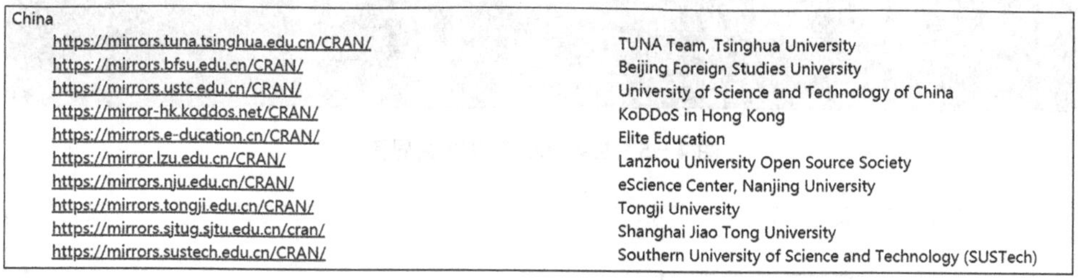

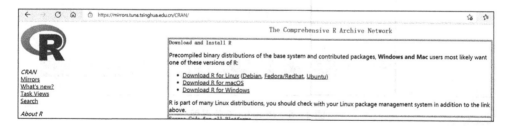

图 4 - 2　可选镜像界面

图 4 - 3　R 语言下载界面

　　下载官方的 R 语言软件后按提示安装。安装后获得一个桌面快捷方式，如"R x64 4.0.2"（这是 64 位版本，如图 4 - 4 所示）。如果是 64 位操作系统，可以同时安装 32 位版本和 64 位版本，对初学者这两种版本区别不大，尽量选用 64 位版本。另外需要说明的是，在 R 软件安装时尽量避免安装路径中存在中文

图 4 - 4　R 语言桌面图标

字符,否则可能会出现安装失败的情况。

4.2.2　RStudio 安装

　　RStudio 是功能更强的 R 使用界面,在安装好 R 的官方版本后安装 RStudio 可以更方便地使用 R。首先打开 RStudio 的官方网站 https://www.rstudio.com(图 4 - 5),选择页面顶端的"DOWNLOAD",打开下载界面,选择"RStudio Desktop"免费下载即可(图 4 - 6、图 4 - 7),其免费版已经能够满足大部分使用需要。

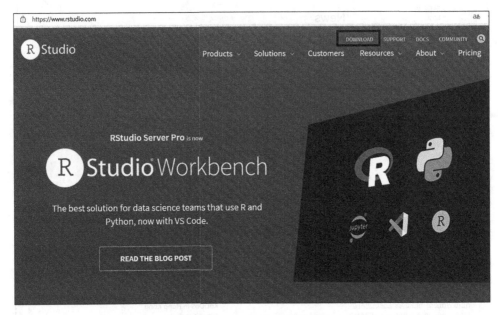

图 4 - 5　RStudio 官方网站界面

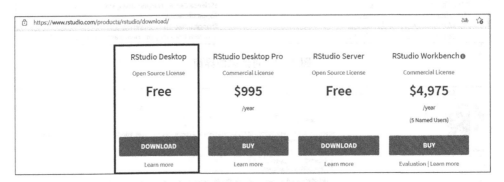

图 4 - 6　RStudio 下载界面

图 4 - 7　RStudio 桌面图标

4.2.3　R 包下载

R 在初始安装后就已经含有大量可用的功能，但它还有更多的功能是通过模块即 R 包的下载和安装来实现的。R 包可从 http://cran.r-project.org/web/packages 下载。这些包提供了横跨各种领域、丰富多样的新功能，包括常规统计建模、图表可视化、地理数据分析、机器学习等功能。

1. 什么是包

包是 R 函数、数据、预编译代码以一种定义完善的格式组成的集合。计算机上存储包的目录称为库(library)。函数 libPaths()能够显示库所在的位置，函数 library()则可以显示库中有哪些包。R 自带了一系列默认包(包括 base、datasets、utils、grDevices、graphics、stats 以及 methods)，它们提供了种类繁多的默认函数和数据集。其他包可通过下载来进行安装。安装好以后，它们必须被载入到会话中才能使用。函数 search()可以告诉使用者哪些包已加载并可使用。

2. R 包的安装

第一次安装一个包，在 RStudio 中使用函数 install.packages()即可。举例来说，不加参数执行函数 install.packages()将显示一个 CRAN 镜像站点的列表，选择其中一个镜像站点之后，将看到所有可用包的列表，选择其中的一个包即可进行下载和安装。如果知道自己想安装的包的名称，可以直接将包名作为参数提供给这个函数。例如，包 eclust 中提供了聚类分析中创建层次聚类树状图的函数。可以使用函数 install.packages("eclust")来下载和安装它。

一个包仅需安装一次。但和其他软件类似，包经常被其作者更新。使用函数 update.packages()可以更新已经安装的包。要查看已安装包的描述，可以使用 installed.packages()，这将列出已安装的包，以及它们的版本号、依赖关系等信息。

3. R 包的调用

包安装完成后可使用函数 library()载入这个包。例如，要使用 eclust 包，执行命令 library(eclust)即可。载入一个包之后，就可以使用这个包所携带的函数和数据集了。help(package = "package_name")可以输出某个包的简短描述以及包中的函数名称和数据集名称的列表。使用函数 help()可以查看其中任意函数或数据集的更多细节。这些信息也能以 PDF 帮助手册的形式从 CRAN 下载。

4.3　R 语言界面基础操作

4.3.1　RStudio 界面基本介绍

RStudio 软件是 R 的应用界面与增强系统，可以在其中编辑、运行 R 的程序文件，可以跟踪运行结果，还可以构造文字与图表融合的研究报告等。一个运行中的 RStudio 界面如图 4-8 所示。

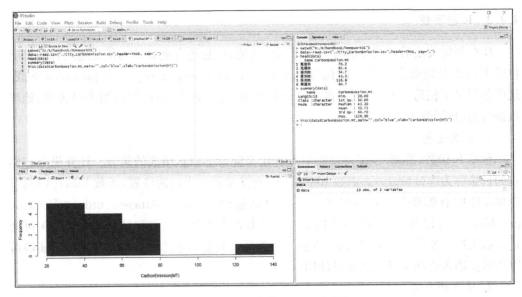

图 4 - 8　运行中的 RStudio 界面

RStudio 界面一般分为四个窗格,按其主要使用功能可以将其分为编码区、分析结果区、出图区以及数据管理区。其中编码区与分析结果区是最重要的两个窗格。编码区,顾名思义就是使用者编辑代码的地方(也称为编辑器,如图 4 - 9 所示),同时如果使用者打开一个数据框(可以简单理解为数据表格)的话,数据表格也显示在这个界面(如图 4 - 10 所示)。

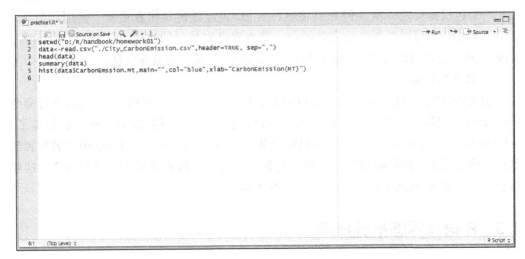

图 4 - 9　RStudio 界面编码区

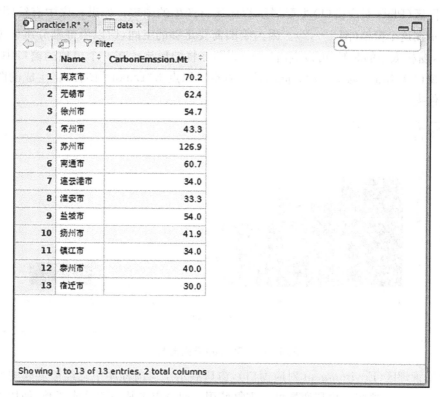

图 4－10　数据表格在编码区的显示

　　分析结果区,也称为控制台(Console),展示着所有程序的交互结果,程序运行后返回的结果或是报错都在该窗口中展示(图4－11)。分析结果区是使用者利用R进行交互式操作的关键所在。

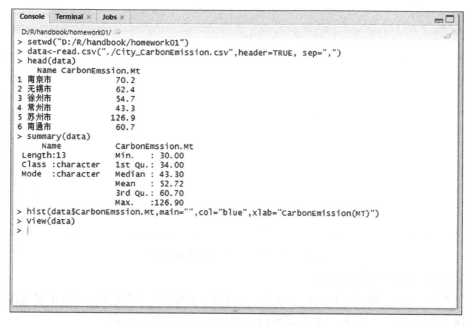

图 4－11　RStudio 界面分析结果区

出图区（Plots 对应窗口）主要展示程序运行产生的图表。如果程序中有绘图结果，将会显示在这个窗格（图 4 - 12）。因为绘图需要足够的空间，所以当屏幕分辨率过低或者 Plots 窗格太小的时候，可以点击"Zoom"图标将图形显示在一个单独的窗口中，或者将图形窗口作为唯一窗格显示。同时用户也可以点击"Export"图标，将生成的图表导出到文件夹。

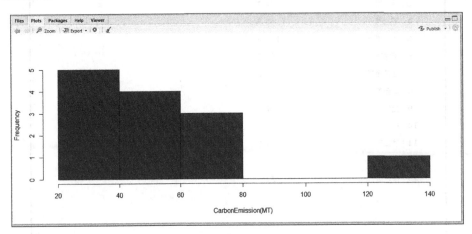

图 4 - 12　RStudio 界面出图区

数据管理区（Environment 对应窗口），窗口展示了当前程序中已经被创建的变量和函数（图 4 - 13），这些函数和变量可以重复使用。通过点击某一变量或函数，使用者可以获得有关该变量或函数的更多信息，便于使用者深入理解数据分析的过程和结果。例如点击 data，数据表格会显示在编码区窗格中（图 4 - 10）。

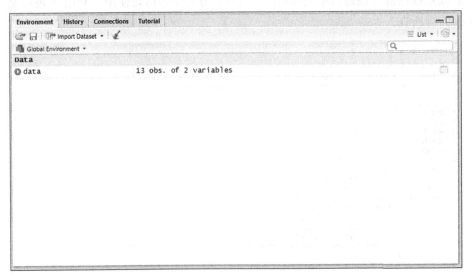

图 4 - 13　RStudio 界面数据管理区

其他的一些重要窗格包括：

① Files：列出当前项目的目录（文件夹）内容。其中以". R"或者". r"为扩展名的是 R 源程序文件，单击某一源程序文件就可以在编辑窗格中打开该文件。

② Packages：显示已安装的 R 扩展包及其文档。

③ Help：R 软件的文档与 RStudio 的文档都在这里。

④ History：以前运行过的命令都显示在这里。不限于本次 RStudio 运行期间，也包括以前使用 RStudio 时运行过的命令。

4.3.2　RStudio 界面基础操作

1. 新建、保存、打开程序

用 R 和 RStudio 进行研究和数据分析，每个研究问题应该单独建立一个文件。在 RStudio 中可通过点击"File"—"New File"—"R Script"（或"Ctrl＋Shift＋N"）来新建空白程序（图 4-14），将会生成一个名为"Untitled1"的 R 代码文件（后缀名默认为". R"，图 4-15）。我们可以在文件中根据自己的分析需求来撰写代码进行运行，然后可点击 "File"—"Save"（或按快捷键"Ctrl＋S"）将程序保存在指定路径下（图 4-16）。

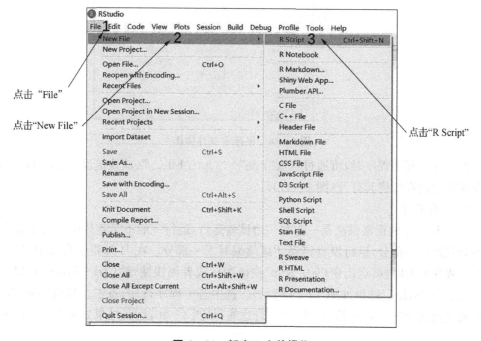

图 4-14　新建 R 文件操作

图 4-15　新建 R 文件

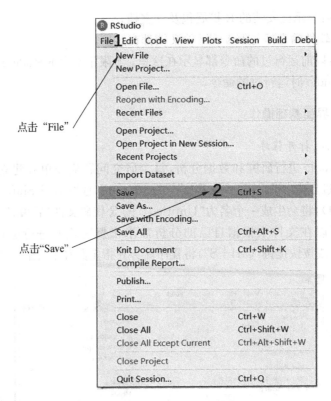

点击"File"

点击"Save"

图 4 - 16　保存 R 文件操作

在后续打开该程序时,可通过点击"File"—"Open File..."(或快捷键"Ctrl+O")选中之前保存过的程序将其打开(图 4 - 17)。

2. 运行程序

编写 R 程序的正常做法是一边写一边试验运行,运行一般不是整体的运行而是写完一部分就运行一部分,运行没有错误才继续编写下一部分。在 R 源程序窗口中,当光标在某一程序行的时候,点击窗口的"Run"快捷图标或者用快捷键"Ctrl+Enter"可以运行该行(图 4 - 18,运行结果如图 4 - 19 所示)。选中若干程序行后,点击窗口的"Run"快捷图标或者用快捷键"Ctrl+Enter"可以运行这些行(图 4 - 20,运行结果如图 4 - 21 所示)。

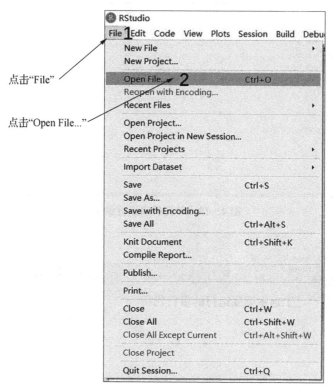

图 4 - 17　打开 R 文件操作

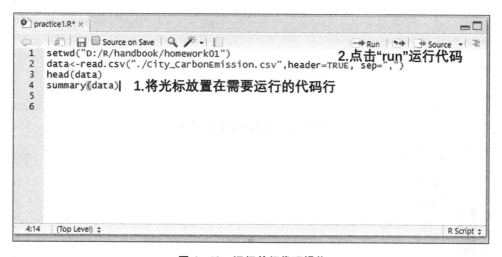

图 4 - 18　运行单行代码操作

图 4 - 19 单行代码运行结果

图 4 - 20 运行多行代码操作

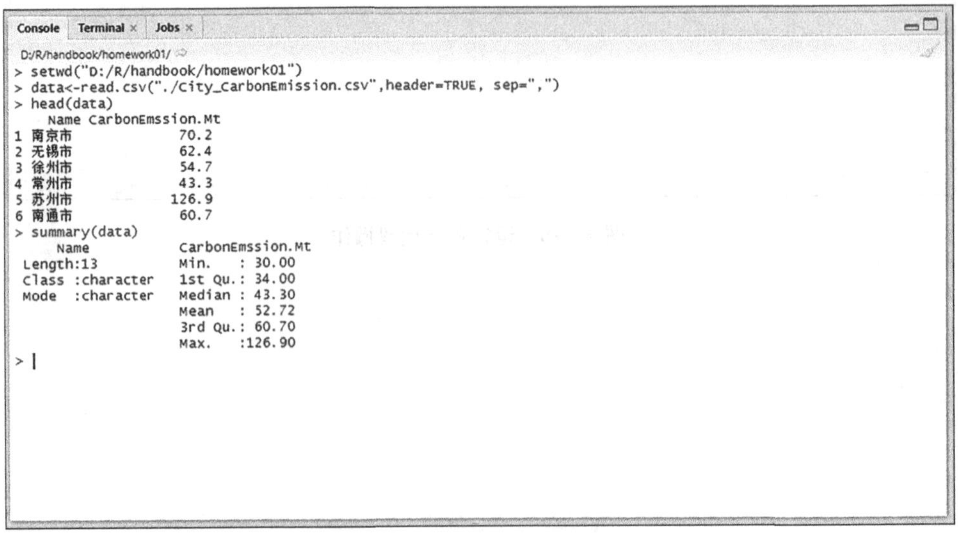

图 4 - 21 多行代码运行结果

3. 设置 Global Options

在 RStudio 中点击"Tools"—"Global Options…"(图 4 - 22),可打开"Options"窗口(图 4 - 23),通过其可以对 RStudio 的部分基础设置进行修改,最常用的为"Appearance""Pane Layout"以及"Packages"选项。分别可实现界面风格设置、界面布局设置以及镜像选择三大功能。

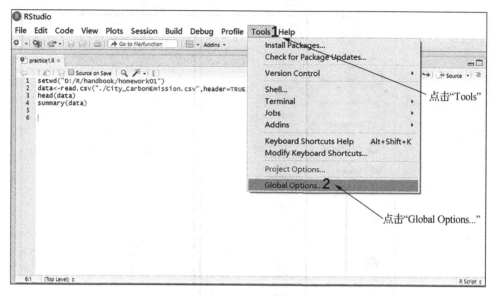

图 4 - 22　打开"Global Options…"操作

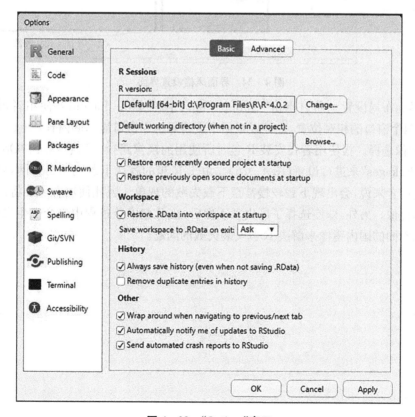

图 4 - 23　"Options"窗口

① 界面风格设置。点击"Options"窗口中的"Appearance",使用者可以通过"RStudio theme"设置主题、"Zoom"设置缩放比例、"Editor font"设置字体、"Editor font size"设置字体大小、"Editor theme"设置编辑主题。使用者可以根据个人喜好设置符合自身喜好的界面风格(图4-24)。

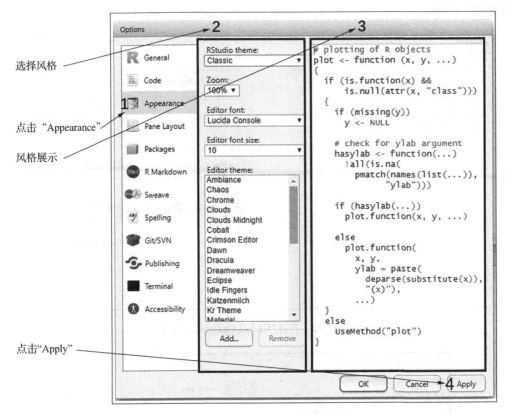

图4-24　界面风格设置界面

② 界面布局设置。通过点击"Options"窗口中的"Pane Layout",使用者可以设置RStudio四个窗口的相对位置,也可以根据个人喜好选择窗口显示的内容(图4-25)。

③ 镜像选择。指使用者在安装R包时所使用的镜像路径,可通过点击"Options"窗口中的"Packages"来进行设置(图4-26)。由于R包的默认下载网站是官网,可能对于国内的使用者来说,会出现下载较慢甚至下载失败的现象。因此使用者需要将镜像设置为国内的镜像。另外,即使选择了国内某镜像后,在R包安装过程中也会发生失败现象,可多尝试不同的国内镜像来解决R包安装失败的问题。

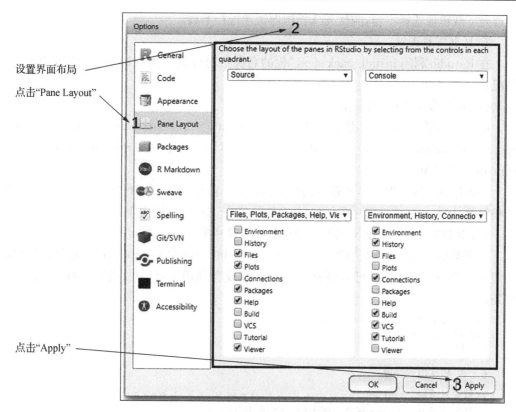

图4-25 界面布局设置界面

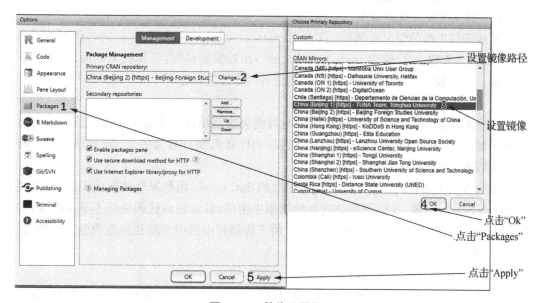

图4-26 镜像设置界面

4.3.3 R安装常见问题解答

1. R下载失败

很多初学者在R官网上下载R会出现下载速度非常慢甚至下载失败的情况,其主要原因是下载镜像选择不当,应优先选择国内镜像进行下载。

2. R 包下载失败

在 Rstudio 利用 install. packages("包的名称")时经常会出现以下集中安装失败的情况：

(1) R 安装不了包,出现报错

R 安装不了包,会出现类似于"Warning：unable to access index for repository https：//cran. rstudio. com/src/contrib：cannot open URL 'https：//cran. rstudio. com/src/contrib/PACKAGES"的报错。

出现这种问题一般都是该包无法使用目前选择的镜像进行下载安装,需要重现选择调整镜像,进行如 4.3.2 节中的调整镜像操作,重新选择一个国内镜像。

(2) R 版本较旧,部分 R 包不支持在旧版本 R 中安装

出现类似于"package'包的名称' is not available (for R version xxx)"这种错误时,一般通过升级 R 来解决,可以到官网重新下载或者利用 update()函数进行 R 的版本更新。

```
install.packages("installr")
require(installr)
updateR()

# # # 依次出现弹窗：
# 提示有最新版本；
# 最优化更新 R 是从 Rgui,而不是 RStudio,是否要去 Rgui,点击"否"；
# 是否拷贝 Rpackages 到最新版本的 R 中,点击"yes"；
# 拷贝所有的 R 包到新包中,点击"yes"。
```

(3) 其他安装失败的情况

其他安装失败的情况有两种：① 利用 install. packages()函数时,包的名称未加上引号,导致安装失败。② 使用 install. packages()函数安装包时,计算机未联网,包无法下载安装。安装包时需要保持计算机处于畅通的网络连接状态。

3. plot()函数无法绘制图像

初学者在运行 plot()函数进行绘图时可能会出现出图区不显示图像的问题。其可能原因如下：① R 工作路径中存在中文路径,如计算机用户名为中文；② R 语言未更新至最新版本。

解决方法主要有：① 在 R 语言代码中添加 dev. new()函数来生成新的图窗,再使用 plot()函数绘制图像,这样图像会在新的图窗中生成,若运行该代码后仍不显示图像,尝试在 dev. new()前添加 dev. off()代码；② 将工作路径中的中文路径修改为全英文格式；③ 更新 R 至最新版本。

4. 建议保存自己应用过的 R 代码

R 语言的相关代码无须死记硬背,应用过程中最重要的是了解代码的应用前提和结果显示意义。随着学习的深入,建议读者注意保存自己构建的代码系列。在遇到新的数据集后可直接导入分析,较为方便。

第 5 章　实验二:城市与区域数据库建立及导入

数据库构建是城市与区域系统分析的基础,也是城市与区域规划实践的前提。在进行系统分析之前,有必要先了解数据的基本分类规则以及城市与区域系统分析的常见数据及其获取途径。本章在讲解数据库构建的相关知识后,将详细介绍数据库导入 R 的方法以及在 R 中查看数据库特征的基本编码方式。

5.1　数据基本分类规则

不同类型的数据有不同的数据处理方式和分析方法。对于数据基本分类规则的了解有助于后续的数据预处理以及建模分析学习。数据可以从计量尺度、时间维度、收集方法、数据获取直接程度、数据组织方式等角度进行分类表(5-1)。

表 5-1　数据基本分类一览

数据分类依据	数据分类
按计量尺度分类	数值型数据、分类数据、顺序数据
按时间维度分类	截面数据、时间序列数据
按收集方法分类	观测数据、实验数据
按数据获取直接程度分类	一手数据、二手数据
按数据组织方式分类	空间数据、属性数据

5.1.1　按计量尺度分类

数据按照计量尺度可分为数值型数据、分类数据,以及顺序数据。

1. 数值型数据

数值型数据用数字来表现各种现象的数量特征,是使用自然或度量衡单位对事物进行计量的结果。数值型数据是连续的测量结果,数值本身高低代表量的多少。一个城市的人口、GDP(国内生产总值)、城镇化率、行政区面积等属于数值型数据。数值型数据不仅能表明某现象在数量上的不同和大小,数据之间还能进行数量运算。城市与区域系统分析中最常见的就是数值型数据。

2. 分类数据

分类数据一般用文字来表述,表明事物的不同属性或类别。在构建数据库时,我们用文字(字母)或数字对分类数据进行编码,数值仅代表类别,不代表数量。例如,用"1"代表"男性",用"2"代表"女性",这里的"1"和"2"只表达了现象分属于两个类别,没有数量的大小。在城市与区域系统分析中,城市的各种建设用地类型、城市功能区等都是典型的分类数据。

3. 顺序数据

顺序数据是特殊的分类数据,顺序仅代表前后、上下、优劣等排名,顺序的差值不能反映实际数量的差距。在构建数据库时,可用数字来表示顺序数据。例如,在城市与区域分析中,城市等级是典型的顺序数据,可以用"1""2""3""4""5""6"来表示"五线城市""四线城市""三线城市""二线城市""新一线城市""一线城市"。这些数字不仅表明城市分属于不同的类别,而且表明了这些城市等级的顺序。

5.1.2　按时间维度分类

数据按照时间维度进行分类主要可以分为截面数据和时间序列数据。

1. 截面数据

截面数据是数据采样中的常见类型之一,指在相同或相近时间截面上反映不同样本个体的同一特征变量的观测值。如某一年多城市的常住人口规模(表 5-2)。

表 5-2　截面数据展示(2020 年江苏省分地区常住人口)

地区	人口数/人
全省	84 748 016
南京	9 314 685
无锡	7 462 135
徐州	9 083 790
常州	5 278 121
苏州	12 748 262
南通	7726635
连云港	4 599 360
淮安	4 556 230
盐城	6 709 629
扬州	4 559 797
镇江	3 210 418
泰州	4 512 762
宿迁	4 986 192

2. 时间序列数据

时间序列数据是在不同时间点上收集到的数据,这类数据反映了某一事物、现象等随时间的变化状态或程度。时间序列数据又可以分为面板数据和混合面板数据。其中面板数据是指相同样本在多个时间截面上的数据。如多年相同地区的 GDP(表 5-3)。而混合面板数据是指不同样本在多个时间截面上的数据,如多年不同地区的 GDP(表 5-4)。

表 5-3　面板数据展示(江苏省分地区生产总值)　　　　　　　　　　单位:亿元

地区	2010 年	2014 年	2015 年	2016 年	2017 年	2018 年	2019 年
苏南	22 571	38 895	41 536	44 793	49 397	53 220	56 646
苏中	7 766	12 692	14 093	15 579	17 537	18 999	20 367
苏北	9 053	15 290	16 821	18 460	20 172	21 500	22 963

注:本表按当年价格计算。

表 5 - 4　混合面板数据展示（苏南五市工业用电量）　　　　单位：亿千瓦时

城市	2005 年	2010 年	2015 年	2016 年	2017 年	2018 年	2019 年
南京	173.5	242.7	300.5	310.8	318.1	331.3	337.3
无锡		455.0	472.2	493.7	524.7	551.5	563.3
常州			325.5	334.8	351.2	373.0	385.2
苏州	483.6	855.3	1 074.2	1 116.3		1 227.8	1 199.9
镇江				173.8	180.0	183.4	190.1

5.1.3　按收集方法分类

数据按其收集方法的不同，可以分为观测数据和实验数据。

1. 观测数据

观测数据是通过调查或观测收集到的数据，不对调查对象进行人为干预。几乎所有与社会经济现象有关的统计数据都是观测数据，如社会经济统计年鉴中的数据（图 5 - 1）。

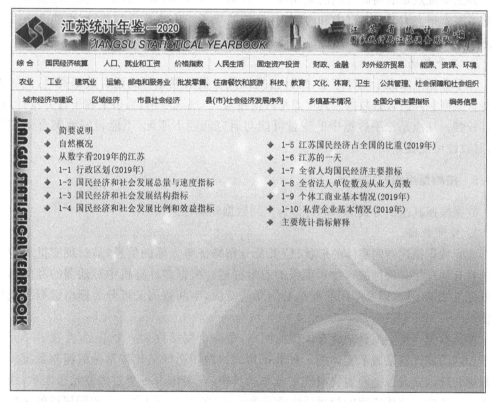

图 5 - 1　观测数据展示

2. 实验数据

通过在实验中控制实验对象以及其所处的实验环境收集到的数据，称为实验数据。自然科学领域的数据很多都是实验数据，可细分为控制实验、随机实验以及自然实验。

控制实验是理想的物理实验，控制某一因素以外的其他因素不变，单独让该因素变化,看因变量的变化。因为城市与区域发展是复杂因素交互作用的结果,不太可能实现理想情况下控制某一因素不变的状态,所以控制实验在城市与区域系统分析中不太常见。

随机实验是将研究对象随机分为两组,研究对象自己不知属于哪一组,实验组给予外部干预,而控制组则不给予外部干预,观察外部干预对研究对象的影响。这在城市与区域系统分析中也不常见。

自然实验,又称准实验,指并非因做实验而发生,但却在社会经济发展中自然的分为了实验组和控制组。例如,研究高铁对城市经济增长的影响,城市自然分为了有高铁的城市(实验组)和没有高铁的城市(控制组)。

5.1.4　按数据获取直接程度分类

数据按其获取数据的直接程度可以分为一手数据和二手数据。

1. 一手数据

一手数据又称原始数据,指研究者自己通过访谈、问卷、测量等方式直接获得的数据。其主要优点是能与研究问题紧密契合,针对性较强,时效性较好。缺点是收集一手数据需要大量人力、物力、财力和时间,且分析结果不一定支持研究假设,可能会做大量无用功。

2. 二手数据

二手数据是来源于统计年鉴、统计公报以及各类数据库等的已有数据资料,例如人口普查数据和经济普查数据。其优点是数据量较大,现成可用,且多来源于官方统计,权威性较强。缺点是二手数据中的变量可能与研究问题不匹配,不能很好地契合研究需要,时效性可能较差。

5.1.5　按数据组织方式分类

数据按照其组织方式的不同可分为空间数据和属性数据。

1. 空间数据

空间数据描述空间实体的形状、位置及分布特征等方面的信息,是对现实世界中存在的具有地理位置属性的事物和现象的定量描述。根据在计算机中对地图的存储组织和处理方法的不同,以及空间数据本身的几何特征,空间数据又可分为栅格数据和矢量数据。

栅格数据是将空间分割成有规律的网格,每一个网格称为一个单元,并在各单元上赋予相应的属性值来表示实体的一种数据形式。地图影像是比较常见的栅格数据。其以规则的阵列来表示空间地物或现象分布。其中:点实体由一个栅格像元来表示;线实体由一定方向上连接成串的相邻栅格像元表示;面实体(区域)由具有相同属性的相邻栅格像元的块集合来表示。

矢量数据是在直角坐标中,用横轴和纵轴坐标表示空间实体的位置和形状的数据。矢量数据一般通过记录坐标信息来表现空间实体。路网数据是比较常见的矢量数据。

2. 属性数据

属性数据又称非空间数据,是与空间实体紧密联系的具有地理意义,用来描述空间实体的地理变量,如城市(空间实体)的 GDP、人口总量、城镇化率等等。

5.2　数据需求与获取途径

本书第 3 章简要介绍了城市与区域系统分析涉及的数据脉络,本节着重讲解基础地图数据、资源环境数据、土地利用数据、社会经济数据、大数据与新数据的具体类型和获取途径。

5.2.1　基础地图数据

基础地图数据包含了卫星遥感影像数据、无人机航拍数据、地面数字高程(DEM)数据、行政区划数据等。其属于二手数据,同时也是空间数据,兼有属性值(变量),可对其添加或修改属性数据。其主要获取途径如下:① 地理空间数据云(部分免费,http://www. gscloud. cn/);② 国家地球系统科学数据中心共享服务平台(部分数据直接下载,部分数据需要提交申请后免费下载,http://www. geodata. cn/);③ 中科院资源环境科学与数据中心(部分免费下载、部分需付费,https://www. resdc. cn/)④ 地方测绘地理信息局(需签保密协议);⑤ 无人机航拍;⑥ Google Earth Engine 网站平台(https://earthengine. google. com/);⑦ 其他开源数据平台。

5.2.2　资源环境数据

资源环境数据包含了气象数据(降雨量、气温等)、生态保护区数据、土壤数据、环境污染数据等。其属于二手数据,同时也是空间数据,兼有属性值(变量),可对其添加或修改属性数据。其主要获取途径如下:① 地理空间数据云(部分免费,http://www. gscloud. cn/);② 遥感集市(http://www. rscloudmart. com/);③ 国家地球系统科学数据中心共享服务平台(部分数据直接下载,部分数据需要提交申请后免费下载,http://www. geodata. cn/);④ 中科院资源环境科学与数据中心(部分免费下载、部分需付费,https://www. resdc. cn/);⑤ Google Earth Engine 网站平台(https://earthengine. google. com/);⑥ 美国地质勘探局(USGS)网站平台(https://www. usgs. gov/);⑦ 各类《国土资源统计年鉴》;⑧ 各类环境统计年鉴;⑨ 各类环境监测网站。另外,需要说明的是,很多资源环境数据是以点状的矢量数据形式存储的,一般需要结合 GIS 分析软件对其进行空间插值,生成面状空间数据,以便后续分析。

5.2.3　土地利用数据

土地利用数据是进行城市与区域规划的一类基础数据,如不同时期的城市建成区土地利用现状数据、公共服务设施用地数据。这些数据可以依据地区高分辨率遥感影像通过 CAD 或 ArcGIS 软件描摹绘制。大尺度(市域乃至省域以上)的土地利用数据,可以通过 ERDAS 软件或 ENVI 等遥感专业软件解译遥感影像获得。土地利用数据为一般以二手数据为主,一手数据作为补充。其获取途径如下:① 历版规划图集;② 实地调研更新数据库;③ 遥感解译(适用于区域大尺度);④ 其他开源数据平台。

5.2.4 社会经济数据

1. 普查数据

普查是统计调查的组织形式之一,是对统计总体的全部单位进行调查以搜集统计资料的工作,是一个国家或者一个地区为详细调查某项重要的国情、国力专门组织的一次性大规模的全面调查。我国已经建立了在人口、经济、农业、工业、三产等多领域的普查体系,形成了全面、多样、权威的普查数据(图5-2)。

以全国人口普查数据为例。全国人口普查是对全国人口普遍地、逐户逐人进行的一次性调查登记,普查结果能反映全国人口基本状况。目前已经进行了七次人口普查(人口普查的年份依次为1953年、1964年、1982年、1990年、2000年、2010年、2020年)。下载人口普查数据需要先打开国家统计局官方网站(www.stats.gov.cn);然后点击"数据查询"框格中"普查数据"按钮(图5-3),即可打开普查数据界面(图5-4),界面罗列了各种类型的普查数据,点击"第六次人口普查数据",即可查看"中国2010年人口普查资料"界面(图5-5),其中左边框格罗列了"六普"的统计内容,点击即可查看数据(图5-6),数据以HTML形式进行展示(该网页以HTML为默认数据展示形式);若需要下载数据,可点击左上角的"EXCEL"绿色按钮即可完成切换;接下来点击所需的统计内容就可直接下载成Excel文件。若是对数据统计口径等方面有疑问,可以查看"中国2010年人口普查资料"界面最后的附录说明。

普查数据		
人口普查	第六次人口普查数据	第五次人口普查数据
经济普查	第四次经济普查	第三次经济普查
	第二次经济普查	第一次经济普查
农业普查	第三次农业普查 (全国和省级主要指标汇总数据)	第二次农业普查 (提要 农业卷 农村卷 农民卷 综合卷)
	第一次农业普查	
R&D资源清查	第二次R&D资源清查	
工业普查	第三次工业普查	
三产普查	第一次三产普查	
基本单位普查	第二次基本单位普查	第一次基本单位普查

图5-2 普查类型一览

图 5 - 3　国家统计局官网界面

图 5 - 4　普查数据界面

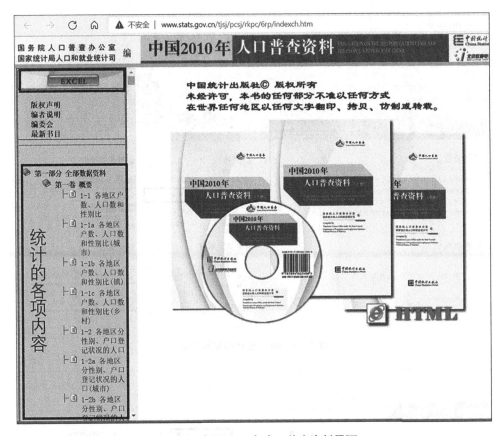

图 5 - 5　中国 2010 年人口普查资料界面

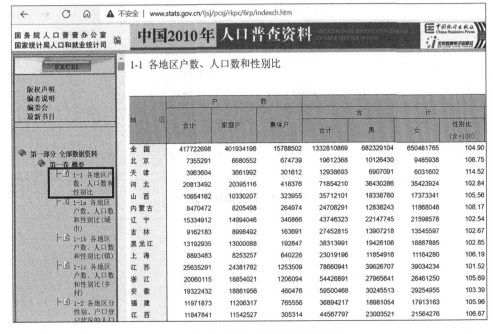

图 5 - 6　"六普"统计数据展示界面

2. 统计年鉴

中国统计年鉴反映中国的经济、社会、生态发展情况，每年都会出版。值得注意的是，每一年份出版的统计年鉴实际上展示的都是上一年数据，如 2020 年统计年鉴收录的是 2019 年的数据(图 5-7)。

图 5-7　中国统计年鉴界面

中国城市统计年鉴反映的是中国城市社会经济发展情况，每年一刊，同样是统计上一年数据。统计范围包括全国城市行政区划、地级以上城市统计资料和县级城市统计资料。统计内容主要包括城市人口、劳动力及土地资源、综合经济、工业、交通运输、邮电通信、贸易、外经、固定资产投资、教育、文化、卫生、人民生活、社会保障、市政公用事业和环境保护等。

中国城市建设统计年鉴反映中国城市建设统计数据，每年一刊，与中国统计年鉴和城市统计年鉴不同，其统计的是当年的数据。统计范围为设市的城市的城区。统计内容主要包括城市市政公用设施水平、城市人口和建设用地、城市维护建设财政性资金收支、城市市政公用设施固定资产投资、城市供水、城市节约用水、城市燃气、城市集中供热、城市轨道交通、城市道路和桥梁、城市排水和污水处理、城市园林绿化、国家级风景名胜区、城市市容环境卫生等。

各地城市统计年鉴反映的是各城市年度经济、社会、生态发展情况，每年一刊，同样是统计上一年的数据，由各城市统计局主编。城市统计年鉴数据可以在各政府官方网站或者统计局网站下载获取。

社会经济数据为二手数据，一般以统计表格的形式呈现，且大都以行政区划作为统计单元，可依据行政单元名称将社会经济统计数据与空间数据连接。普查数据可以在国家统计局官网(http://www.stats.gov.cn/tjsj/pcsj/)获得。统计年鉴数据可以通过国家统计局官网、CNKI(中国知网)中国经济与社会发展统计数据库(http://tongji.cnki.net/kns55/index.aspx)、地方统计局网站、国家和地方年度统计公报获得。

5.2.5　大数据与新数据

随着信息技术与计算机技术的飞速发展,城市与区域系统分析越来越多的使用大数据和新数据,弥补小数据和传统数据在分析中的不足。

1. POI 数据

POI 即地图上的兴趣点,是代表真实地理实体的点状空间数据,一般包括名称、类别、地理坐标等信息。POI 数据能够直观地反映各类城市设施和人类经济社会活动的分布情况,可包含住宅、商铺、酒吧、医院等各类城市空间实体。POI 数据需要利用 Python 或爬虫软件对百度地图或高德地图进行爬取,通常以二维表格形式呈现。可利用表格中的 POI 经纬度将表格导入 ArcGIS 软件进行空间可视化,如基于核密度分析可直观感受城市或区域的某类设施空间聚集形态和程度。

2. 夜间灯光数据

夜间灯光数据属于一类遥感数据,至今已经有包括 DMSP/OLS(美国)、SNPP(美国)、珞珈一号(中国)等对地观测传感器可以获取地球夜间的可见光和近红外波段的夜光影像。在城市与区域系统分析中,夜间灯光数据常用作城镇用地扩张分析、城镇社会经济发展强度分析、居民活动规律分析等。可在 https://payneinstitute.mines.edu/eog/等网站下载夜间灯光数据(图 5-8)。

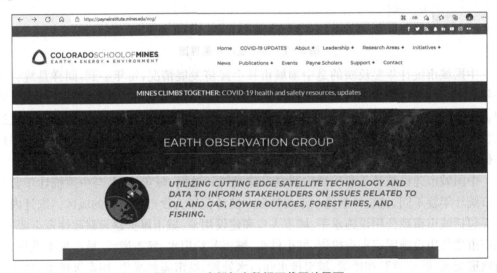

图 5-8　夜间灯光数据下载网站界面

3. 居民时空行为数据

居民时空行为数据基于居民地理位置信息反应居民的时空行为特征。常见的居民时空行为数据包括腾讯位置大数据、签到数据、手机信令数据、出租车轨迹数据、公交刷卡数据等。

腾讯位置大数据(https://heat.qq.com/index.php)基于腾讯系产品的海量用户定位次数信息,发布不同区域的热力图、人口迁移数据和位置流量趋势数据,在一定程度上反映人群的相对集聚和流动情况。

签到数据是各互联网平台用户签到所产生的数据。签到数据主要包含了用户的地理空间信息。常见的签到数据包括微博签到、大众点评签到、微信签到等。通过 Python、爬虫软件爬取签到数据可以获得一个数据表，主要包括地点名、地址、经度、纬度、城市代码、POI 类别代码等信息，这些信息可用于分析城市与区域的活力空间分布等特征。

手机信令数据是手机用户与发射基站或者微站之间的通信数据。为了以最小的成本为更多用户提供服务，移动通信网络信号覆盖逻辑上被设计成由若干正六边形的基站小区（实际覆盖范围并非规则的正六边形）相互邻接而构成的面状服务区，手机用户总是与其中某一个基站小区保持联系。移动通信网络能够定期或不定期地主动或被动地记录手机用户时间序列的基站小区编号。只要使用者手机开机，手机就会与基站产生信号交换，该信号交换会被记录，平均每人每天有几十个信号。这些信号可以连续、动态反映手机用户的空间位置（依靠基站识别）。因而根据海量的手机信令数据中包含的时间和空间信息，可以识别城市的功能空间分布，如就业、居住、休闲空间。

4. 开放街道地图

开放街道地图（Open Street Map，OSM）是一个可供自由编辑的世界地图，其网址是https://www.openstreetmap.org/。OSM 的地图由用户根据手持 GPS 装置、航空摄影照片、卫星影像、其他自由内容甚至单靠用户对目标区域的空间知识绘制。用户可以从OSM 上下载道路、水系以及建筑物。打开 OSM 官网，点击左上角的"导出"，框选研究区域范围（或输入边界经纬度，如图 5-9 所示），即可完成导出。

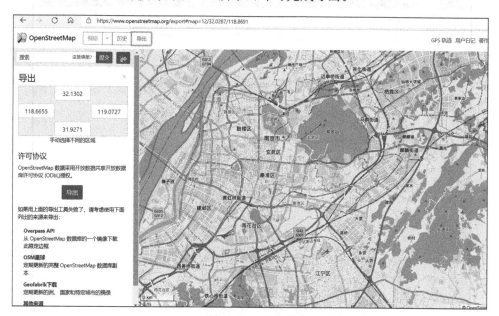

图 5-9　开放街道地图数据下载界面

5.3　数据库建立及 R 语言导入

5.3.1　实验目的

通过本实验掌握数据库建立的基本思路，并运用 R 语言进行数据库读取、变量查看和记录检索等编码操作。

本实验所构建的数据库是指为满足城市与区域系统分析需求而收集的相关数据的集合。在数据库建立过程中，不要仅局限于一种数据，可以使用多源数据互为补充，即大数据与小数据融合、地理数据与普查数据融合。但数据的收集以及数据库的建立最终要根据研究目的而定，同时数据库的建立还要保证数据的适用性、可靠性和有效性。其中：适用性是指建立的数据库满足研究问题的需要；可靠性是指采样的稳定性和可重现性；有效性是指用该数据生成的研究结果能代表真实结果。在研究报告中必须说明数据来源及其时效。

基于 R 分析的原始数据库一般以二维列表的形式呈现数据（图 5 - 10）。其中，每一行代表一个采样个体或对象，每一列代表一个特征或属性。第一列往往是个体或对象的名称或编号，第一行往往是变量名称（特征或属性）。

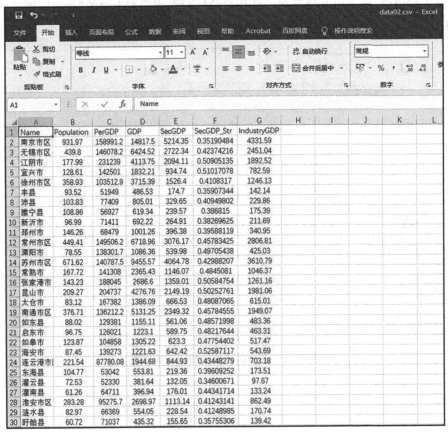

图 5 - 10　数据库展示

5.3.2 实验步骤

R可从键盘、文本文件、Excel和Access、流行的统计软件、特殊格式的文件、多种关系型数据库管理系统、专业数据库、网站和在线服务中导入数据。在城市与区域系统分析中一般使用Excel进行数据存储。但是R语言目前并不支持直接读入XML格式的数据，本节介绍把Excel数据导入R的方法。

1. 转换CSV格式文件

CSV是一种通用的、相对简单的文件格式。R语言也支持CSV格式文件的输入读取。因而要想把Excel数据文件导入R软件中，首先需要将其存成Excel里的CSV格式。首先打开存储数据库的Excel文件。单击左上角"文件"，选择"另存为"。选择要在其中保存工作簿的位置。在"另存为"对话框中，导航至所需位置。单击"保存类型"框中的箭头，选择存为CSV(逗号分隔)(图5-11)，即可完成CSV格式文件的转换。

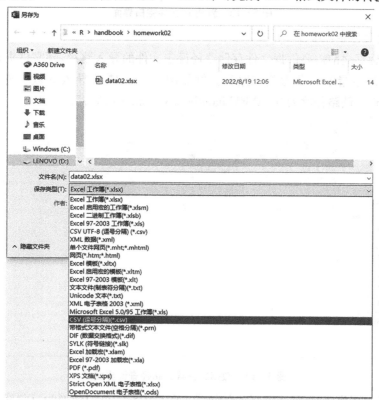

图5-11 将Excel文件另存为CSV格式文件

2. 新建R文件

新建R文件进行程序编写用于导入数据与数据分析(图5-12)。

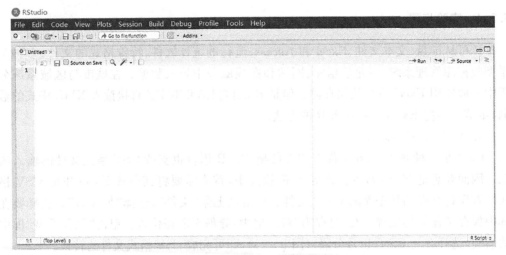

图 5-12　新建 R 文件空白界面

3. 设定文件导入路径

在导入数据之前需要依据文件存储路径设定文件的导入路径,到文件夹名为止。注意最好将文件存储路径设为英文路径。例如图 5-13,需要导入的数据库为"data02. CSV",其文件存储路径就为"D:\\R\\handbook\\homework02"。

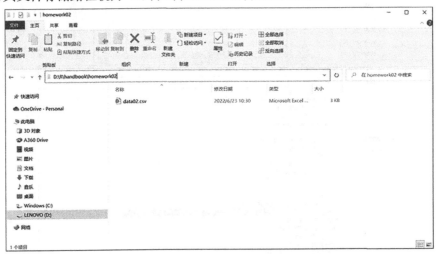

图 5-13　数据文件导入路径查询界面

在 R 里编写代码时,导入路径中的斜线方向要由斜线(\\)转换为反斜线(/),即变成"D:/R/handbook/homework02"。实现代码如下:

```
# 设定文件导入路径
setwd("D:/R/handbook/homework02")
```

4. 读取 CSV 格式文件

在设定文件导入路径后,就可以读取数据库。实现代码如下:

```
# 导入 CSV 格式文件
data< - read.csv("./数据库文件名.csv",header= TRUE, sep= ",")
```

选中刚刚编写的两行的代码,再点击"run"即可运行代码(也可以写一行代码运行一行),

运行成功后 RStudio 界面数据管理区会展示导入数据库的基本信息（如图 5 - 14 框选内容）。

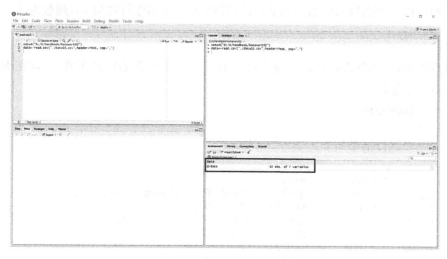

图 5 - 14　"导入 CSV 格式文件"代码运行结果

5. 查看数据库，看是否导入成功

导入的数据以二维矩阵的形式进行存储。可以使用下标和方括号来选择矩阵中的行、列或元素。例如，"X[i,]"指矩阵 X 中的第 i 行，"X[,j]"指第 j 列，"X[i,j]"指第 i 行第 j 列元素。选择多行或多列时，i 和 j 可为数值型向量，如下面代码所示：

```
data$ X          # 显示 data 里的变量 X 这一列的所有数据
data[,]          # 逗号前面是行，逗号后面是列
data[1:3,2:4]    # 显示 data 第 1 至 3 行，2 至 4 列的所有数据
data[,2:4]       # 显示 data 第 2 至 4 列的所有数据
```

需要说明的是，"#"及其后面的内容属于注释，是编程过程中非常重要的部分，被注释的文本不会被编译运行，因此注释非常适合用解释代码的含义。一般编程语言的注释分为单行注释与多行注释，但是 R 语言只支持单行注释，注释符号为"#"。如果注释内容较多需要多行注释的话，需要在每一行添加"#"号。

可以通过 head()函数来显示数据库中的部分或全部数据。默认情况下，head()函数会列出前 6 行数据。如果想查看更多行的数据，可以在参数中设置，如下面代码所示。

```
head(data)           # 显示数据库内容（默认前 6 行）
head(data,20)        # 显示数据库前 20 行数据
head(data[,1:3])     # 显示数据库第 1 至 3 列数据
head(data[,c(1,3,5)])# 显示数据库第 1、3、5 列数据
```

如下为 head(data)的输出结果：

```
> head(data)
  Name     Population PerGDP     GDP        SecGDP   SecGDP_Str   IndustryGDP
1 南京市区  931.97     158 991.2  14 817.50  5 214.35 0.351 904 8   4 331.59
2 无锡市区  439.80     146 078.2  6424.52    2 722.34 0.423 742 2   2 451.04
3 江阴市    177.99     231 239.0  4 113.75   2 094.11 0.509 051 4   1 892.52
4 宜兴市    128.61     142 501.0  1 832.21   934.74   0.510 170 8   782.59
5 徐州市区  358.93     103 512.9  3 715.39   1 526.40 0.410 831 7   1 246.13
6 丰县      93.52      51 949.0   486.53     174.70   0.359 073 4   142.14
```

导入到 R 中的数据库有两个维度（行和列）。使用 dim(data)可以查看 R 正在处理的数据库的行数和列数。还可以使用 nrow()函数和 ncol()函数分别来查看行数和列数。

```
# 查看数据行列数
```

```
dim(data)
```

数据库行数和列数输出结果如下,可以看到 data 数据库行数为 53,列数为 7。

```
> dim(data)
[1] 53 7
```

可以用 str()函数查看数据库的结构。str()是一个非常通用的函数,可以在 R 中的大多数对象上使用。

```
# 查看数据库结构
str(data)
```

str(data)运行结果如下:

```
> str(data)
'data.frame':53 obs. of 7 variables:
$ Name:        chr       "南京市区" "无锡市区" "江阴市" "宜兴市"...
$ Population:  num       932 440 178 129 359...
$ PerGDP:      num       158991 146078 231239 142501 103513...
$ GDP:         num       14818 6425 4114 1832 3715...
$ SecGDP:      num       5214 2722 2094 935 1526...
$ SecGDP_Str:  num       0.352 0.424 0.509 0.51 0.411...
$ IndustryGDP: num       4332 2451 1893 783 1246...
```

在最顶部显示 data 的类别是 data.frame,具有 53 个观测值和 7 个变量。运行结果提供了每个变量的名称和类型以及其部分内容的预览。

summary()函数为每个变量提供不同的输出,具体取决于其类型。对于数值型数据(int,num),summary()显示其最小值、第一四分位数、中位数、平均值、第三四分位数和最大值。这些值有助于了解数据的分布方式。对于分类变量(在 R 中称为因子变量),summary()显示每个值(或级别)在数据中出现的次数。

```
# 查看数据库中各变量的基本统计结果
summary(data)
```

summary(data)运行结果如下:

```
> summary(data)
Name              Population        PerGDP            GDP
Length:53         Min.: 28.95       Min.: 51949       Min.: 337.0
Class:character   1st Qu.:78.55     1st Qu.: 72498    1st Qu.: 592.4
Mode:character    Median: 98.89     Median :105765    Median: 1011.2
Class:character   Mean:159.95       Mean:110541       Mean: 1973.9
                  3rd Qu.:167.72    3rd Qu.:140788    3rd Qu.: 2279.6
                  Max. :931.97      Max.:231239       Max. :14817.5

SecGDP            SecGDP_Str        IndustryGDP
Min.: 132.1       Min.:0.3460       Min.: 97.67
1st Qu.: 239.6    1st Qu.:0.3966    1st Qu.: 181.73
Median: 537.8     Median:0.4345     Median: 382.37
Mean: 862.2       Mean:0.4389       Mean: 734.67
3rd Qu.: 996.6    3rd Qu.:0.4845    3rd Qu.: 803.42
Max.:5214.4       Max.:0.5352       Max.:4331.59
```

5.3.3 数据库导入常见问题解答

1. 文件导入失败

初学者在设置工作路径并导入数据时会出现报错,主要原因是:在计算机文件路径一般以"\\"来分隔不同层级的目录,而根据 R 的编码规范,在 R 中设置工作路径需要以"/"表示文件路径。

2. 变量的中英文及大小写问题

导入 R 语言的原始数据表中变量名称尽量使用英文,且不要有空格等符号,如果需要在英文间加空格,可使用下划线(_)来代替空格。R 语言严格区分字母的大小写,z 和 Z 代表着不同的字符或变量。例如在原始数据库中定义变量为"Name",在后面代码部分将"Name"表达为"name",会使得 R 无法识别 name 变量,导致代码运行失败。

3. 中文数据显示为乱码

R 语言对于中文的兼容性有所欠缺。如果 R 代码本身出现乱码,可尝试改变 Rstudio 文本的编码方式。首先点击 RStudio 菜单栏的"Tools"—"Global Options..."，然后在"Options"窗口中选择"Code"—"Saving"—"Default Text Encoding"—"Change";在弹出的编码中,选择"UTF-8"—"OK",然后再点击"Apply",保存并应用设置。

如果数据集含有中文字符,导入 R 出现乱码,可尝试上述方法解决。如果无效,可尝试将原始 CSV 格式文件存为 UTF-8 编码的 CSV 格式文件。如果还是无效,可尝试将原始 CSV 格式文件存为 SAV 格式或其他格式,再导入 R。也可以在 R 中使用"pinyin"包,将乱码的汉字转换成可识别的拼音。

4. 标点符号的中英文格式问题

R 语言区分标点符号的中英文格式。大部分 R 编程语言都是由英文编写,所以进行编写代码的时候,不能出现中文格式的标点符号。例如,有初学者编写 head(data,20)代码查看 data 数据库前 20 行数据,如果将 head()函数中的英文逗号改成中文逗号,R 就会报错,提示不识别这种字符。因此在用 R 语言进行数据分析时,熟悉编写代码规范和格式尤为重要。

第6章 实验三：城市与区域数据预处理方法

在建立城市与区域数据库后，需要对数据进行初步审查，并依据研究目的对数据进行预处理，将"脏数据"整理为"干净数据"，提升数据库的整体质量，为后续分析建模奠定基础。本章主要介绍在城市与区域系统分析中进行数据预处理的意义和预处理方法，并展示运用 R 进行数据预处理的编码过程。

6.1 数据预处理意义与步骤

6.1.1 数据预处理意义

在城市与区域系统分析中，所构建数据库的质量高低在一定程度上决定了分析结果的好坏。原始数据库通常来自不同领域，需要转化为适合城市与区域系统研究目的的数据。此外，原始数据往往包含缺失值和干扰项，也可能因为人工录入错误或其他原因导致有异常值存在，这些都可能对后续分析建模产生影响。因此，城市与区域系统分析中的数据预处理工作非常重要工作量也较大。数据预处理是依据"脏"数据的各种特征选择相应的处理方式，得到标准、干净的数据，避免造成研究结果的偏差，提高研究整体质量和科学性。数据预处理的主要原则是保证数据的合理性、完整性和一致性等（表6-1）。

表6-1 "脏"数据类型展示

问题数据类型	示例
数据不合理	城市建成区面积为负值
数据不完整	变量存在缺失值
数据不一致	某条记录的出生日期为 2000 年，2019 年的年龄登记为 15 岁
数据异常	数值远离变量的一般波动范围
数据不均衡	变量中各个数值区间的数据量相差悬殊
数据冗余	变量重复出现

6.1.2 数据预处理的逻辑步骤

数据预处理的逻辑步骤主要包括数据审查、数据清理与数据验证，其中最为重要且最为耗时的步骤是数据清理。

数据审查阶段的内容主要为检查变量内容是否符合研究目的，数量是否能满足研究的最低要求，同时需要审查数据自身完整性、合理性、一致性。

数据清理阶段需要研究者选用适当方法清理明显错误值、缺失值、异常值、可疑值。同时根据城市与区域系统分析目的对研究数据的计量单位或变量类型进行转换。

数据验证阶段可利用散点图、直方图、折线图以及简单的线性模型等对数据质量进行验证。若数据质量不好,需进一步进行清理。

6.2　数据预处理方法

6.2.1　数据清理方法

数据清理的主要思想是通过填补缺失值、平滑或删除离群点等方法来"清理"数据。需要注意的是,虽然对数据进行清理是为了提升原始数据的质量,但在数据清理过程中不可人为操纵篡改数据。

1. 缺失值处理

在城市与区域系统分析时,可能种种原因使得获取的原始数据里某个或某些属性的值丢失和空缺。数据缺失的原因可分为机械原因和人为原因。机械原因是指数据在存储过程中遭遇机械设备方面的意外导致数据存储缺失,如储存器内存已满无法写入、储存器机械故障等客观问题。人为原因是指数据获取过程中涉及的人存在管理失误、不愿提供数据,或历史局限因素无法完成数据录入等情况,如社会调查中被访人拒绝透露相关问题的答案、数据录入人员失误漏录数据等。

缺失值主要分为完全随机丢失(Missing Completely at Random,MCAR)、随机丢失(Missing at Random,MAR)以及非随机丢失(Missing not at Random,MNAR)三类。完全随机丢失指数据缺失完全随机,与变量自身和其他变量无关,且任何变量的任何一条记录发生缺失的概率相同。随机丢失指数据缺失不完全随机,和其他完全变量有关,在控制了其他变量后,某个变量是否缺失与它自身的值无关。例如在社会调查中,如果女性不想透露自己的具体年龄,则会出现性别变量没有缺失但部分女性的年龄变量有缺失的情况,可以认为年龄变量是随机丢失的。非随机丢失指数据缺失与不完全变量自身的取值相关,即使控制了其他变量已观测到的值,某个变量是否缺失仍然与它自身的取值有关。例如高收入人群不希望在调查中透露他们的具体收入,则收入变量缺失值与自身的取值相关。非随机丢失出现的情况较为复杂,可能在样本选择过程中有偏差,进而影响分析结果的可靠性。

数据缺失的类型是选择缺失值处理方法的依据。对于完全随机丢失和随机丢失,如果数据缺失比例较小,可以选择直接删除缺失数据所在的记录,也可以通过插补估计缺失数据。对于非随机丢失,即使插补数据也有可能带来偏差,最好对样本数据进行扩充,增加样本的代表性。城市与区域系统分析中所使用的数据存在随机丢失的情况较多,有时也存在非随机丢失的可能。下面介绍删除数据和插补数据的基本方法:

(1) 删除数据

删除数据是将存在缺失值的样本删除(也称个案剔除法),这是处理缺失值较为简单有效的方法。如果缺失数据的比例较小(例如 5% 以下),可考虑直接删除有缺失值的样本。一条记录(数据库中的一行)只要包含一个缺失数据,就需要删除整行记录。若一个变量超过半数的观测数据缺失,则考虑直接删除该变量。删除数据的缺点在于它以减少样本量来换取数据库信息的完备,这样可能会浪费信息资源。当数据缺失比例较大时,直接删除数据可能导致分析结果发生偏差。

（2）插补数据

插补数据是通过模拟最可能的值来插补缺失值,此方法相对删除数据而言丢失的信息较少。一般来说,客观数据的缺失可使用插补方法,而主观数据的缺失不适合数据插补。因为个体的主观变量可能受个体一些不可测量特征的影响,如果仅从其他采样的变量对缺失数据进行插补,得到的数据可能不可靠。常用的插补数据方法有如下几种：

① 均值、中位数或众数插补。均值、中位数或众数插补指用缺失值所在变量的均值、中位数或众数替换缺失值。此方法操作简单,但可能会造成变量的方差和标准差变小,一定程度上影响后续分析结果。如果变量为定距型(数字型变量,可以求加减平均值等),可考虑用均值或中位数插补。众数插补使用较少。

② K 邻近插补。K 邻近插补指根据相关分析确定距离缺失样本最相近的 K 个样本,将 K 个值加权平均得出结果以估计缺失数据。其优点是易于实现,对样本分布的整体改变较小,因此应用较为广泛。其缺点是在分析大型数据集时会变得非常耗时,且对于缺失率较大的数据集,插补的准确率降低。

③ 回归插补。回归插补指将有缺失值的变量作为因变量,没有缺失值的变量作为自变量,建立回归模型预测缺失值。其优点是基于回归模型获得结果,对样本分布的整体改变较小。其缺点是需要假设缺失值所在的变量与其他变量存在关系,如果关系不存在,则会导致估计值错误。

④ 多重插补。多重插补指通过重复模拟生成一系列可能的数据集,合并得出缺失数据的估算值。多重插补可基于蒙特卡洛(Monte Carlo)数据模拟技术插补生成若干数据集,对每个数据集进行回归建模,评价模型优劣,最后确定完整数据集。多重插补相较于单一回归插补的优点是在多个模型下通过随机抽取数据进行插补,增加了估计的有效性。多重插补的缺点主要是需要更多时间精力和更多存储空间。

2. 异常值处理

城市与区域数据中常出现异常值,可能导致分析结果偏离正常范围,所以对于异常值的识别和处理非常重要。异常值指样本中的一些数值明显偏离其余数值的样本点,也称离群点。如果异常值的出现由随机因素产生,属于随机变异性的极端表现(极端小概率事件),异常值本身来源于数据总体,此类异常是“真异常”。如果异常值不属于数据总体,是因为谬误从另外一个总体抽样得来,导致其值与总体均值相差较大,此类异常是“伪异常”。例如统计小城市建成区面积时,错误地收录了个别大城市建成区面积数据。

异常值的识别方法包括经验判断和统计判断。首先可通过经验或生活常识判断数据的最大值、最小值是否超过了理论范围,是否有明显不符合实际情况的异常。然后可根据统计方法进行判别。如果数据符合正态分布,那么在 3 个标准差之外的数据有可能是异常值。也可通过箱图和散点图查看是否存在离群点。

异常值的处理方法包括删除数据、插补数据和不处理。对异常值的处理需依据具体情况判断。如果异常值数量较少,对于整体数据集分析结果的影响不大,可考虑直接删除异常数据。如果异常值较多,则可考虑插补数据,插补方法参考前述缺失值的处理方法。如果异常值对于研究目的而言可提供有用信息,则考虑保留异常值。

6.2.2　标准化处理

在基本的数据预处理后，可依据研究目的对数据进行标准化。数据标准化是指通过数学变换方式，将原始数据按照比例缩放，使之落入一个小的特定区间内，转化为无量纲的数值，即标准化值，便于不同单位或数量级的指标能够进行比较或加权评估。

城市与区域数据包括大量不同类型指标，每个指标的类型、量纲和数量级等特征均可能存在较大差异。若直接用各指标的原始值进行比较分析或综合评价，数值较高指标的作用可能被放大，而数值较低指标的作用可能被削弱。通过对原始数据标准化处理，使不同指标具有相同的度量尺度，消除指标之间因量纲不同而带来的影响，从而保证结果的可靠性。

数据标准化处理主要包括指标一致化处理和无量纲化处理两种类型。指标一致化处理，主要解决的是指标性质不同的问题。例如，在评价多个不同指标的作用时，某一类指标数值越大越好，称之为正指标，而另有一类指标数值越小越好，称之为逆指标。这两类指标作用方向不同，如果直接相加无法正确反映不同作用方向产生的综合结果，因此需要对部分指标进行一致化处理，改变其性质和作用方向，使所有指标作用方向一致化，从而得出适宜的结果。可采取倒数一致化（对原始数据取倒数）或是减法一致化（利用指标允许范围内的一个上界值，依次减去每一个原始数据）进行指标的一致化处理。倒数一致化可能会改变原始数据的分散程度，导致原始数据的实际差异扩大或缩小。减法一致化则不改变数据的分散程度，结果相对稳定。

数据无量纲化处理主要解决指标量纲不可比的问题。由于不同指标量纲不同，数量级存在较大差异，在进行综合评价时所占的作用比重也会有所不同。例如某个变量的数值在 10～100 之间，而另一个变量的数值范围在 1 000～10 000 之间，此时若从绝对值的角度进行综合评价，有可能数值变化范围大的指标绝对作用较大。因此，为了比较不同量纲指标之间的相对作用，需要对数据进行无量纲化处理，包括以下方法：

（1）Min-Max 标准化法

Min-Max 标准化法也称为极差标准化法，是消除变量量纲和变异范围影响最简单的方法。首先需要找出该指标的最大值（X_{max}）和最小值（X_{min}），并计算极差（R），然后用该变量的每一个观察值（X）减去最小值（X_{min}），再除以极差（R），即：

$$R = X_{max} - X_{min} \tag{6-1}$$

$$X' = (X - X_{min}) / (X_{max} - X_{min}) \tag{6-2}$$

经过极差标准化方法处理后，无论原始数据是正值还是负值，该变量各个观察值的数值变化范围都满足 $0 \leqslant X' \leqslant 1$，并且正指标、逆指标均可转化为正向指标，作用方向一致。但是如果有新数据加入，可能会导致最大值（X_{max}）和最小值（X_{min}）发生变化，就需要进行重新定义，并重新计算极差（R）。

（2）Z-score 标准化法

当研究中某个指标的最大值和最小值未知，或有超出取值范围的离群数值时，Min-Max 标准化法难以适用，此时可选用 Z-score 标准化法，即标准差标准化法。计算原始数据的均值（$\bar{x}$）和标准差（SD），然后使用该变量的每一个观察值（x）减去均值（$\bar{x}$），再除以标准差（SD），进行数据的标准化，即：

$$X' = (x - \overline{x})/SD \tag{6-3}$$

经过 Z-score 标准化后,数据将符合标准正态分布,即将有约一半观察值的数值小于 0,另一半观察值的数值大于 0,变量的均值为 0,标准差为 1,变化范围为 $-3 \leqslant X' \leqslant 3$。

(3) 线性比例标准化法

线性比例标准化法主要包括极大化法和极小化法。

极大化法适用于正指标,取该指标的最大值(X_{max}),然后用该变量的每一个观察值(X)除以最大值(X_{max}),即:

$$X' = X/X_{max}(X \geqslant 0) \tag{6-4}$$

极小化法适用于逆指标,取该指标的最小值(X_{min}),然后用该变量的最小值(X_{min})除以每一个观察值(X),即:

$$X' = X_{min}/X(X > 0) \tag{6-5}$$

需要注意的是,以上两种方法不适用于 $X < 0$ 的情况。对于逆向指标使用线性比例法进行标准化后,实际上是进行了非线性的变换,变换后的指标无法客观地反映原始指标的相互关系,转换时需要注意。

(4) log 函数标准化法

log 函数标准化法首先对该变量的每一个观察值(X)取以 10 为底的 log 值,然后再除以该指标最大值(X_{max})的 log 值,即:

$$X' = \log_{10}(X)/\log_{10}(X_{max}) \tag{6-6}$$

需要注意的是,此方法要求 $X \geqslant 1$。

(5) 反正切函数标准化法

通过三角函数中的反正切函数(arctan)也可以实现数据的标准化转换,计算方法如下:

$$X' = (\arctan X)^2/\pi \tag{6-7}$$

需要注意的是,如果原始数据为正负实数,则标准化后的数据区间为 $-1 \leqslant X' \leqslant 1$;若要得到 $0 \leqslant X' \leqslant 1$ 区间,则原始数据应该保证 $X \geqslant 0$。

6.3 R 语言数据预处理

6.3.1 实验目的

通过本实验熟悉数据预处理的基本方法,并运用 R 语言对数据进行删除、查看缺失值、查看异常值、插补、标准化等预处理编码操作。

本实验所用的数据库为南京市部分口袋公园数据(data03.csv),包含变量如表 6-2 所示。

表 6-2 实验变量说明

变量名	统计内容	变量类型
region	口袋公园所属区域名	分类
name	口袋公园名	分类
area_m2	口袋公园面积(单位:m²)	连续

变量名	统计内容	变量类型
grith_m	口袋公园周长（单位：m）	连续
length_m	口袋公园长度（单位：m）	连续
num_facilities	公共服务设施数量（单位：个）	连续
kind_facilities	公共服务设施类型	分类
green_rate	绿地率（单位：%）	连续
GLR	绿视率（单位：%）	连续
evaluation	使用评价	分类
5_min_usage	5min 内使用人数（单位：人）	连续

6.3.2　实验步骤

1. 导入数据

首先将"data03.csv"数据库导入到 RStudio 中。利用 setwd() 函数设置 R 的工作路径，再通过 read.csv() 函数读取数据库，存于 data 中。

```
# 导入数据
setwd("D:/R/handbook/homework03")
data< - read.csv("./data03.csv",header= TRUE, sep= ",")
```

2. 检查数据结构

其次进行数据库内容和结构检查。利用 str() 函数可对其数据结构进行显示，head() 函数可以显示数据各变量下前 n 条信息［下文 head(data,10)代码即表示显示数据的前 10 条信息］，dim() 函数可以显示数据库的行数与列数，summary() 函数可以获得数据的描述性统计量，例如极值、四分位数、均值等统计量。

```
# 检查数据结构
str(data)
head(data,10)
dim(data)
summary(data)
```

代码运行输出结果如下：

```
> str(data)
'data.frame':30 obs. of 11 variables:
$ region          : chr   "鼓楼区" "鼓楼区" "鼓楼区" "鼓楼区" ...
$ name            : chr   "扬州路苏州路交界口袋公园" "云南路西桥交界口袋公园" "马台
                          街虹桥交界口袋公园" "新模范马路铁路南街交界口袋公园" ...
$ area_m2         : int   1491 646 890 NA 671 0 450 1148 741 5465 ...
$ grith_m         : int   176 85 102 0 82 70 NA 108 84 478 ...
$ length_m        : int   176 85 102 79 82 70 89 0 84 478 ...
$ num_facilities  : int   8 4 7 0 2 0 8 5 2 NA ...
$ kind_facilities : int   1 2 2 0 1 0 2 1 2 1 ...
$ green_rate      : chr   "59.70% " "44.38% " "43.41% " "82.24% " ...
$ GLR             chr    "66.82% " "56.20% " "64.65% " "64.21% " ...
$ evaluation      : chr   "好" "一般" "好" "一般" ...
$ X5_min_usage    : int   17 33 40 13 35 38 44 19 69 67 ...
> head(data,10)
    region    name                           area_m2    grith_m
1   鼓楼区    扬州路苏州路交界口袋公园        1 491      176
2   鼓楼区    云南路西桥交界口袋公园          646        85
3   鼓楼区    马台街虹桥交界口袋公园          890        102
```

4	鼓楼区	新模范马路铁路南街交界口袋公园	NA	0
5	鼓楼区	盐仓桥广场西南口袋公园	671	82
6	鼓楼区	颐和路牯岭路南交界口袋公园	0	70
7	鼓楼区	颐和路牯岭路东交界口袋公园	450	NA
8	鼓楼区	古平岗虎踞北路交界口袋公园	1 148	108
9	鼓楼区	三牌楼大街福建路交界口袋公园	741	84
10	栖霞区	郭家山广场	5 465	478

	length_m	num_facilities	kind_facilities	green_rate	GLR
1	176	8	1	59.70%	66.82%
2	85	4	2	44.38%	56.20%
3	102	7	2	43.41%	64.65%
4	79	0	0	82.24%	64.21%
5	82	2	1	76.88%	69.90%
6	70	0	0	78.26%	75.07%
7	89	8	2	54.67%	67.82%
8	0	5	1	49.25%	78.19%
9	84	2	2	99.53%	61.17%
10	478	NA	1	54.48%	55.83%

	evaluation	X5_min_usage
1	好	17
2	一般	33
3	好	40
4	一般	13
5	一般	35
6	很好	38
7	一般	44
8	一般	19
9	好	69
10	一般	67

```
> summary(data)
   region              name               area_m2
 Length:30          Length:30          Min.  : 0.0
 Class :character   Class :character   1st Qu.: 723.5
 Mode :character    Mode :character    Median :1736.5
                                       Mean :2308.9
                                       3rd Qu.:3161.5
                                       Max. :6702.0
                                       NA's :2

   grith_m           length_m          num_facilities
 Min.  : 0.0       Min.  : 0.00       Min.  : 0.000
 1st Qu.: 99.5     1st Qu.: 84.25     1st Qu.: 1.000
 Median :185.0     Median :178.50     Median : 4.000
 Mean :231.7       Mean :213.20       Mean : 4.519
 3rd Qu.:401.0     3rd Qu.:381.50     3rd Qu.: 7.500
 Max. :508.0       Max. :508.00       Max. :12.000
 NA's :3                              NA's :3
 kind_facilities   green_rate         GLR
 Min. :0.000       Length:30          Length:30
 1st Qu.:1.000     Class :character   Class :character
 Median :1.000     Mode :character    Mode :character
 Mean :1.367
 3rd Qu.:2.000
 Max. :4.000


   evaluation        X5_min_usage
 Length:30          Min.  : 9.00
 Class :character   1st Qu.:26.00
 Mode :character    Median :38.00
                    Mean :39.80
                    3rd Qu.:56.75
                    Max. :69.00
```

3. 数据预处理过程

（1）筛选数据

如果研究问题关注口袋公园面积、口袋公园周长、公共服务设施数量、使用评价及 5 min 内使用人数，可将口袋公园所属区域名（region）、公共服务设施类型（kind_facilities）、绿地率（green_rate）、绿视率（GLR）字段删除。观察发现口袋公园周长（grith_m）和口袋公园长度（length_m）两个字段数据重复，可删除其中一个字段，本节选择删除 length_m 字段。删除后可将新的数据集保存至 data1 中。

```
# 删除原始数据中与研究无关的数据或重复的数据
data1< - data[,c("name","area_m2","grith_m","num_facilities",
"evaluation","X5_min_usage")]
head(data1,30)
```

随后利用 head() 函数查看 data1 数据库的变量，发现与研究目的无关的变量已经删除成功。

```
> head(data1,30)
```

	name	area_m2	grith_m	num_facilities	evaluation	X5_min_usage
1	扬州路苏州路交界口袋公园	1491	176	8	好	17
2	云南路西桥交界口袋公园	646	85	4	一般	33
3	马台街虹桥交界口袋公园	890	102	7	好	40
4	新模范马路铁路南街交界口袋公园	NA	0	0	一般	13
5	盐仓桥广场西南口袋公园	6	71	82	一般	35
6	颐和路牯岭路南交界口袋公园	0	70	0	很好	38
7	颐和路牯岭路东交界口袋公园	450	NA	8	一般	44
8	古平岗虎踞北路交界口袋公园	1 148	108	5	一般	19
9	三牌楼大街福建路交界口袋公园	741	84	2	好	69
10	郭家山广场	5 465	478	NA	一般	67
11	幕府南路广场	6 674	508	1	很好	38
12	幕旭西路西南侧口袋公园	2 452	200	7	一般	56
13	幕旭西路西北侧口袋公园	0	462	0	好	45
14	雨润大街与黄山路交界口袋公园	6 702	507	1	很好	45
15	陶李王巷游园	2 387	186	10	很好	32
16	石城桥北广场	2 987	207	0	好	67
17	凤凰街游园	NA	434	NA	一般	65
18	水西门北园	2 300	185	12	好	57
19	仙鹤桥广场	397	40	2	很好	12
20	鸿达新寓东北游园	3 151	NA	11	很好	11
21	五贵里小游园	1 885	98	11	好	63
22	普德公园	4 344	398	12	一般	33
23	东风河游园	1 148	111	3	好	25
24	三条巷文昌宫游园	1 154	NA	0	好	12
25	解放路北游园	0	101	4	很好	9
26	东水关滨河小游园	2 807	258	4	好	62
27	解放南路明御河路游园	1 588	181	NA	好	37
28	大油坊巷游园	3 193	332	6	很好	29
29	白马山庄北侧游园	5 154	459	2	很好	67
30	岗子村地铁站游园	4 823	404	0	好	54

（2）处理缺失值

缺失值指的是原始数据表中该值没有填写，为空值（在 R 里显示为"NA"）。原始数据表中的"0"不属于缺失值。删除缺失值一般删除缺失值所在行。首先，可查看数据缺失的情况。通过 is.na(data1) 代码对 data1 内缺失值进行逻辑判断，此代码运行后会返回所有数据的"true"或"false"结果。is.na() 函数适用于数值型数据，较难识别其他类型数据。其次，用 sum() 函数统计结果为 true（空值数据）的个数。最后，用 na.omit() 函数删除 data1 内有缺失值的行，并保存至 data2 中。调用 dim（）函数查看 data2 的行列数，检查缺失值是否已经被删除。

```
# 查看并删除缺失值
sum(is.na(data1))
data2< - na.omit(data1)
dim(data1)
dim(data2)
```

数据缺失值处理结果如下：

```
> sum(is.na(data1))
[1] 8
> data2< - na.omit(data1)
> dim(data1)
[1] 30 6
> dim(data2)
[1] 23 6
```

dim（data2）的结果表明缺失值所在的记录已经被删除，由原来的 30 条记录变为 23 条记录。

也可对缺失值进行插补，减少数据损失。本节展示以下四种数据插补方法的建模过程：

① 均值与中位数插补

```
install.packages("imputeTS")
library(imputeTS) # 安装并导入 R 语言包
na.mean(data1,option =  "mean") # 均值插补
na.mean(data1,option =  "median") # 中位数插补
```

均值插补结果如下：

```
> na.mean(data1,option =  "mean")
```

	name	area_m2	grith_m	num_facilities	evaluation	X5_min_usage
1	扬州路苏州路交界口袋公园	1 491.000	176.000 0	8.000 000	好	17
2	云南路西桥交界口袋公园	646.000	85.000 0	4.000 000	一般	33
3	马台街虹桥交界口袋公园	890.000	102.000 0	7.000 000	好	40
4	新模范马路铁路南街交界口袋公园	2 308.857	0.000 0	0.000 000	一般	13
5	盐仓桥广场西南口袋公园	671.000	82.000 0	2.000 000	一般	35
6	颐和路牯岭路南交界口袋公园	0.000	70.000 0	0.000 000	很好	38
7	颐和路牯岭路东交界口袋公园	450.000	231.703 7	8.000 000	一般	44
8	古平岗虎踞北路交界口袋公园	1 148.000	108.000 0	5.000 000	一般	19
9	三牌楼大街福建路交界口袋公园	741.000	84.000 0	2.000 000	好	69
10	郭家山广场	5 465.000	478.000 0	4.518 519	一般	67
11	幕府南路广场	6 674.000	508.000 0	1.000 000	很好	38
12	幕旭西路西南侧口袋公园	2 452.000	200.000 0	7.000 000	一般	56
13	幕旭西路西北侧口袋公园	0.000	462.000 0	0.000 000	好	45
14	雨润大街与黄山路交界口袋公园	6 702.000	507.000 0	1.000 000	很好	45
15	陶李王巷游园	2 387.000	186.000 0	10.000 000	很好	32
16	石城桥北广场	2 987.000	207.000 0	0.000 000	好	67
17	凤凰街游园	2 308.857	434.000 0	4.518 519	一般	65
18	水西门北广场	2 300.000	185.000 0	12.000 000	好	57
19	仙鹤桥广场	397.000	40.000 0	2.000 000	很好	12
20	鸿达新寓东北游园	3 151.000	231.703 7	11.000 000	很好	11
21	五贵里小游园	1 885.000	98.000 0	11.000 000	好	63
22	普德公园	4 344.000	398.000 0	12.000 000	一般	33
23	东风河游园	1 148.000	111.000 0	3.000 000	好	25
24	三条巷文昌宫游园	1 154.000	231.703 7	0.000 000	好	12
25	解放路北游园	0.000	101.000 0	4.000 000	很好	9
26	东水关滨河小游园	2 807.000	258.000 0	4.000 000	好	62
27	解放南路明御河路游园	1 588.000	181.000 0	4.518 519	好	37

28	大油坊巷游园	3 193.000	332.000 0	6.000 000	很好	29
29	白马山庄北侧游园	5 154.000	459.000 0	2.000 000	很好	67
30	岗子村地铁站游园	4 823.000	404.000 0	0.000 000	好	54

中位数插补结果如下:

```
> na.mean(data1,option = "median")
```

	name	area_m2	grith_m	num_facilities	evaluation	X5_min_usage
1	扬州路苏州路交界口袋公园	1 491.0	176	8	好	17
2	云南路西桥交界口袋公园	646.0	85	4	一般	33
3	马台街虹桥交界口袋公园	890.0	102	7	好	40
4	新模范马路铁路南街交界口袋公园	1 736.5	0	0	一般	13
5	盐仓桥广场西南口袋公园	671.0	82	2	一般	35
6	颐和路牯岭路南交界口袋公园	0.0	70	0	很好	38
7	颐和路牯岭路东交界口袋公园	450.0	185	8	一般	44
8	古平岗虎踞北路交界口袋公园	1 148.0	108	5	一般	19
9	三牌楼大街福建路交界口袋公园	741.0	84	2	好	69
10	郭家山广场	5 465.0	478	4	一般	67
11	幕府南路广场	6 674.0	508	1	很好	38
12	幕旭西路西南侧口袋公园	2 452.0	200	7	一般	56
13	幕旭西路西北侧口袋公园	0.0	462	0	好	45
14	雨润大街与黄山路交界口袋公园	6 702.0	507	1	很好	45
15	陶李王巷游园	2 387.0	186	10	很好	32
16	石城桥北广场	2 987.0	207	0	好	67
17	凤凰街游园	1 736.5	434	4	一般	65
18	水西门北园	2 300.0	185	12	好	57
19	仙鹤桥广场	397.0	40	2	很好	12
20	鸿达新寓东北游园	3 151.0	185	11	很好	11
21	五贵里小游园	1 885.0	98	11	好	63
22	普德公园	4 344.0	398	12	一般	33
23	东风河游园	1 148.0	111	3	好	25
24	三条巷文昌宫游园	1 154.0	185	0	好	12
25	解放路北游园	0.0	101	4	很好	9
26	东水关滨河小游园	2 807.0	258	4	好	62
27	解放南路明御河路游园	1 588.0	181	4	好	37
28	大油坊巷游园	3 193.0	332	6	很好	29
29	白马山庄北侧游园	5 154.0	459	2	很好	67
30	岗子村地铁站游园	4 823.0	404	0	好	54

众数插补不推荐。

② K 邻近插补

```
install.packages("DMwR2")
library(lattice)
library(grid)
library(DMwR2) # 安装并导入 R 语言包
knnout< - knnImputation(data1[,c('area_m2','grith_m','num_facilities','X5_min_usage')], k= 10) # 对口袋公园面积、口袋公园周长、公共服务设施数量及 5 min 内使用人数字段中缺失值以 10 个临近数值进行插补
knnout # 查看插补结果
```

K 邻近插补结果如下:

```
> install.packages("DMwR2")
> library(lattice)
> library(grid)
> library(DMwR2) # 安装并导入 R 语言包
> knnout< - knnImputation(data1[,c('area_m2','grith_m','num_facilities','X5_min_usage')], k= 10)
> knnout
```

	area_m2	grith_m	num_facilities	X5_min_usage
1	1 491.000 0	176.000 0	8.000 000	17
2	646.000 0	85.000 0	4.000 000	33

3	890.000 0	102.000 0	7.000 000	40
4	675.403 4	0.000 0	0.000 000	13
5	671.000 0	82.000 0	2.000 000	35
6	0.000 0	70.000 0	0.000 000	38
7	450.000 0	129.823 4	8.000 000	44
8	1 148.000 0	108.000 0	5.000 000	19
9	741.000 0	84.000 0	2.000 000	69
10	5 465.000 0	478.000 0	2.806 001	67
11	6 674.000 0	508.000 0	1.000 000	38
12	2 452.000 0	200.000 0	7.000 000	56
13	0.000 0	462.000 0	0.000 000	45
14	6 702.000 0	507.000 0	1.000 000	45
15	2 387.000 0	186.000 0	10.000 000	32
16	2 987.000 0	207.000 0	0.000 000	67
17	4 061.866 4	434.000 0	2.830 171	65
18	2 300.000 0	185.000 0	12.000 000	57
19	397.000 0	40.000 0	2.000 000	12
20	3 151.000 0	207.574 8	11.000 000	11
21	1 885.000 0	98.000 0	11.000 000	63
22	4 344.000 0	398.000 0	12.000 000	33
23	1 148.000 0	111.000 0	3.000 000	25
24	1 154.000 0	123.095 3	0.000 000	12
25	0.000 0	101.000 0	4.000 000	9
26	2 807.000 0	258.000 0	4.000 000	62
27	1 588.000 0	181.000 0	5.883 263	37
28	3 193.000 0	332.000 0	6.000 000	29
29	5 154.000 0	459.000 0	2.000 000	67
30	4 823.000 0	404.000 0	0.000 000	54

③ 回归插补

以变量口袋公园面积(area_m2)的缺失值插补为例:

```
sub <- which(is.na(data1$ area_m2)) # 识别 area_m2 列缺失值所在行
inputfile1 <- data1[- sub, ] # 将完整数据集另存为 inputfile1
inputfile2 <- data1[sub, ] # 将缺失数据集另存为 inputfile2
model <- lm(area_m2~ X5_min_usage, data = inputfile1)
# 用完整数据集建立回归模型,因变量为 area_m2,自变量为 X5_min_usage
inputfile2$ area_m2 <- predict(model, inputfile2) # 用回归模型预测缺失数据集的
area_m2
result3 <- rbind(inputfile1,inputfile2) # 合并两个数据集
result3
```

插补结果如下,插补过的记录行排列在数据库的最后:

```
> result3
```

	name	area_m2	grith_m	num_facilities	evaluation	X5_min_usage
1	扬州路苏州路交界口袋公园	1 491.000	176	8	好	17
2	云南路西桥交界口袋公园	646.000	85	4	一般	33
3	马台街虹桥交界口袋公园	890.000	102	7	好	40
5	盐仓桥广场西南口袋公园	671.000	82	2	一般	35
6	颐和路牯岭路南交界口袋公园	0.000	70	0	很好	38
7	颐和路牯岭路东交界口袋公园	450.000	NA	8	一般	44
8	古平岗虎踞北路交界口袋公园	1 148.000	108	5	一般	19
9	三牌楼大街福建路交界口袋公园	741.000	84	2	好	69
10	郭家山广场	5 465.000	478	NA	一般	67
11	幕府南路广场	6 674.000	508	1	很好	38
12	幕旭西路西南侧口袋公园	2 452.000	200	7	一般	56
13	幕旭西路西北侧口袋公园	0.000	462	0	好	45
14	雨润大街与黄山路交界口袋公园	6 702.000	507	1	很好	45
15	陶李王巷游园	2 387.000	186	10	很好	32
16	石城桥北广场	2 987.000	207	0	好	67
18	水西门北园	2 300.000	185	12	好	57

19	仙鹤桥广场	397.000	40	2	很好	12
20	鸿达新寓东北游园	3 151.000	NA	11	很好	11
21	五贵里小游园	1 885.000	98	11	好	63
22	普德公园	4 344.000	398	12	一般	33
23	东风河游园	1 148.000	111	3	好	25
24	三条巷文昌宫游园	1 154.000	NA	0	好	12
25	解放路北游园	0.000	101	4	很好	9
26	东水关滨河小游园	2 807.000	258	4	好	62
27	解放南路明御河路游园	1 588.000	181	NA	好	37
28	大油坊巷游园	3 193.000	332	6	很好	29
29	白马山庄北侧游园	5 154.000	459	2	很好	67
30	岗子村地铁站游园	4 823.000	404	0	好	54
4	新模范马路铁路南街交界口袋公园	1 306.784	0	0	一般	13
17	凤凰街游园	3 246.968	434	NA	一般	65

④ 多重插补

以变量口袋公园面积(area_m2)的缺失值插补为例：

```
install.packages("mice")
library(lattice)
library(MASS)
library(nnet)
library(mice) # 前三个包是 mice 的基础
imp < - mice(data1,m= 4,seed= 7) # 通过 MCMC 方法,估计缺失值,生成 4 个没有缺失值的数
据集
imp$ imp$ area_m2 # 查看插补的值
result < - complete(imp,action= 2) # 本例选择第 2 套插补数据
result
result # 展示结果
```

插补结果如下：

```
> imp$ imp$ area_m2
           1        2        3        4
4        671    1 154      397        0
17     6 674    3 193    6 674    3 193
> result < - complete(imp,action= 2)
> result # 展示插补结果
```

	name	area_m2	grith_m	num_facilities	evaluation	X5_min_usage
1	扬州路苏州路交界口袋公园	1 491	176	8	好	17
2	云南路西桥交界口袋公园	646	85	4	一般	33
3	马台街虹桥交界口袋公园	890	102	7	好	40
4	新模范马路铁路南街交界口袋公园	1 154	0	0	一般	13
5	盐仓桥广场西南口袋公园	671	82	2	一般	35
6	颐和路牯岭路南交界口袋公园	0	70	0	很好	38
7	颐和路牯岭路东交界口袋公园	450	462	8	一般	44
8	古平岗虎踞北路交界口袋公园	1 148	108	5	一般	19
9	三牌楼大街福建路交界口袋公园	741	84	2	好	69
10	郭家山广场	5 465	478	0	一般	67
11	幕府南路广场	6 674	508	1	很好	38
12	幕旭西路西南侧口袋公园	2 452	200	7	一般	56
13	幕旭西路西北侧口袋公园	0	462	0	好	45
14	雨润大街与黄山路交界口袋公园	6 702	507	1	很好	45
15	陶李王巷游园	2 387	186	10	很好	32
16	石城桥北广场	2 987	207	0	好	67
17	凤凰街游园	3 193	434	2	一般	65
18	水西门北园	2 300	185	12	好	57
19	仙鹤桥广场	397	40	2	很好	12
20	鸿达新寓东北游园	3 151	186	11	很好	11
21	五贵里小游园	1 885	98	11	好	63
22	普德公园	4 344	398	12	一般	33
23	东风河游园	1 148	111	3	好	25

24	三条巷文昌宫游园	1 154	462	0	好	12
25	解放路北游园	0	101	4	很好	9
26	东水关滨河小游园	2 807	258	4	好	62
27	解放南路明御河路游园	1 588	181	2	好	37
28	大油坊巷游园	3 193	332	6	很好	29
29	白马山庄北侧游园	5 154	459	2	很好	67
30	岗子村地铁站游园	4 823	404	0	好	54

(3) 处理异常值

依照一般常识可知口袋公园面积(area_m2)和口袋公园周长(grith_m)应大于 0。而观察多重插补过的数据集 result,发现两个变量的个别记录值为 0,判断为异常值,可选择删除这两个变量值为 0 的行。调用 subset()函数筛选两个变量值大于 0 的记录,并将结果保存至 data3 中。通过 dim()函数查看数据的行列数,发现记录数从 30 条减少为 26 条。也可以对异常值进行插补。插补的代码请参考缺失值的处理方法。

```
# 查看并删除异常值
data3< - subset(result, area_m2> 0 & grith_m > 0)
dim(data3)
```

数据异常值处理结果如下:

```
> dim(data3)
[1] 26 6
```

异常值所在的记录已经被删除。

(4) 进行数据重分类和数据类型转换

data3 数据集内使用评价(evaluation)在导入 R 的时候被识别为因子型数据。为便于后续分析,可将 evaluation 的文字重分类为新的数值型变量 level,"很好"评价对应为 1 级,"好"评价对应为 2 级,"一般"评价对应为 3 级,并将数值型变量 level 定义为因子型数据。利用 table()函数查看变量 level 取各等级值的频数。

```
# 转换原始数据为方便软件处理的数据类型
data3$ level[data3$ evaluation % in% c("很好")]< - 1
data3$ level[data3$ evaluation % in% c("好")]< - 2
data3$ level[data3$ evaluation % in% c("一般")]< - 3
data3$ level< - as.factor(data3$ level)
table(data3$ evaluation)
table(data3$ level)
```

代码输出结果如下:

```
> table(data3$ evaluation)
好      很好      一般
11       7        8
> table(data3$ level)
1       2        3
7       11        8
```

(5) 进行数据标准化

若不需要进行数据的标准化处理,直接保存 data3 即可。若需要进行标准化,可使用 scale()函数,默认为 Z-score 标准化。本节选取 data3 中第 2、3、4 列(area_m2、grith_m 和 num_facilities 字段)进行标准化。

```
# 保存数据
write.csv(data3, file= "./datanew.csv")
# 数据标准化
head(data3)
data4< - data3[,2:4]
scale(data4)
```

数据标准化输出结果如下:

```
> scale(data4)
     area_m2           grith_m           num_facilities
1   - 0.589 509 13    - 0.351 934 4      0.670 147 79
2   - 1.034 961 09    - 0.940 814 8    - 0.311 477 14
3   - 0.906 333 54    - 0.830 804 2      0.424 741 56
5   - 1.021 782 04    - 0.960 228 4    - 0.802 289 61
7   - 1.138 284 86    - 0.940 814 8      0.670 147 79
8   - 0.770 325 73    - 0.791 976 9    - 0.066 070 91
9   - 0.984 880 69    - 0.947 286 0    - 0.802 289 61
10    1.505 432 97      1.602 371 9    - 0.802 289 61
11    2.142 771 93      1.796 508 3    - 1.047 695 84
12  - 0.082 906 37    - 0.196 625 3      0.424 741 56
14    2.157 532 47      1.790 037 1    - 1.047 695 84
15  - 0.117 171 91    - 0.287 222 3      1.160 960 26
16    0.199 125 34    - 0.151 326 8    - 1.293 102 08
17    0.307 720 73      1.317 638 5      0.179 335 32
18  - 0.163 035 01    - 0.293 693 5      1.651 772 72
19  - 1.166 224 45    - 1.232 019 4    - 0.802 289 61
20    0.285 579 92    - 0.196 625 3      1.406 366 49
21  - 0.381 807 27    - 0.856 689 0      1.406 366 49
22    0.914 484 28      1.084 674 9      1.651 772 72
23  - 0.770 325 73    - 0.772 563 3    - 0.556 883 38
24  - 0.767 162 75    - 0.960 228 4    - 1.293 102 08
26    0.104 236 16      0.178 705 0    - 0.311 477 14
27  - 0.538 374 41    - 0.319 578 4      1.406 366 49
28    0.307 720 73      0.657 574 8      0.179 335 32
29    1.341 485 57      1.479 418 8    - 0.802 289 61
30    1.166 994 92      1.123 502 1    - 1.293 102 08
attr(,"scaled:center")
     area_m2           grith_m           num_facilities
    2 609.269 231     230.384 615        5.269 231
attr(,"scaled:scale")
     area_m2           grith_m           num_facilities
    1 896.949 795     154.530 535        4.074 876
```

6.3.3　数据预处理常见问题解答

1. 预处理时未区分变量类型

数据库导入到 R 时,需要检查变量类型识别是否正确。这是因为在后续分析中 R 对连续变量和分类变量的分析结果呈现存在差异,所以需要在最初导入 R 的时候就定义清楚变量类型。

2. 删除、筛选数据的编码方法举例

(1) 代码:data1<-data[,c(region", "name")]

含义:新建数据库 data1,将 data 中 region 和 name 两列拷贝到 data1 中。

(2) 代码:data1<-data[,2:3]

含义:新建数据库 data1,将 data 中的第 2、3 列数据拷贝到 data1 中。

(3) 代码:data2<-subset(data, area_m2>0 & grith_m>0)

含义:新建数据库 data2,将 data 中满足"area_m2>0 & grith_m>0"的所有数据拷贝到 data2 中。

(4) 代码:data $ level[data $ area_m2 > 0] <- 1

含义:在 data 里新建变量 level,将满足"area_m2>0 "的行赋值为 1。

基础分析篇

在完成城市与区域系统数据建库和预处理后，可以依据研究目的对数据进行分析建模和科学解读。本篇着重介绍城市与区域系统分析的基础方法和相关模型，包括数据的一般描述统计方法、统计推断方法、线性回归模型、逻辑回归模型和泊松回归模型。通过对 R 语言具体应用案例的建模展示和结果解读，为读者深入进行城市与区域规划研究和实践奠定基础。需要注意的是，在开展城市与区域系统基础分析时，必须坚持科学守正的原则。科学才能实事求是，才能与时俱进；守正才能不迷失方向、不犯颠覆性错误。要以科学的态度对待问题、以守正的精神追求真理，紧跟时代步伐，顺应实践发展，不断拓展认识的广度和深度。

第7章 实验四:城市与区域数据描述统计方法

对数据进行描述性统计是了解城市与区域数据特征的必要步骤,能够为进一步选择合适的分析模型提供参考。本章介绍描述统计的集中和离散趋势测度、数据可视化表达、统计抽样方法和统计陷阱的类型,并展示应用 R 语言进行数据统计描述的编码过程。

7.1 数据描述统计

描述统计是通过绘制图表或数学计算对数据特征进行描述性统计,包括数据的分布状态、数据特征和随机变量之间的关系等。

数据的描述统计主要分为数据的集中趋势测度和离散趋势测度。集中趋势是指数据向某一中心值靠拢的程度,度量数据聚集的中心所在。集中趋势测度即寻找数据水平的代表值或中心值,用于反映数据分布的集中水平(图7-1)。数据的离散趋势描述数据的变异程度。离散趋势测度即度量数据之间差异程度的大小,反映数据偏离其中心的分布情况,能够体现数据的稳定性和均衡性(图7-2)。数据分布越分散,离散程度越大,其稳定性和均衡性越差,平均数的代表性越小。

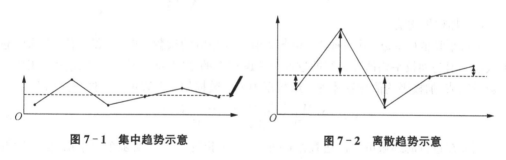

图7-1 集中趋势示意　　　　　图7-2 离散趋势示意

7.1.1 数据集中趋势测度

描述数据集中趋势的测度包括数值平均数和位置平均数两类。

1. 数值平均数

数值平均数是根据全部数据计算出来的平均数,主要有算数平均数、几何平均数、加权平均值等。

(1) 算术平均数

算术平均数(mean)是常用的用于描述数据集中趋势的特征数,是一组数据中所有数据的平均数,通过将一组数据加和后除以数据个数得到。由于算术平均数是根据一组数据中所有数据来进行计算,故其受所有数据信息影响,能够概括反映所有数据的平均水平。具体计算公式如下:

$$X = \frac{X_1 + X_2 + \cdots + X_n}{n} = \frac{\sum\limits_{i=1}^{n} X_i}{n} \tag{7-1}$$

如图 7-3 所示,某城市 2010 年人均可支配收入为 25 000 元,2015 年人均可支配收入为 40 000 元。从数据均值角度看,该城市的人均可支配收入呈上升趋势。

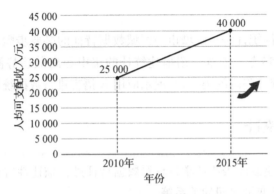

图 7-3　某城市人均可支配收入

（2）几何平均数

几何平均数(geometric mean)是几何级数(等比级数)的平均数,通过对各变量值的连乘积开项数次方根获得,是一种平均指标,适用于研究按类似于几何级数形式变动的社会经济现象,用于反映此类现象真实的平均水平。具体公式如下:

$$\overline{X}_G = \sqrt[n]{X_1 \cdot X_2 \cdot \cdots \cdot X_n} = \sqrt[n]{\prod_{i=1}^{n} X_i} \tag{7-2}$$

（3）加权平均值

加权平均值(weighted mean)是将各数值乘以相应的权数,加和求得总值,再除以总的权数。因为加权平均值在计算的过程中考虑权重的影响,故又称加权平均数。相较于算数平均值,加权平均值能够体现一组数据中不同数据的重要程度。具体公式如下:

$$\overline{X} = \frac{X_1 W_1 + X_2 W_2 + \cdots + X_n W_n}{W_1 + W_2 + \cdots + W_n} \tag{7-3}$$

例如在进行海绵城市建设适宜性评价时,评价指标体系涉及多个要素层,但不同要素层的重要程度不同,因此需要按照一定的方案[专家打分法、熵值法或层次分析法(AHP)等]赋予要素层对应的权重,得到相对客观的评价结果(表 7-1)。

表 7-1　海绵城市建设适宜性评价指标对应权重示例

目标层	要素层	权重
海绵城市建设适宜性	孕灾环境危险程度	0.5
	承灾体易损程度	0.3
	海绵体改造适应能力	0.2

2. 位置平均数

位置平均数是指按数据的大小顺序或出现频数的多少,确定数据集中趋势的代表值,常用的有众数和中位数。

（1）众数

众数（mode）是一组数据中出现频数最多、频率最高的数值。当一组数据中没有明显集中趋势时,众数的意义不大,无法用众数代表一组数据的平均水平。换言之,当一组数据中有多个众数时,说明数据总体的集中趋势不明显。

（2）中位数

中位数（median）是数据从小到大或从大到小排序后位置居中的数值,其中数据个数为奇数时取中间值,数据个数为偶数时取中间两个值的平均值。由于中位数是通过排序得到的,它不受最大、最小值的影响。当一组数据存在极端值时,中位数可能比算数平均值更适合描述这组数据的集中趋势。

图 7-4 展示了某城市 2018 年的房价,其中 1 月到 11 月房价在 10 000 元/m² 浮动,12 月的房价远高于整体水平,升至 30 000 元/m²。计算后可知,该城市 2018 年房价平均值为 11 667 元/m²,中位数为 10 000 元/m²。若使用算数平均值表示整体房价的集中水平,则会受 12 月极端值的影响而偏离大部分数据,此时中位数更适合表示数据集中趋势。

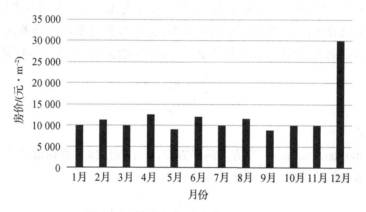

图 7-4　某城市 2018 年房价变动情况

3. 数据集中趋势测度比较

一组数据的算术平均数和中位数是唯一的,但众数可能不唯一。这三者之间的数量大小能够反映数据分布的偏斜程度。当数据为左偏分布时（图 7-5）,众数＞中位数＞均值;当数据对称分布时（图 7-6）,均值＝中位数＝众数;当数据右偏分布时（图 7-7）,均值＞中位数＞众数。

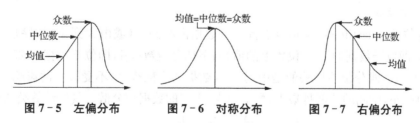

图 7-5　左偏分布　　　图 7-6　对称分布　　　图 7-7　右偏分布

由于几种集中趋势测度的方法各有不同,适用的场景也具有一定差异。平均数反映数据的平均水平,当数据接近对称分布时,平均数更具代表性（图 7-8）;中位数反映数据的中间水平,当数据分布偏斜较大时,中位数代表性更佳（图 7-9）;众数反映数据的多数水平,当数据分布偏斜较大且具有明显峰值时,众数更具代表性(图7-10)。

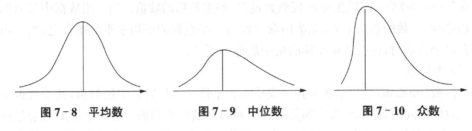

图7-8　平均数　　　　　　图7-9　中位数　　　　　　图7-10　众数

7.1.2　数据离散趋势测度

数据离散趋势反映的是数据的变异程度,测度指标包括方差、标准差、极差、四分位差等,可用来衡量数据的稳定性,即数据的波动情况。在描述数据离散趋势时,最常用的指标为方差和标准差。

1. 方差

方差(variance)为各个数据与其均值之差的平方和的平均数,用于衡量每个数据和总体均值的差异。当数据分布比较分散(数据波动较大)时,各个数据与平均数的差的平方和较大,方差就较大;当数据分布比较集中时,各个数据与平均数的差的平方和较小。因此方差越大,数据的波动越大;方差越小,数据的波动越小。方差具体计算公式如下:

$$\sigma^2 = \frac{\sum_{i=1}^{n}(X_i - \overline{X})^2}{n} \tag{7-4}$$

2. 标准差

标准差(standard variance)是方差的平方根,用于衡量样本数据波动大小,样本标准差越大,样本数据的波动越大。具体计算公式如下:

$$\sigma = \sqrt[2]{\sigma^2} = \sqrt[2]{\frac{\sum_{i=1}^{n}(X_i - \overline{X})^2}{n}} \tag{7-5}$$

3. 极差

极差(range)即一组数据的最大值与最小值之差,用于衡量数据变化的范围或幅度大小,故也被称为全距。极差越大,样本数据的变动范围越大,具体计算公式如下:

$$X = X_{\max} - X_{\min} \tag{7-6}$$

4. 四分位差

四分位差(quartile deviation)是将一组数据由小到大(或由大到小)排序后,上四分位数(Q3,即位于数据的75%位置上的值)与下四分位数(Q1,即位于数据的25%位置上的值)的差值。四分位差反映的是中间50%数据的离散程度,不受极值的影响。四分位差的数值越小,中间的数据越集中;数值越大,中间的数据越分散。具体计算公式如下:

$$Q = Q_3 - Q_1 \tag{7-7}$$

5. 标准差系数

标准差系数(standard deviation coefficient)为一组数据的标准差与其均值的比值,是测度数据离散程度的相对指标,可用于比较量纲不同、均值水平不同的几组数据的离散程度。标准差系数越大,样本数据的离散程度越大。具体计算公式如下：

$$V_\sigma = \frac{\sigma}{X} \cdot 100\% \tag{7-8}$$

图 7-11、图 7-12、图 7-13 分别展示了南京市 2010—2017 年的 GDP、人口和城镇化率。三个变量的量纲和均值水平不同,无法通过直接比较三组数据的标准差来比较它们的离散程度。此时可以先计算标准差系数消除量纲和均值水平的影响,从而进行三个变量离散程度的比较,$V_{\sigma(\text{GDP})} > V_{\sigma(\text{城镇化率})} > V_{\sigma(\text{人口})}$。

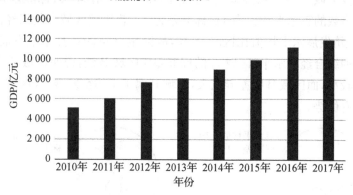

图 7-11 2010—2017 年南京 GDP

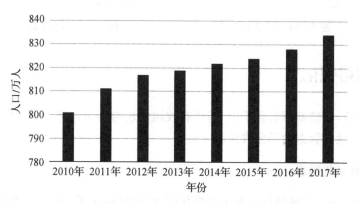

图 7-12 2010—2017 年南京人口

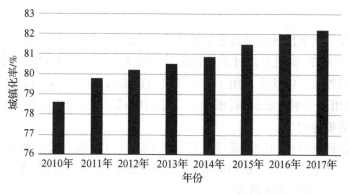

图 7-13 2010—2017 年南京城镇化率

7.1.3　集中和离散趋势综合测度

在认识和描述数据时,一般将集中趋势与离散趋势结合使用,通过集中趋势看数据的平均值所在,通过离散趋势看数据的波动情况,才能较为全面地认识数据,掌握数据的大致分布特点。

如图7-14、图7-15表示两个区域若干城市的经济发展指数,圆圈大小代表发展指数大小。经计算区域A各城市经济发展指数的算术平均值为10,标准差为1;区域B各城市经济发展指数的算术平均值为11,标准差为3。若比较区域内的高经济发展水平城市,区域B的经济发展水平均值比区域A高,故区域B可能在高水平发展方面有优势。若比较两区域的综合经济水平,区域A的标准差比区域B低,说明区域A的城市间经济发展实力差异较小,而区域B的差异较大,区域B属于不均衡发展,故区域A在整体区域协调上可能更有优势。

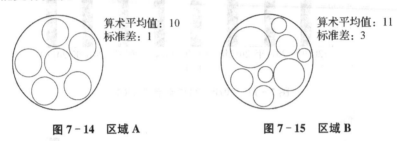

图7-14　区域A　　　　　　　　　　图7-15　区域B

7.2　数据可视化

数据可视化,即借助图形化手段,清晰有效地传达与沟通信息,其本质是数据在图形空间的映射,是抽象数据的具象表达。

7.2.1　基本可视化图表

本节介绍城市与区域数据的基本可视化图表,包括柱状图、折线图、饼图、散点图、箱图、雷达图等。

1. 柱状图

柱状图以柱子高度反映同组数据的数值差异(图7-16),可用于展示二维数据集,每个数据点包含X和Y,实质上是对Y值的比较。因人眼对高度差异较为敏感,故柱状图具有良好的辨识效果。柱状图适用于中小规模的数据集。在表达上,若柱状图横坐标为时间,则推荐使用同一颜色绘制;若横坐标不是时间,则建议使用颜色区分每根柱子,使其在视觉上更清晰分明。

同时柱状图还可以延伸绘制成堆积柱状图(图7-17)或百分比堆积柱状图(图7-18),不仅可以直观地看出每个系列的值,还能够反映出系列的总和,尤其是当需要看各系列值的比重时,此类图表最适合。

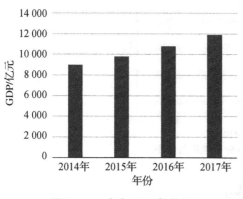

图 7 - 16　南京 GDP 柱状图

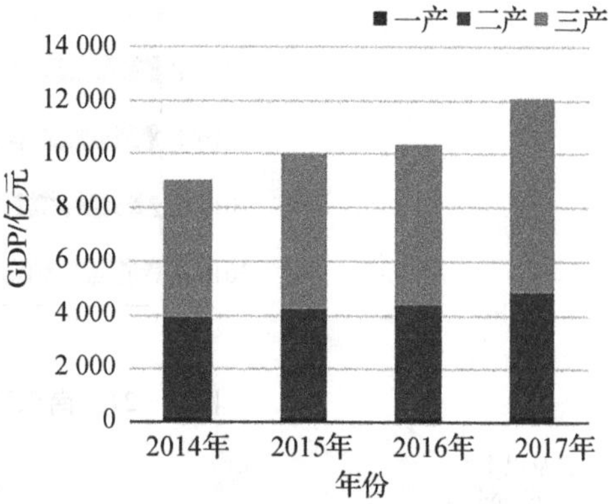

图 7 - 17　南京三产 GDP 堆积柱状图

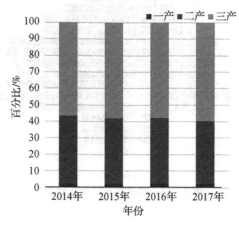

图 7 - 18　南京三产 GDP 百分比堆积柱状图

2. 条形图

条形图和柱状图类似,是横纵坐标交换后的柱状图(图 7 - 19)。条形图可以分为堆积条形图(图 7 - 20)、百分比堆积条形图(图 7 - 21)、双向柱状图(图 7 - 22)等。其中堆积条形图适用于比较同类别各变量和不同类别变量总和的差异,百分比堆积条形图适合用来展示同类别每个变量所占的比例,双向柱状图则适用于比较同类别正反向数值的差异。

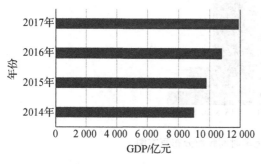

图 7 - 19　南京 GDP 条形图

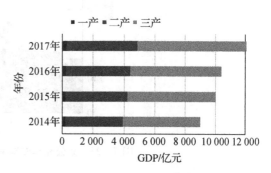

图 7 - 20　南京三产 GDP 堆积条形图

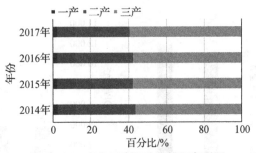

图 7 - 21　南京三产百分比堆积条形图

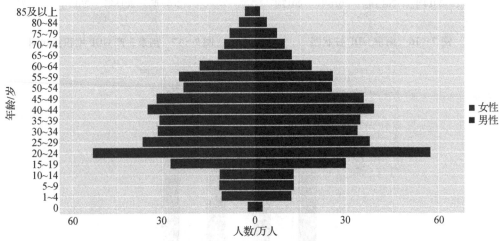

图 7 - 22　南京六普双向柱状图

3. 直方图

直方图是柱状图的特殊形式,它的数值坐标轴是连续的,专用于显示数据分布特征(图 7 - 23)。

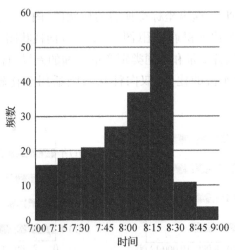

图 7 - 23　某公交车站乘客上车时间频数分布直方图

4. 折线图

折线图和柱状图类似,仅比较一个维度上的数值(图 7 - 24)。该图表适用于时间序列数据,可反映数据随时间的变化趋势。一般用时间作为 X 轴,数值作为 Y 轴。

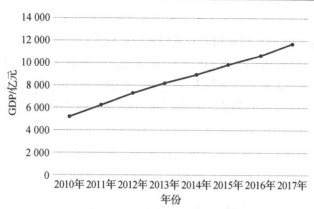

图 7 - 24　南京 GDP 折线图

5. 柱线图

柱线图是柱状图和折线图的结合体,将两类图表整合在一起表现数据特征(图 7 - 25)。

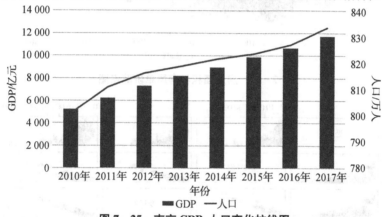

图 7 - 25　南京 GDP、人口变化柱线图

6. 饼图

饼图用于反映部分占整体的比重,包含扇面、圆环、多圆环嵌套等表现形式(图 7 -26)。建议用饼图表达几类比例差异较大的组分构成。因人眼对面积大小不够敏感,如果比例差距不大,则较难看出差异。如图 7 - 27 所示,11%和 14%的差距在饼图上难以凭肉眼分辨。当数据有较多分类时,柱状图比饼图有更好地表达效果(图 7 - 28)。

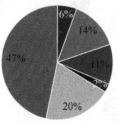

■第一产业 ■第二产业 ■第三产业

图 7 - 26　2016 年末南京三产就业人口比例饼图

■ 交通运输、仓储和邮政业
■ 房地产业
■ 金融业
■ 批发和零售业
■ 住宿和餐饮业
■ 其他服务业

图 7 - 27　2020 年南京第三产业生产总值构成饼图

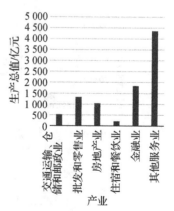

图 7 - 28　2020 年南京第三产业生产总值构成柱状图

7. 散点图

散点图是研究变量关系时常用的一类图表,从 X、Y 两个维度构建坐标体系,可将大量数据点的信息表达在图表上(图 7-29)。根据散点的分布可以对数据变化趋势进行拟合,以合适的函数表示变量 Y 与变量 X 的关系。多维数据中成对维度之间的关系常通过散点图矩阵(图 7-30)展示。散点图可通过调整点的尺寸,形成气泡图,用气泡表示第三个变量(图 7-31)。

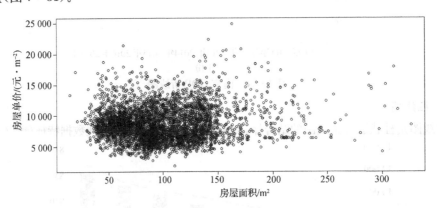

图 7-29 房屋面积与房屋单价散点图

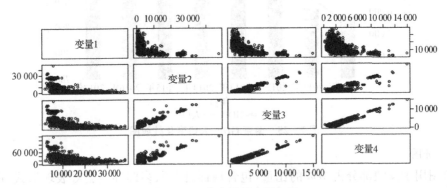

图 7-30 多变量散点图矩阵

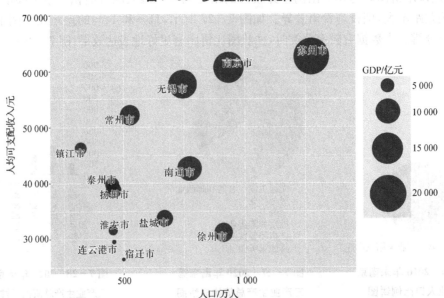

图 7-31 江苏地级市人均可支配收入、人口、GDP 气泡图

8. 箱图

箱图能够准确反映数据的离散程度,适用于连续变量,不适用于分类变量的可视化(图 7-32)。箱图绘制方法如下:找出数据中的中位数(Q_2)和两个四分位数(Q_1、Q_3),连接两个四分位数(Q_1、Q_3)画出箱子,箱子的中间是中位数(Q_2)。箱子上边缘表示非异常范围内的最大值,计算公式如下:

$$IQR = Q_3 - Q_1 \tag{7-9}$$
$$上限 = Q_3 + 1.5 \times IQR \tag{7-10}$$

其中,IQR 为四分位距。

箱子下边缘表示非异常范围内的最小值,计算公式如下。当某数据大于上限值或小于下限值,可将其作为异常值。

$$下限 = Q_1 - 1.5 \times IQR \tag{7-11}$$

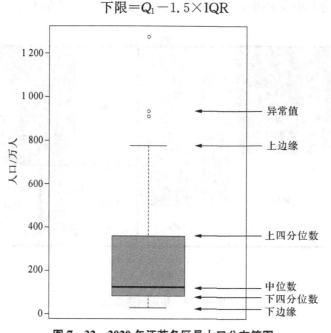

图 7-32　2020 年江苏各区县人口分布箱图

9. 雷达图

雷达图适用于多维数据的可视化,如四维以上的数据(图 7-33)。但指标和数据点不宜过多,否则可视化效果将难以辨识。

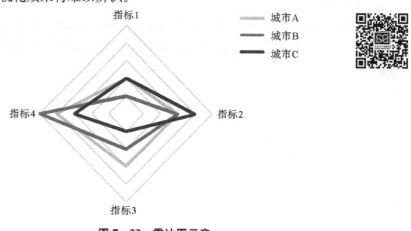

图 7-33　雷达图示意

7.2.2 高级可视化图表

除柱状图、直方图、饼图等基本图表以外,还有若干高级图表可用于数据描述,诸如矩形树图、桑基图、圈图、热力图等。

1. 矩形树图

不同于柱状图适用于中小数据量的数据,矩形树图对数据量较大的分类数据有更好的表现力,且图面的每一部分都用于展示数据的关系,是图面空间利用率最高的图表。在矩形树图中,嵌套层次表示分组的层级,面积大小表示一个指标的大小,颜色深浅表示另一个指标的多少。矩形树图适用于分层数据,显示层次结构中指标在各个类别层次的分布模式。如图7-34所示,色块表示不同的城市,在同一加粗黑色线框内的色块从属于同一省域,色块的大小表示指标1的大小,色块颜色表示指标2的大小。

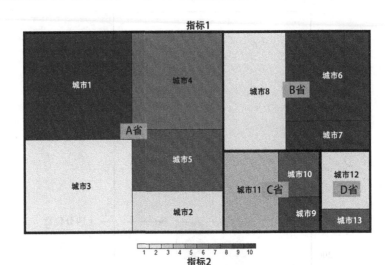

图 7 - 34 矩形树图示意

2. 桑基图

桑基图在数据描述中常用于表示能源或信息的变化和流动状态。如图7-35所示,左侧为江苏省13个地级市,右侧为消费支出类型,宽度代表消费支出金额,始末两端分支的宽度总和相等。

3. 热力图

热力图通常用来表示空间上某一要素聚集的程度,以颜色深浅表示数值大小,颜色越深,热力值越大。在如图7-36所示的南京新街口中餐厅热力图中,颜色深浅表示中餐厅的密集程度。

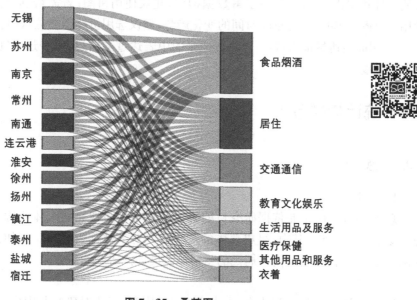

图 7 - 35 桑基图

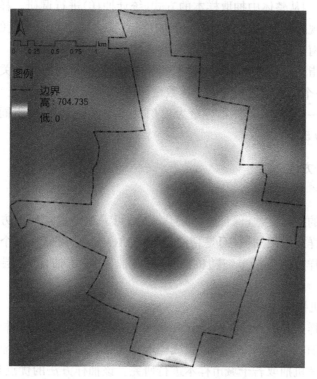

图 7 - 36 南京新街口中餐厅热力图

7.2.3 数据可视化要点

数据可视化的要点主要包括：

① 在数据可视化前，了解数据类型，根据数据类型特征选择合适的可视化方法。

② 明晰数据可视化的目的，依据研究目的选择合适的图表。若想比较数据大小，建

议使用柱状图或雷达图;若想了解数据构成,建议使用饼图;若需辨别变量间关系,建议使用散点图;若想查看变量随时间的变化趋势,建议选用折线图或柱状图。

③ 图面表达尽量简洁,不建议在一张图中表达过多信息,图表过于冗杂会增加信息读取的难度。

7.3　统计抽样方法

7.3.1　总体和样本

1. 总体

总体(population)是依据研究目的确定的具有相同性质的个体所构成的全体,是研究对象的整个群体。其中,组成总体的每个研究对象被称为个体。例如:在南京居民生活满意度的研究中,所有南京居民的生活满意度即该研究的总体。

2. 样本

许多研究受技术、时间成本、人力成本等的限制,无法对研究范围内的总体进行逐一调查,这时往往采用从整体中抽取样本的方式(统计抽样)进行调研。样本(sample)是从总体中按照一定规则抽取的部分个体。例如:在南京居民生活满意度的研究中,按照某一规则选取部分南京居民调查其生活满意度的状况,这就构成了样本。

样本个数是指从一个总体中可能抽取的样本数,与测量的次数有关。样本容量不同于样本个数,指一个样本中所包含的个体数量。例如:一个小区人口为 10 000 人,从中抽取 100 个人构成一个样本,其样本容量为 100;从该小区抽取 50 个不同的子集做抽样调查,则样本个数为 50。

7.3.2　统计抽样方法

1. 随机抽样

为减小样本的抽样误差,保证样本的代表性,可采取随机抽样的方法。要注意随机抽样不是随便抽样或方便抽样,而是精心设计的抽样方法,以保证每个元素被抽到的概率相同。随机抽样方法包括单纯随机抽样、系统抽样、整群抽样、分层抽样和多阶段抽样等。

（1）单纯随机抽样

单纯随机抽样(simple random sampling)是将调查总体的所有个体编号,再使用抽签法或随机数字表随机抽取部分个体以组成样本。如图 7-37 使用抽签法或随机表法从江苏省城市名单中随机抽取若干城市样本进行研究。该抽样方法的优点是操作简单,但仅适用于总体较小的研究,当总体过大时不易实行。

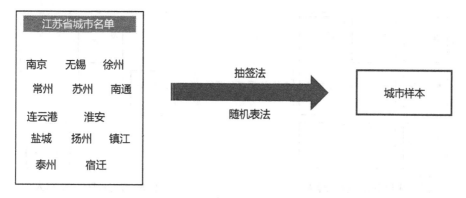

图 7 - 37　单纯随机抽样示意图

（2）系统抽样

系统抽样(systematic sampling)又称机械抽样或等距抽样,具体操作方法如下:将研究总体所有观察单元按某一顺序分成 n 个部分,从第一部分随机抽取第 k 号观察单元,依次使用相等间距,从每一部分各抽取 1 个观察单元组成研究样本。

如图 7 - 38 所示,在某一研究中,需从一个具有 100 万户籍的城市中抽取 10 000 户作为研究样本。将总体按照 1 组 100 户的间隔分成 10 000 组,从第 1 组中确定抽样起点,每 100 户抽取 1 户。系统抽样的优点是操作简单,适用于总体数量较多的抽样,但当总体有周期或增减趋势时,容易产生偏差。

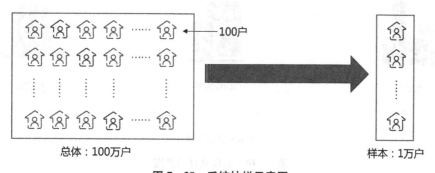

图 7 - 38　系统抽样示意图

（3）整群抽样

整群抽样(cluster sampling)又称聚类抽样,是将总体中的个体归并成若干个互不交叉、互不重复的集合,称之为群,确定需要抽取的群数进行抽群,抽取的群内个体全部调查。如图 7 - 39 所示,在城市老年人出性特征研究中,将社区设为群,抽取若干社区,在选出的社区中,逐户调查老年人的出行行为。整群抽样的优点是操作简单,适用于群内个体差异大,群间差异小的抽样,若不同群之间的差异较大,其抽样误差将大于简单随机抽样。

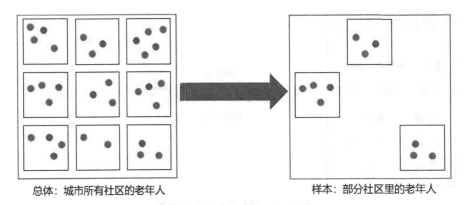

总体：城市所有社区的老年人　　　　　样本：部分社区里的老年人

图 7 - 39　整群抽样示意图

（4）分层抽样

分层抽样(stratified sampling)是先按照对观察指标影响较大的某种特征，将总体分为若干类别，再按比例从各层随机抽取一定数量的个体，共同组成样本。如图 7 - 40 所示，在全国城市化率的研究中，先按城市规模划分大城市、中等城市和小城市，再从每一类别中抽取城市若干组成最终的研究样本。分层抽样的优点是样本具有良好的代表性，抽样误差较小，适用于总体中分层差异明显的抽样，但如果分层的变量选择不当，导致层间相近，层内差异很大，则分层抽样会出现偏差。

大城市　　　　　　　　中等城市　　　　　　　　小城市

抽取每类城市若干

图 7 - 40　分层抽样示意图

（5）多阶段抽样

上面提到的单纯随机抽样、系统抽样、整群抽样、分层抽样均为单阶段抽样，但在实际应用中常根据实际情况将整个抽样过程分为若干阶段进行，不同阶段可采用不同的统计抽样方法，这种抽样方式被称为多阶段抽样(multistage sampling)。例如，在调查南京城乡居民出行特征时，可以将研究总体分为城、乡两层：城镇人口较为集中，可采用简单随机抽样的方法；农村人口分散，可考虑使用整群抽样方法。

2. 非随机抽样

非随机抽样方法包括随机采访、滚雪球抽样等，这些方法与随机抽样相比可能存在偏差的风险，代表性可能较差。

（1）随机采访

随机采访(random interview)，是指在街巷上随机采访不同年龄、不同阶层的路人。这种抽样方式使得受访人员不固定，具有较强的随意性，适用于总体中个体同质的情况，可在探索性研究中使用，不适用于总体中个体波动较大的情况。

（2）滚雪球抽样

滚雪球抽样（snowball sampling）是在无法进行大规模社会调查，或难以找到研究对象总体时，可先对随机选择的一些被调查个体进行访问，然后请他们推荐符合研究目标总体特征的调查对象，以此类推，样本如同滚雪球般由小变大。其中第一批抽样个体是采用概率抽样得来的，之后的被访者彼此之间较为相似属于非概率抽样。这样的抽样方法可能会有选择偏差，不能保证样本的代表性。

7.3.3　样本代表性误差及样本容量

样本是总体的缩影。样本的代表性高低是影响抽样调查结果准确与否的重要因素，抽样的核心是要确保样本的代表性。样本代表性误差的大小取决于个体的差异程度、样本容量大小和抽样组织方式（图 7 - 41）。误差越大，样本的代表性越低；反之，代表性越高。

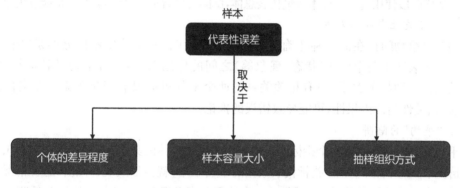

图 7 - 41　样本误差产生原因

上节各种随机抽样方法形成的可能误差大小排序为：整群抽样≥单纯随机抽样≥系统抽样≥分层抽样。在统计抽样中，样本容量的大小也会影响样本的代表性误差，因此，需要慎重考虑研究所需的合理样本容量。在总体既定的情况下，若样本容量过小，则抽样误差增大，降低研究推论的精确性；若样本容量过大，虽可以减小抽样误差，但可能增大过失误差，且无意义地增加时间、经济、人力等成本。

在决定样本容量大小时，主要考虑研究对象的变化幅度和研究允许的误差大小。研究对象的变化幅度可以通过总体方差的大小进行判断，通常情况下，总体方差越大，意味着总体内部个体在调查表现上的差异程度越大，样本容量的要求越大。研究允许的误差越大，对抽样的估计精度要求越低，对样本容量的要求越小。在回归分析中，可根据研究变量的个数确定样本容量，大致遵循样本容量是变量个数 5 倍以上的大拇指原则，例如研究选取 10 个变量，那么样本容量需在 50 个以上。一般而言，定量分析的样本容量最好在 30 个以上。

7.4　统计陷阱

7.4.1　统计陷阱表现形式

美国学者哈夫(D. Huff)于1954年出版了 *How to Lie with Statistics* 一书,深入浅出地讲解了"统计陷阱"的表现形式和危害。人们由于技术手段、思维方式、利益出发点不同,对数据存在不同的认知。如果滥用、误用统计数据,导致统计结果不仅没有描述事实,反而歪曲事实误导读者,这就是"统计陷阱"。常见的统计陷阱如下:

1. 有选择性地展示数据结果

通过有选择性地展示对自己有利的或符合预期的结果,诱导人们相信所提出的结论。例如幸存者偏差(survivorship bias)与此类统计陷阱有关。

2. 小样本得出大结论

在抽样阶段使用过少的样本数量代表总体,试图得出普适的结论,容易造成错误的推论。

3. 把相关性当成因果性

相关是事物间存在的一种非确定的关联关系,在相关关系中不区分谁是"因"谁是"果"。因果表明了两个事件(状态、现象等)之间的作用关系,区分谁是"因"谁是"果"。因果关系是一种相关关系,但有相关关系的两个事件可能没有因果关系。在定量分析中,误把相关性当成因果性,可能导致错误的推论。

4. "平均"的陷阱

平均数、中位数、众数三个指标从不同的侧面反映总体的集中趋势,在数据分布出现偏斜的情况下,若只以其中一个指标代表数据的平均水平,就会形成统计陷阱,这种情况常见于涉及社会经济特征的统计中。例如,一个社区贫富差距很大,99%的居民为低收入人群(约1 000元/月),1%的居民为高收入人群(约100万/月),计算人均月收入为10 990元,这个平均值不能代表社区的收入水平,需要结合中位数和众数描述社区居民收入。

5. 图表的基准值、刻度值误导读者

数据可视化的图表刻度值也可能存在统计陷阱。例如,客观数据显示某城市2014—2019年旅游人数从24万增至35万。按图7-42进行数据可视化,可以看出某城市旅游人数常年保持平稳,波动不大;但按图7-43进行数据可视化,可以看出某城市旅游人数有较大波动,2015—2016年旅游人数骤减,2016年以后旅游人数迅速增加。仔细观察两图可发现,由于两张图纵坐标的单位刻度和起始点的起始刻度不同,故在可视化感受上差异明显。

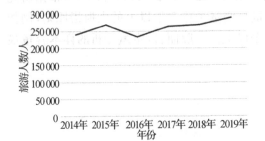

图7-42　旅游人数折线图一

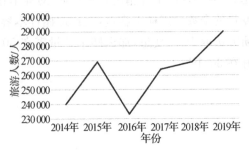

图7-43　旅游人数折线图二

　　6. 抽样陷阱

　　不合理的抽样设计也可能形成统计陷阱。城市与区域规划常常进行抽样调查，包括深入访谈和调查问卷填写。在抽样过程中，需要减小抽样误差，提高样本的代表性，防止抽样陷阱(参考7.3节)。

7.4.2　甄别统计陷阱

　　面对城市与区域系统分析中可能存在的统计陷阱，应当重视城乡规划专业知识的积累，善于透过数据表象寻找规律，谨防被数据"欺骗"。

　　1. 对数据有质疑的态度

　　当看到某个统计结论时，应先看其出处，是通过对哪些统计资料分析得到的结论，统计资料从何而来，统计资料是否真实可信且具有代表性等。抽样方式是否合理，数据对应的样本容量是多少，样本容量是否能够有效代表总体等。注意结论表述中的有意识偏差，即只展示符合自己研究预期的部分结论，致使大众接收的信息是片面的。同时，应当警惕抽样误差造成的无意识偏差。

　　2. 不盲目相信权威

　　面对"权威"报告要保持思辨，不盲目相信报告内容，需考察内容是否真实、客观。同时，在引用"权威"内容时也需了解该论点的支撑依据都有哪些、结论是否经过验证等。

　　3. 避免平均的陷阱和偷换概念

　　留意那些带有平均感的数据，明确其数据类型，厘清平均数和中位数所指代的意义。还需注意从原始资料收集到形成结论的过程是否存在概念偷换、是否将相关关系解读为了因果关系。

　　4. 警惕图表的视觉陷阱

　　保持对可视化图表的敏感性，留意观察图中的数据，而非直观的效果，包括横纵轴刻度起始数字、单位刻度的大小等。

　　最后需要指出，了解统计陷阱的目的是为了更好地判断他人研究的好坏，提升自己在数据分析时的客观性和有效性，并非要读者习惯性的否定所有统计结论。

7.5　R 语言描述统计

7.5.1　实验目的

　　通过本实验熟悉数据描述统计的基本方法，并运用 R 语言对城市与区域系统数据进行集中趋势和离散趋势的描述统计，并进行柱状图、饼图、箱图等可视化编码操作。

　　本实验数据为"data04.csv"，该数据库是南京市不同类型社区居民社会经济状况调查结果，包含记录编码、居住社区类型、性别、年龄、在南京的居住时间、在本小区的住房类型、学历、就业状况、家庭年收入共 9 个变量，变量内容及数据类型详见表 7-2。

表 7-2 变量说明

变量名	统计内容	变量类型
ID	记录编码	连续
N_type	居住社区类型 (1:传统社区;2:保障房;3:单位小区;4:商品房)	分类
Gender	性别(1:男;2:女)	分类
Age	年龄(单位:岁)	连续
Stay	在南京的居住时间(单位:年)	连续
H_type	在本小区的住房类型(1:自购;2:租房)	分类
Education	学历 (1:初中及以下;2:高中/中专;3:大专/大学本科;4:硕士及以上)	顺序
Employ	就业状况(1:有工作;2:失业/下岗;3:退休)	分类
F_income	家庭年收入 (1:小于 5 万元;2:5 万~10 万元;3:11 万~15 万元;4:16 万~20 万元; 5:21 万~30 万元;6:大于 30 万元)	分类

7.5.2 实验步骤

1. 导入数据

将文件"data04. csv"导入 RStudio,该数据是针对城市不同类型社区居民社会经济状况的调查问卷数据:

```
# 导入数据
setwd("D:/R/handbook/homework04")
data< - read.csv("./data04.csv",header= TRUE, sep= ",")
```

2. 查看数据

使用基础代码查看数据结构:

```
# 查看数据结构
dim(data)# 显示数据库行列数,对数据变量数和样本容量进行概览
str(data)# 查看数据集整体信息,包括变量个数、样本容量、变量名称、变量的数值类型以及部
分变量数据
head(data)# 查看数据集前六行数据
summary(data)# 查看数据集中每个变量的基本统计值,如最小值、四分位数、中位数、平均数、最
大值等
> # 查看数据结构
> dim(data) # 显示数据库行列数,对数据变量数和样本容量进行概览
[1] 479    9
> str(data) # 查看数据集整体信息,包括变量个数、样本容量、变量名称、变量的数值类型以及
部分变量数据
'data.frame':    479 obs. of 9 variables:
$ ID:        int 1 7 8 9 10 11 12 13 14 23 ...
$ N_type:    int 4 3 3 3 3 3 4 4 4 4 ...
$ Gender:    int 1 2 1 1 2 1 1 1 2 2 ...
$ Age:       int 35 68 39 22 47 57 30 27 27 52 ...
$ Stay:      chr "8" "68" "39" "22" ...
$ H_type:    int 1 1 1 1 1 1 1 2 1 1 ...
$ Education: int 3 1 3 3 3 2 3 3 3 3 ...
$ Employ:    int 1 3 1 2 1 3 1 1 1 1 ...
$ F_income:  int 3 1 5 5 4 5 5 4 3 4 ...
> head(data) # 查看数据集前六行数据
    ID   N_type  Gender  Age   Stay  H_type  Education  Employ  F_income
1   1    1       4       1     35    8       1          3       1 3
```

2	7	3	2	68	68	1	1	3 1
3	8	3	1	39	39	1	3	1 5
4	9	3	1	22	22	1	3	2 5
5	10	3	2	47	47	1	3	1 4
6	11	3	1	57	57	1	2	3 5

```
> summary(data) # 查看数据集中每个变量的基本统计值,如最小值、四分位数、中位数、平均
数、最大值等
      ID              N_type           Gender            Age
 Min. : 1.0      Min. :1.000      Min. :1.000      Min. :18.00
 1st Qu.:144.5    1st Qu.:2.000    1st Qu.:1.000    1st Qu.:30.00
 Median :328.0    Median :3.000    Median :1.000    Median :41.00
 Mean :336.1      Mean :2.699      Mean :1.468      Mean :45.25
 3rd Qu.:524.5    3rd Qu.:4.000    3rd Qu.:2.000    3rd Qu.:61.00
 Max. :699.0      Max. :4.000      Max. :2.000      Max. :92.00
    Stay            H_type          Education         Employ
 Length:479      Min. :1.000      Min. :1.00       Min. :1.000
 Class :character 1st Qu.:1.000    1st Qu.:2.00     1st Qu.:1.000
 Mode :character  Median :1.000    Median :3.00     Median :1.000
                  Mean :1.334      Mean :2.53       Mean :1.681
                  3rd Qu.:2.000    3rd Qu.:3.00     3rd Qu.:3.000
                  Max. :4.000      Max. :4.00       Max. :3.000

  F_income
 Min. :1.000
 1st Qu.:2.000
 Median :4.000
 Mean :3.484
 3rd Qu.:5.000
 Max. :6.000
```

3. 转换数据类型

上述使用 str( )函数查看数据结构时,发现变量 N_type 的数据类型显示为"int",被 R 识别为数值型数据。但该变量统计的是小区的住房类型,属于分类数据,因此需要将其转变为因子型数据。变量 stay 的数据类型显示为"chr",是字符串,但该变量统计的是居民在南京居住的时间,因此需要将该变量转换为数值型数据。具体代码如下:

```
# 查看变量类型
class(data$ N_type)
# 将数值型数据转换为因子型数据
data$ N_typenew< - as.factor(data$ N_type)
# 查看转换后的变量类型
class(data$ N_typenew)
# 查看变量类型
class(data$ Stay)
# 将字符串转换为数值型数据
data$ Staynew< - as.numeric(data$ Stay)
# 出现报错,原因是数据中含有除数字以外的字符,系统将其判为缺失值
# 剔除缺失值
datanew< - na.omit(data)
# 检查转换后的变量类型
class(datanew$ Staynew)
> # 查看变量类型
> class(data$ N_type)
[1] "integer"
> # 将数值型数据转换为因子型数据
> data$ N_typenew< - as.factor(data$ N_type)
> # 查看转换后的变量类型
> class(data$ N_typenew)
[1] "factor"
> # 查看变量类型
> class(data$ Stay)
```

```
[1] "character"
> # 将字符串转换为数值型数据
> data$ Staynew< - as.numeric(data$ Stay)
Warning message:
NAs introduced by coercion
> # 出现报错，原因是数据中含有除数字以外的字符，系统将其判为缺失值
> # 剔除缺失值
> datanew< - na.omit(data)
> # 检查转换后的变量类型
> class(datanew$ Staynew)
[1] "numeric"
```

4. 对数据进行描述统计

使用 R 对变量的数据进行描述统计，包括计算平均值、众数、中位数、最小值、最大值、四分位数、方差、标准差等，具体代码如下：

```
# 计算数值
# 计算该变量的平均数，并赋值给 m
m< - mean(datanew$ Staynew)
# 计算该变量的众数，并赋值给 mo
mo< - table(datanew$ Staynew)[table (datanew$ Staynew)= =
                                    max(table(datanew$ Staynew))]
# 计算该变量的中位数，并赋值给 me
me< - median(datanew$ Staynew)
# 计算该变量的最小值、最大值，并赋值给 range
range< - range(datanew$ Staynew)
# 计算该变量的四分位数，并赋值给 qua
qua< - quantile(datanew$ Staynew)
# 计算该变量的方差，并赋值给 var
var< - var(datanew$ Staynew)
# 计算该变量的标准差，并赋值给 std
std< - sd(datanew$ Staynew)
# 查看数据
m
mo
me
range
qua
var
std
> # 计算数值
> # 计算该变量的平均数，并赋值给 m
> m< - mean(datanew$ Staynew)
> # 计算该变量的众数，并赋值给 mo
> mo< - table(datanew$ Staynew)[table (datanew$ Staynew)= =
+                                     max(table(datanew$ Staynew))]
> # 计算该变量的中位数，并赋值给 me
> me< - median(datanew$ Staynew)
> # 计算该变量的最小值、最大值，并赋值给 range
> range< - range(datanew$ Staynew)
> # 计算该变量的四分位数，并赋值给 qua
> qua< - quantile(datanew$ Staynew)
> # 计算该变量的方差，并赋值给 var
> var< - var(datanew$ Staynew)
> # 计算该变量的标准差，并赋值给 std
> std< - sd(datanew$ Staynew)
> # 查看数据
> m
[1] 24.96716
> mo
2
35
```

```
> me
[1] 15
> range
[1] 1 92
> qua
    0%     25%     50%     75%     100%
     1      5      15      40      92
> var
[1] 554.7245
> std
[1] 23.55259
```

5. 绘制可视化图表

(1) 柱状图

柱状图适用于分类数据，本节以变量 N_typenew 为例进行演示（图 7 - 44），具体代码如下：

```
# 绘制柱状图
# 将变量的数据分类状况赋值给 type
type< - table(datanew$ N_typenew)

# 使用 barplot()函数进行绘制
bar < -  barplot(type,# 所用数据
                    main= "Neighbourhood Type Comparison",# 图名
                    xlab= "Neighbourhood Type",# 横坐标名称
                    ylab= "Numbers",# 纵坐标名称
                    ylim= c(0,200), # 纵坐标取值范围 col= c ("cornflowerblue","
                                        darkcyan "," dodg-
                                        erblue4","blue"), #
                                        图表填充颜色可网络
                                        查询
                    xaxt =  "n",# 是否绘制横坐标,n 为不绘制横坐标
                    beside= TRUE # 柱子水平排列
            )
height < -  type

# 设置柱子上的标签
text(bar,# 标签标注在柱子上
    height+ 5,# 位置为柱子顶端向上 5 个单位
    paste(height)# 内容为 height 的数据
  )

# 绘制图例
legend(0.5,200,#  图例位置
        c("Traditional","Social","Work Unit","Commercial"),# 类别名称
        fill= c("cornflowerblue","darkcyan","dodgerblue4",
                "blue"),# 填充颜色
        bty= "n",# 不绘制图例外框
        ncol= 1# 分 1 列显示
        )
```

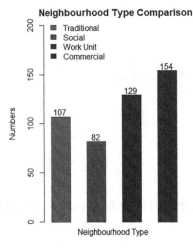

图 7 - 44　居住社区类型柱状图

(2) 饼图

饼图适用于反映变量中不同类别所占的比例,本节以变量 Education 为例进行演示 (图 7 - 45):

```
# 绘制饼图
# 将饼图中每一块所占比例的数据赋值给 prop,* 100 是将数据扩大为百分比的数字
prop< - round(prop.table(table(datanew$ Education))* 100,1)# 1 表示显示至 1 位小数

# 查看 prop
prop

# 设置标签,按照顺序为 4 个类别命名
label< - c("Middle School","High School","Bachelor","Master")

# 设置饼图标签,将每一类所占的比例显示为百分比
piepercent< - prop
piepercent < - paste(piepercent,"% ",sep = "")

# 绘制饼图
# 使用 pie()函数绘制图表
pie(prop,#  绘图所用数据
    main= "Education Characteristics of Respondents",# 图名
    clockwise =  TRUE, # 内容按顺时针绘制
    radius =  0.5, # 设置图表半径
    labels = piepercent, # 标签内容
    col= c("cornflowerblue","darkcyan","dodgerblue4","blue")# 图标填充所用颜色
    )

# 使用 legend()函数设置图例标签
legend(- 1.5,1,# 图例的位置坐标
       label,# 图例名称使用 label 的内容
       fill= c("cornflowerblue","darkcyan","dodgerblue4",
               "blue"),# 图例填充颜色
       bty= "n",# 不绘制图例外框
       cex= 1 # 图例文字大小
       )
```

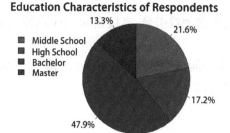

图 7 - 45　居民学历分布饼状图

（3）箱图

箱图通过最大值、上四分位数、中位数、下四分位数、最小值 5 个位置描述数据分布情况，大致推断数据集中或离散趋势。本节以不同学历水平的年龄分布为例进行展示（图 7 - 46）：

```
# 绘制箱图
# 使用 boxplot()函数绘制图表
boxplot(Age~ Education, # 对 education 类别下的 age 绘制
        data= datanew, # 所用数据来源
        col =  "lightgray", # 填充颜色
        main= "Boxplot of Age", # 图名
        xlab =  "Education Level", # 横坐标名称
        ylab =  "Age" # 纵坐标名称
        )
```

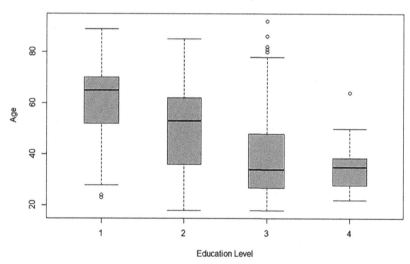

图 7 - 46　不同学历水平的年龄分布箱图

7.5.3　调用 R 包常见问题解答

R 编码功能强大，支持 R 的免费网络资源也很丰富。在研究中如果想用 R 实现某个功能，可通过在网络浏览器搜索"R code＋关键词"，检索自己需要的 R 编码或某个 R 包。在调用 R 包时，要注意以下内容：

① 安装 R 包时，命令内的 R 包名称需加双引号，且为英文状态下输入，如：install.

packages("AAA")。

　　② 在调用 R 包时,则无需加双引号,直接在 library 内输入 R 包名称即可,如:library (AAA)。

　　③ 若对 R 包使用有所疑问,可通过在 RStudio 内输入"? 编码名称",查看相关代码的参数设置方法和解读逻辑,如:? boxplot()。

第8章　实验五:城市与区域数据统计推断方法

在对城市与区域数据抽样后,需要进行统计推断,通过样本特征推断总体特征。统计推断包括对总体的关键参数进行估计,对参数进行假设检验等。统计推断是统计建模的基础,本章首先介绍数据分布的几种基本类型和中心极限定理,然后讲解统计推断的具体方法和相关分析,最后展示应用 R 语言进行统计推断的编码过程。

8.1　数据分布

数据分布指随机变量取值的概率分布,即变量的每个数值在整个数据集中的分布形态。正态分布、二项分布和泊松分布是城市与区域系统随机变量常见的数据分布类型。其中正态分布是连续变量的数据分布类型,而二项分布和泊松分布是离散变量的数据分布类型。数据分布可通过可视化图表形象地展现出来。

8.1.1　相关概念

在理解数据分布前需要掌握与数据分布相关的几个概念:随机变量、概率和频率、频率分布直方图。

1. 随机变量

随机变量与随机现象有关,是表示随机现象各种结果的变量。随机现象是指在一定条件下,并不总是出现相同结果的现象。随机变量就是包含随机现象中各种结果的变量(一切可能的样本点)。例如:城市居民单次出行距离可能从几百米到几千米都有可能,单次出行距离就是一个随机变量;城市空气质量可能从差到优不断地变化,空气质量也是一个随机变量;以此类推,城市建设用地增长率也可能是一个随机变量。

根据随机变量可能的取值,可将随机变量分为离散型随机变量与连续性随机变量。离散型随机变量在一定区间内的变量取值为有限个或无限可数个(通常为整数),如城市居民的交通出行模式可以分为步行、骑自行车、乘公交、开私家车等有限种类,城市建设用地可分为居住用地、工业用地等有限类。连续型随机变量在一定区间内可任意取值(数值连续不断),其取值的数量往往是不可数的,或者所取的数值无法一一列举出来,如城市的 GDP 数值、城市建设用地总面积等。

随机变量同时具有确定性和不确定性。随机变量的确定性指变量取值落在某个范围的概率是一定的,如居民单次出行距离的范围。随机变量的不确定性指在种种偶然因素作用下,随机变量可能取不同的值,比如某城市某年的建设用地增长率会受到城市政策和区域发展格局等因素的影响,也会受到自然灾害和疫情等的影响,人们无法准确判断该城市在该年份的建设用地增长率。然而,即使不能准确判断具体数值,也可以通过该城市过往的建设用地增长率统计数据、上位规划、相关政策和时事环境等,对城市未来的增长率落在某个范围的概率做出大致推断。

因此,研究随机变量,不仅要判断随机变量能取哪些值,更要判断随机变量所有可能取值的规律,也就是分析其取各种值的概率大小。

2. 概率和频率

概率是理论上随机事件发生的可能性。概率先于试验而客观存在,只取决于事件本身,并不因试验次数或者实验条件的变化而变化。频率是在有限次数的试验中,随机事件的发生数与总试验次数的比值,例如统计年鉴中某地区 GDP 年增幅超过 10% 的年份占有记录以来所有年份的比值,即可以称为某地区所有年份中 GDP 年增幅超过 10% 的频率。频率是一个随着试验次数增加可能发生变化的统计量,在试验前不能确定。现实中无法进行无穷多次试验,很难测出概率,但频率却是可以测量得出的。人们发现当随机事件发生的次数足够多时,随机事件发生的频率趋近于预期的概率,这就是大数定律。基于大数定律,现实的统计分析一般使用频率代替概率。概率和频率的区别与联系可参考图 8-1。

图 8-1 概率与频率关系

3. 频率分布直方图

离散型随机变量的数据分布形态由频率分布条形图表达。每一个矩形的高对应其频率,即每一个随机变量取值对应一个频率值(图 8-2)。离散型随机变量仅有有限个取值,每个值出现的频率总能在频率分布条形图中表现出来,可以通过概率分布函数进行抽象表达,其概率密度之和为 1。

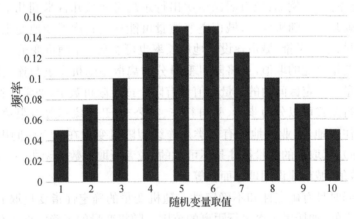

图 8-2 频率分布条形图

例如,居住在某社区中需要通勤的 3 000 人中,某天有 1 500 人选择乘坐公共交通出行,900 人选择自驾,600 人选择步行通勤。计算得到该社区居民通勤使用公共交通的频率 50%,选择自驾的频率为 30%,选择步行的频率为 20%(图 8-3)。

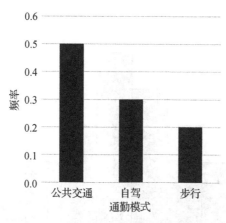

图 8-3　社区居民通勤模式选择的频率分布

连续型随机变量的数据分布形态可从频率分布直方图推导而来。在频率分布直方图中,横轴表示随机变量的取值,以区间形式表示。横轴上的每一个小区间就对应一个分组的组距,作为小矩形的底边;纵轴表示每一个区间里数值的频率和组距的比值,作为小矩形的高度。因此,每一个小矩形的面积就是该组取值对应的频率(概率)。以这种小矩形构成的一组图就是频率分布直方图。

例如,某社区共有 10 500 人,他们的年龄就是连续型随机变量。不同年龄段的人口数据为:0~10 岁 1 000 人,11~20 岁 1 500 人,21~30 岁 2 000 人,31~40 岁 2 500 人,41~50 岁 1 500 人,51~60 岁 1 000 人,61~70 岁 500 人,70 岁以上 500 人。可绘制这一组数据的频率分布直方图,如图 8-4 所示,图中左边为社区内不同年龄段的人口频数分布,而右边为同年龄段的人口频率分布。

频率分布直方图的表达效果和样本组距大小的选择有关系。当样本容量充分放大时,频率分布直方图的组距就会充分缩小。如图 8-5 所示,当直方图的组距缩小,左侧的阶梯折线演变成右侧接近光滑的曲线,这条曲线就是连续型随机变量的概率密度分布曲线(对应概率密度函数)。因为连续型随机变量取值是无限、不可数的,求连续型随机变量的总概率需要对概率密度函数进行积分运算。

连续型随机变量的数据分布类型有正态分布、均匀分布、指数分布、伽马分布、贝塔分布等。离散型随机变量的数据分布类型有二项分布、泊松分布、几何分布、负二项分布等。本章重点介绍正态分布、二项分布和泊松分布。

8.1.2　正态分布

正态分布(normal distribution),也称常态分布、高斯分布(Gaussian distribution)。正态分布是一个在数学、物理及工程等领域都非常重要的数据分布类型。一方面,自然环境和人类社会的很多事物都会自发形成稳定的系统,在这些系统中的事物和现象普遍服从正态分布,如人的身高、体重和智商等。另一方面,当从样本推断总体时,当样本的数量足够大,就可以利用样本服从正态分布这一规律,基于样本统计量推断总体参数。一般而言,连续变量普遍服从正态分布。

1. 正态分布表达式

正态分布的概率密度函数表达式为:

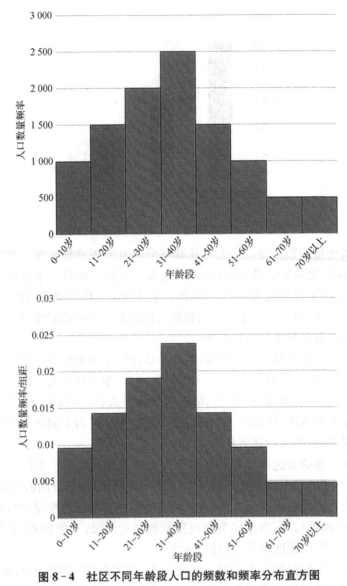

图 8-4　社区不同年龄段人口的频数和频率分布直方图

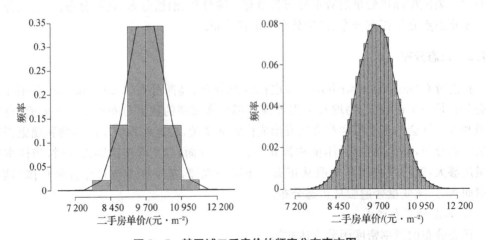

图 8-5　某区域二手房价的频率分布直方图

$$f(x) = \frac{1}{\sigma\sqrt{2\pi}} \, \mathrm{e}^{\frac{(x-\mu)^2}{2\sigma^2}} \tag{8-1}$$

若随机变量 X 服从一个数学期望为 μ、方差为 σ^2 的正态分布[记为：$N(\mu, \sigma^2)$]，则该随机变量符合正态分布。

正态分布有两个参数，即期望（均数）μ 和标准差 σ。μ 是正态分布的位置参数，描述正态分布的集中趋势位置。离 μ 越近的值的取值概率越大，而离 μ 越远的取值概率越小。σ 为正态分布的形状参数，描述正态分布的离散程度。σ 越大，曲线越扁平；反之，σ 越小，曲线越瘦高。正态分布以 $X=\mu$ 为对称轴，左右完全对称。正态分布的期望、均数、中位数、众数相同，均等于 μ。当 $\mu=0$，$\sigma=1$ 时，该正态分布是标准正态分布。

2. 正态分布概率密度图

正态分布曲线也称钟形曲线，两头低，中间高，左右对称。正态分布概率密度图以横坐标为随机变量的取值，纵坐标为该取值的频率密度，也就是概率密度。随着随机变量取值的增大，概率密度先增大后减小，在均值处到达最大值（图 8-6）。正态分布曲线具有集中性、对称性和均匀变动性三个特征。集中性是指正态分布曲线的高峰位于正中央，即均数所在的位置；对称性是指正态分布曲线以均数为中心，左右对称，曲线两端永远不与横轴相交；均匀变动性是指正态分布曲线由均数所在处开始，分别向左右两侧逐渐均匀下降。

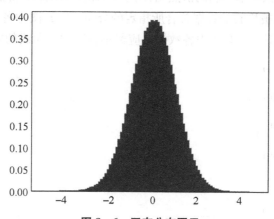

图 8-6　正态分布图示

3. 正态分布的 3σ 法则

符合正态分布的数据几乎全部集中在均值左右 3 个标准差内（3σ）。具体而言：在 $\mu-\sigma<x<\mu+\sigma$ 的范围内，曲线下面积占了全部面积的 68.27%；在 $\mu-1.96\sigma<x<\mu+1.96\sigma$ 的范围内，曲线下面积占了全部面积的 95%；在 $\mu-2.58\sigma<x<\mu+2.58\sigma$ 的范围内，曲线下面积占了全部面积的 99%。也就是说，若随机变量符合正态分布，约 68% 数值分布在距离平均值有 1 个标准差之内的范围，约 95% 数值分布在距离平均值有 2 个标准差之内的范围，以及约 99.7% 数值分布在距离平均值有 3 个标准差之内的范围。因此，正态分布的 3σ 法则也被称为"68-95-99.7 法则"或"经验法则"。

4. 正态分布的判断方法

（1）观察频率分布直方图

观察频数或频率分布直方图形状，与正态分布曲线特征对比，可以做出初步的判断。如图 8-7 中，直方图形状和正态分布曲线形状较为拟合，可初步判断该数据分布为正态分布。

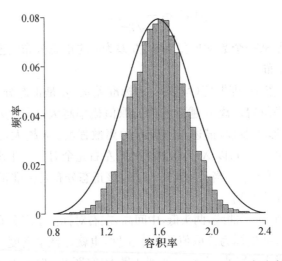

图 8 - 7　某区域各地块容积率的频率分布直方图和正态分布曲线

(2) 观察概率图

概率图(Probability-Probability Plot),又称 P - P 图,是根据样本的累积概率对应于所指定的理论分布累积概率绘制的散点图,用于直观地检测样本数据是否符合某一概率分布(图 8 - 8)。如果被检验的数据符合所指定的分布,P - P 图中各点近似呈一条直线。当数据符合正态分布时,P - P 图中各数据点应聚集在图中对角线的周围。

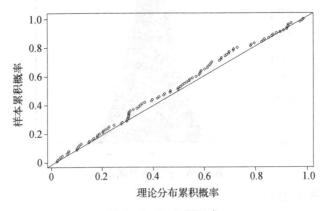

图 8 - 8　P - P 图示意

(3) 观察分位数图

分位数图(Quantile-Quantile Plot),又称 Q - Q 图。Q - Q 图与 P - P 图相似,只是 P - P图是用分布的累计比,而 Q - Q 图是用分布的分位数来显示(图 8 - 9)。和 P - P 图一样,如果数据为正态分布,则 Q - Q 图的数据点应基本在图中对角线上。

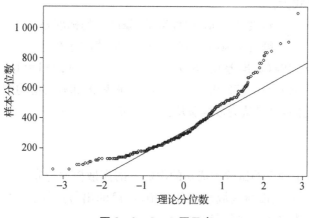

图 8 - 9　Q - Q 图示意

（4）偏度和峰度检验

偏度（skewness）是描述数据分布不对称的方向及其程度的参数。偏度反映的是数据分布的偏斜程度。正态分布的偏度为 0；若偏度＞0，则分布右偏，即分布有一条长尾在右；若偏度＜0，则分布为左偏，即分布有一条长尾在左（图 8 - 10）。偏度的绝对值越大，说明分布的偏移程度越严重。峰度（kurtosis）是描述数据分布的陡峭程度或者平坦程度的参数。峰度反映的是分布的尖锐度，或者说是宽还是窄。若峰度＞0，分布的峰态陡峭（高而尖）；若峰度≈0，分布的峰态服从正态分布；若峰度＜0，分布的峰态平缓（矮而宽）（图 8 - 11）。

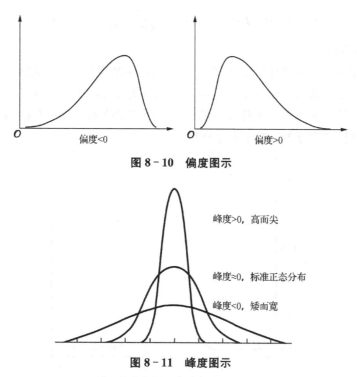

图 8 - 10　偏度图示

图 8 - 11　峰度图示

利用变量的偏度和峰度进行正态性检验时，可以分别计算偏度和峰度的 Z-score。当偏度和峰度的 Z-score（值/标准差）都满足数值在 -1.96～1.96 之间，则可认为数据服从正态分布。计算公式为：

$$偏度\ Z\text{-score}＝偏度值/偏度值的标准差 \tag{8－2}$$

$$峰度\ Z\text{-score}＝峰度值/峰度值的标准差 \tag{8－3}$$

例如：偏度值 0.194（标准差 0.181），Z-score＝0.194/0.181＝1.072，峰度值 0.373（标准误 0.360），Z-score＝0.373/0.360＝1.036。偏度值和峰度值均约等于 0，Z-score 均在$-1.96\sim1.96$之间，可以认为数据服从正态分布。

8.1.3　二项分布

二项分布是 n 个独立的试验中成功的次数 k 的离散概率分布，每次试验的结果只有两种：成功或失败。在城市与区域系统分析中，居民的出行选择、居住选择、城市发展类型等随机变量都可能服从二项分布。

1. 二项分布的概率分布函数

二项分布（Binomial Distribution），即重复 n 次的伯努利试验（Bernoulli Experiment），用 X 表示随机试验的结果。如果事件发生的概率是 p，则不发生的概率 $q＝1-p$，n 次独立重复试验中事件发生 k 次的概率是：

$$Pr(X＝k)＝C(n,k)p^k(1-p)^{n-k} \tag{8－4}$$

其中：

$$C(n,k)＝n!\ /(k!\ (n-k)!) \tag{8－5}$$

因此二项分布的概率分布函数为：

$$Pr(k;n,p)＝Pr(X＝k)＝\frac{n!}{k!\ (n-k)!}p^k(1-p)^{n-k} \tag{8－6}$$

2. 二项分布图

二项分布图中横坐标为做 n 次实验时有 k 次发生某事件，纵坐标为 n 次有 k 次发生的概率（图 8－12）。随着 k 值从小到大，对应概率先增加、后减小，当 k 值为 $k＝np$ 时，对应的概率最大，其中 p 为单次事件发生的概率。当实验次数 n 变大（实验次数超过一定数值如 20 次）时，二项分布近似于正态分布。

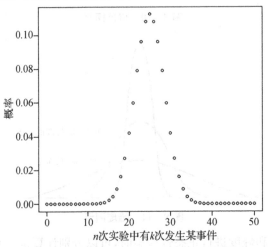

图 8-12　$n＝50,p＝0.5$ 的二项分布示意图

8.1.4　泊松分布

泊松分布,是由法国数学家泊松(S. D. Poisson)在 1838 年提出的一种离散概率分布。泊松分布适合于描述单位时间(面积或体积)内随机事件发生的次数。当一个随机事件以固定的平均瞬时速率 λ(或称密度)随机且独立地出现时,那么这个事件在单位时间内出现的次数或个数就近似地服从泊松分布 $P(\lambda)$。泊松分布在管理科学、运筹学以及自然科学的某些问题中都有重要地位。交通规划中信号灯周期的设置、公交班次的排列等也常基于泊松分布原理。

1. 泊松分布的概率密度函数

泊松分布的概率密度函数可由二项分布推导而来。以交通事故发生数为例,假设某路口一个月内发生若干次交通事故,若将一天的时间等分为很多份,只要时间切分足够细即切分的次数够多,则可以保证在每一单位时间内最多只能发生一次事故。单位时间交通事故发生的数量问题就成为一个二项分布问题。假设将一个月时间等分为 n 份,$1/n$ 时间内发生交通事故的概率是 p,无交通事故的概率为 $q=1-p$,则一个月中某路口发生了 k 次交通事故的概率为:

$$Pr(k)=C(n,k)p^k(1-p)^{n-k} \tag{8-7}$$

概率公式(8-7)无法直接测量单位时间内路口发生一次交通事故的概率 p 值。为解决这一问题,可以利用二项分布求一个月内路口发生交通事故次数的期望。对于每一个单位时间而言,发生"有交通事故"事件的概率是 p,所以整体的期望是:

$$E(X)=np \tag{8-8}$$

可以定义这一期望为:

$$E(X)=\lambda \tag{8-9}$$

因而:

$$p=\frac{\lambda}{n} \tag{8-10}$$

将 $p=\dfrac{\lambda}{n}$ 代入 $Pr(k)$,可得:

$$Pr(k)=C(n,k)\frac{\lambda^k}{n}\left(1-\frac{\lambda}{n}\right)^{n-k} \tag{8-11}$$

为了使单位时间尽量小,n 值应尽可能大,可以令 n 趋向于无穷,求极限得:

$$Pr(k)=\frac{\lambda^k}{k!}e^{-\lambda} \tag{8-12}$$

一个月内某路口发生 k 次交通事故的概率就是:

$$\frac{\lambda^k}{k!}e^{-\lambda} \tag{8-13}$$

因此,泊松分布的概率密度函数为:

$$P(X=k)=\frac{\lambda^k}{k!}e^{-\lambda}(k=0,1,\cdots,n) \tag{8-14}$$

综上,泊松分布可由二项分布推导而来,当二项分布的 n 很大而 p 很小时,就得到了泊松分布。通常当二项分布中 $n\geqslant20$, $p\leqslant0.05$ 时,就可以用泊松公式近似计算。

2. 泊松分布图

泊松分布图中得横坐标表示一段时间内某事件发生的次数 k,纵坐标表示该情况下的概率(图 8-13)。随着次数 k 增加,概率先增加后减小,概率在 λ(单位时间内事件的平均发生次数)处最大。泊松分布是一种描述和分析稀有事件的概率分布。要观察到这类事件,试验次数 n 要比较大。随着 n 的增大,分布趋于对称。当 $n=20$ 时,泊松分布接近于正态分布,当 $n>20$ 时,就可以用正态分布来近似地处理泊松分布的问题。

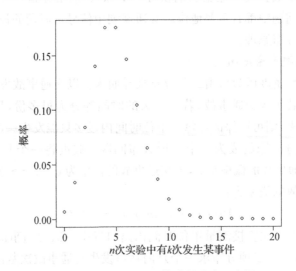

图 8-13 $n=20,\lambda=5$ 的泊松分布示意图

8.1.5 中心极限定理

中心极限定理是指无论总体是什么分布,从该总体里随机抽取 n 个样本,得到一个样本均值,将这个过程重复 N 次,即得到 N 个样本均值。随着 N 值增大,这些样本均值的分布随着抽样次数的增大而越来越趋于正态分布。样本容量 n 越大,分布就越接近正态分布。根据中心极限定理,任何一个群体的样本平均值都会围绕在该群体的整体平均值周围,并且呈正态分布。样本的容量越大(例如超过 30)、取样次数越多,样本平均值的分布也就越接近于一条正态分布曲线。

中心极限定理是概率论中最重要的一类定理,有广泛的实际应用背景。在自然界与人类社会中,一些现象受到许多相互独立的随机因素的影响,如果每个因素所产生的影响都很微小时,总的影响可以看作是服从正态分布的。中心极限定理从数学上证明了这一现象。本章不详细讲解数学推导过程,感兴趣的读者可参考相关数理统计教材。

1. 基于中心极限定理的推断。

依据中心极限定理,在已知总体分布特征的情况下,可以判断样本是否属于某一总体。因此,中心极限定理常用于参数估计和假设检验。如果从某个总体中多次随机抽取数量足够多的样本,那么这些样本的平均值会以总体平均值为中心呈现正态分布。通过计算标准差可知这些样本平均值距离整体平均值的"距离"。因此,基于中心极限定理便可知道样本平均值与整体平均值之间的距离及其概率,样本平均值距离整体平均值两个标准误差的概率相对较低,距离整体平均值三个或以上标准误差的概率基本上为零。

根据中心极限定理，在无法得到总体数据的情况下，正确抽取的样本也能够很好地体现总体情况，可以用样本信息推断总体信息。例如，想研究某区域居民（5 万人左右）对附近一所公园的使用体验，可以通过合理设计的抽样方案，抽取几百人发放调研问卷，调研结果可以在一定程度上说明该区域全体居民的公园体验。

根据中心极限定理，如果知道总体的参数信息，可以推断从这个总体中抽取的随机样本的统计量大小。例如，若已知某一城市群中所有城市在某一年的 GDP 增速均值为 10%，那么多次抽取其中若干城市对其 GDP 增速求均值，均值的分布应该是以 10% 为峰值的正态分布。

2. 大数定律和中心极限定理比较

8.1.1 节提到的大数定律和本节的中心极限定理在概念上存在一定的差别和联系。大数定律讨论的是样本平均值的稳定性，样本均值收敛到总体均值，不涉及分布函数问题；而中心极限定理则是证明任意一个总体的样本平均值都会围绕在总体的整体平均值周围，并且呈正态分布。在定量分析应用中，大数定律意味着在随机变量无穷大的极限情况下，可以用频率去估计概率，可以用样本均值替代总体均值；而中心极限定理意味着不论总体是什么分布，任意一个总体的样本平均值都会围绕在总体的整体平均值周围，并且呈正态分布。

8.2　参数估计与假设检验

数理统计分析包括统计描述和统计推断两部分内容。统计描述可分为对统计指标的描述和图表可视化，第 7 章已经介绍过。统计推断可分为参数估计和假设检验，即本节介绍的重点。

8.2.1　参数估计

参数估计（parameter estimation）是根据从总体中抽取的随机样本来估计总体分布中未知参数的统计推断方法，包括点估计和区间估计两种类型。点估计用于估计总体的某个未知参数值（如期望值、方差等）或未知参数的函数。区间估计用于估计总体分布的未知参数所在范围，如有百分之多少的把握保证某值在某个范围内（置信区间）。

8.2.2　假设检验

假设检验是用来判断样本与样本、样本与总体的差异是由抽样误差引起还是本质差别造成的统计推断方法。假设检验依托"小概率事件"原理，其统计推断方法是带有某种概率性质的反证法。"小概率事件"原理即小概率事件在一次试验中几乎不可能发生，若发生了，则不合理。反证法是先提出检验假设，再用适当的统计方法，利用小概率原理，确定假设是否成立。具体而言，为了检验一个原假设 H_0 是否正确，首先假定 H_0 正确，然后根据样本的统计结果对 H_0 做出接受或拒绝的推断。如果样本观察值导致了"小概率事件"发生，就应拒绝原假设 H_0，否则应接受原假设 H_0。

一般定义发生概率不超过 0.05 的事件为小概率事件，有时也定义为发生概率不超过 0.01 或 0.001 等值。在假设检验中常记这个概率为 α，称为检验的显著性水平。小概率事件的概率越小,否定原假设 H_0 就越有说服力。

1. 假设检验用途

假设检验在城市与区域系统分析中有多种用途。在数据预处理阶段,可使用假设检验检查样本是否来源于某个总体,或样本数据是否服从某种分布。在描述统计阶段,假设检验可用于比较两组样本的同一性,如判断两组样本的平均值、方差是否有显著差异。在回归建模阶段,假设检验可用于检验回归方程的拟合优度和回归系数的显著性,检验回归方程变量的多重共线性等。

2. 假设检验步骤

第一步,依据研究目的对总体特征做出假设,即提出原假设(符号是 H_0)和备择假设(符号是 H_1)。H_0 成立是指样本与总体或样本与样本间的差异是由抽样误差引起的(没有本质差异),而 H_1 成立则说明样本与总体或样本与样本间存在本质差异。

第二步,从总体中抽样。

第三步,确定显著性水平 α。

第四步,在 H_0 正确的前提下,依据抽样数据的分布特征计算实际差异由误差造成的概率 p。

第五步,将算出的概率 p 与显著性水平 α 比较,根据小概率事件实际不可能原理,做出是接受还是否定 H_0 的推断。若 $p > \alpha$,不拒绝 H_0,即认为差别很可能是由于抽样误差造成的;若 $p \leqslant \alpha$,拒绝 H_0,接受 H_1,即认为此差别不大,可能仅由抽样误差所致,很可能存在本质差异。

假设检验前需要明确原假设(H_0)是什么。如果原假设出错,即使假设检验的步骤正确,也难以得出有效结论。此外,需要先明确要做什么统计推断,才能选择使用哪一种或哪几种假设检验方法。在判断假设检验结论时不能绝对化,应注意无论接受或拒绝原假设都有判断错误的可能性。

3. 假设检验举例

(1) 正态分布检验

以 K-S(Kolmogorov-Smirnov)检验和 S-W(Shapiro-Wilk)检验为例,介绍数据的正态分布假设检验方法。

首先,明确 K-S 检验和 S-W 检验的原假设 H_0 是样本服从正态分布。然后,设定显著性水平,可设定显著性水平小于 0.05 时为小概率事件,即拒绝原假设。最后,将由样本数据计算的概率与 0.05 作比较,若不小于 0.05,不为小概率事件,则接受原假设:样本服从正态分布。

K-S 检验和 S-W 检验都可用于数据分布的正态性检验。K-S 检验更适用于样本量较大的数据,比如样本量 > 2 000。S-W 检验适用于样本量较小的数据,比如样本量 ≤ 2 000。在 R 里默认 S-W 检验的样本量不超过 5 000,否则可能做不了 S-W 检验。

在正态分布的假设检验中不能太刻意追求正态性检验的 p 值。因为正态分布的假设检验结果可能受到样本容量大小的影响。样本容量较小时,检验结果较不敏感,即使数据分布有一定的偏离也不一定能检验出来,依然认为数据服从正态分布;当样本容量较大的时候,检验结果又可能过于敏感,只要数据稍微有一点偏离,p 值就会 < 0.05,检验结果拒绝原假设,判断为数据不服从正态分布。因此在进行正态分布判断时,有必要参

考直方图、P－P图等图形工具来帮助判断。如果样本量足够多,即使检验结果 $p<0.05$,也不一定就拒绝原假设,数据来自的总体可能服从正态分布。

(2) 方差分析

方差分析(Analysis of Variance,ANOVA)由费希尔(R. A. Fisher)发明,又称"变异数分析"或"F 检验",用于多个样本均数差别的显著性检验。由于各种因素的影响,样本数据呈现波动(变异)。造成波动的原因可能是不可控的随机因素,也可能是研究中施加的对结果形成影响的可控因素。方差分析的基本思想就是通过分析不同来源的变异对总变异的贡献大小,从而确定可控因素对研究结果影响的大小。

在城市与区域系统分析中,方差分析可用于:① 多个样本均数差异的比较,例如比较不同城市的居民在碳排放水平上是否存在显著性差异;② 多个实验组与一个对照组均数差异的比较,例如比较不同区域的非高铁沿线城市与高铁沿线城市的经济发展水平差异。

方差分析的一般步骤为:首先,进行正态性检验和方差齐性检验;然后,设定原假设 H_0 为多个样本总体均值相等,备择假设 H_1 为多个样本总体均值不相等或不全等;第三步,确定显著性水平,可取值为 0.05,0.01,0.001 等;第四步,计算检验统计量 F 值;最后,依据 F 值对应的 p 值与显著性水平比较,得出推断结果。

图 8 － 14 列出了组间差异比较的各种情况。如果数据符合正态分布且通过方差齐性检验,可选择进行参数检验,包括适用于两组数据比较的 T-test 检验和适用于多组数据比较的 ANOVA 检验等方法。如果数据不符合正态分布或未通过方差齐性检验,可选择进行非参数检验,包括适用于两组数据比较的 Wilcoxon Rank Sum Test 检验和适用于多组数据比较的 Kruskal-Wallis 检验等方法。需要注意的是,若对大于两组的样本进行检验,拒绝原假设只能说明多组样本均值不相等或不全相等。若要得到各组均值间更详细的差异信息,应进行样本均值的两两比较。

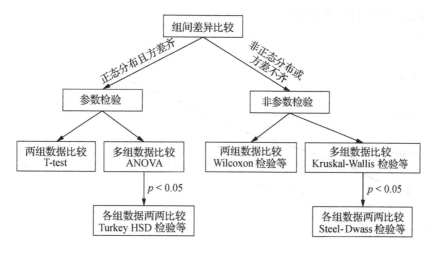

图 8 － 14 组间差异比较思路

8.3 相关分析

8.3.1 概念界定

相关分析是研究两个或多个随机变量间相关关系的统计分析方法。相关关系可表现为正相关和负相关。在正相关情况下,一个变量随着另一个变量的变化而发生相同方向的变化(两个变量同时变大或变小)。在负相关情况下,一个变量随着另一个变量的变化而发生相反方向的变化。相关分析可分为简单相关分析、偏相关分析和距离相关分析等。简单相关分析较为常见,主要用于分析两个变量的相关程度大小。偏相关分析用在排除某个因素后,计算两个变量的相关程度。距离相关分析是通过两个变量之间的距离来评估其相似性,较少用到。相关分析要求变量间的关联有现实意义,否则计算的相关程度没有价值。例如城市发展水平与所处地理位置的相关性、居民生活质量与城市建成环境质量的相关性等。

需要指出,因果关系属于相关关系,但相关关系不等于因果关系。因果关系是指一个变量的存在会导致另一个变量的产生;相关关系是指一个变量变化的同时,另一个因素也会伴随发生变化,但不能确定一个变量变化是不是另一个变量变化的原因。

判断变量间的相关关系可以通过可视化图表辅助,例如折线图或散点图。如图 8-15 所示,2011—2020 年江苏省和浙江省的 GDP 变化趋势相似,两条折现大致并行,可推测两个变量存在正向相关关系。图 8-16 是江苏省 GDP 与建成区面积散点图,散点排列方向呈线性上升趋势,可推测两个变量存在正向相关关系。使用可视化图表进行相关关系的判断比较直观,但其缺点在于无法准确度量相关程度大小。所以常常计算相关系数,衡量变量间的线性相关程度。

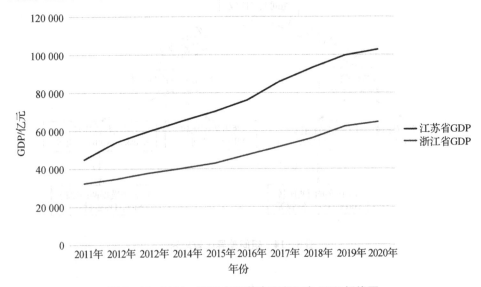

图 8-15 2011—2020 年江苏省和浙江省 GDP 折线图

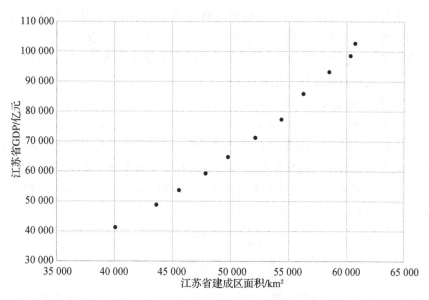

图 8 - 16　2010—2020 年江苏省 GDP 与建成区面积散点图

8.3.2　相关系数

相关系数（Correlation Coefficient）是以数值的方式来精确反映两个变量之间线性相关强弱程度的统计指标，经常用字母 r 来表示。相关系数有以下基本特征：首先，相关系数的取值范围是在 $[-1,1]$ 之间；第二，$|r|$ 越趋于 1，表示线性相关越强；$|r|$ 越趋于 0，表示线性相关越弱；若 $r>0$，表示两个变量存在正相关；若 $r<0$，表示两个变量存在负相关；若 $r=0$，表示两个变量不存在线性相关关系；若 $|r|=1$，为完全线性相关，其中 $r=1$，为完全正线性相关，$r=-1$，为完全负线性相关。使用相关系数判断相关性可以参照以下数值（绝对值）：$[0.8\sim1.0]$ 表示极强相关；$[0.6\sim0.8)$ 表示强相关；$[0.4\sim0.6)$ 表示中等程度相关；$[0.2\sim0.4)$ 表示弱相关；$[0.0\sim0.2)$ 表示极弱相关或无相关。

最常用的相关系数是皮尔森（K. Pearson）相关系数，又称积差相关系数。除皮尔森相关系数外，还有斯皮尔曼相关系数和肯德尔相关系数。本节对这三类相关系数及其适用范围进行概述。

1. 皮尔森相关系数

皮尔森相关系数（Pearson correlation coefficient）是用来反映两个变量线性相关程度的统计量，也叫皮尔森积矩相关系数（Pearson product-moment correlation coefficient），可以写作：

$$\rho_{X,Y}=\frac{cov(X,Y)}{\sigma_X\sigma_Y}=\frac{E\big[(X-\mu_X)(Y-\mu_Y)\big]}{\sigma_X\sigma_Y} \tag{8-15}$$

公式（8-15）定义了总体相关系数，常用希腊小写字母 ρ 作为代表符号。估算样本的协方差和标准差，可得到样本相关系数（样本皮尔森系数），常用英文小写字母 r 代表：

$$r=\frac{\sum_{i=1}^{n}(X_i-\overline{X})(Y_i-\overline{Y})}{\sqrt{\sum_{i=1}^{n}(X_i-\overline{X})^2}\sqrt{\sum_{i=1}^{n}(Y_i-\overline{Y})^2}} \tag{8-16}$$

其中 n 为样本量,X_i、Y_i 为两个变量的观测值,$\overline{X}$和$\overline{Y}$为两个变量的均值。r 描述的是两个变量间线性相关强弱的程度。r 的绝对值越大表明相关性越强。

皮尔森相关系数适用于呈正态分布的连续变量,样本容量尽可能在 30 以上,变量之间是线性关系。其缺点是受异常值影响较大。

2. 斯皮尔曼相关系数

斯皮尔曼相关系数(Spearman correlation coefficient)又称斯皮尔曼秩相关系数。"秩",即秩序、顺序或排序。由英国心理学家、统计学家斯皮尔曼(C. D. Spearman)根据积差相关的概念推导得出。斯皮尔曼相关系数根据变量在数据内的排序位置进行计算。对于样本容量为 n 的样本,n 个原始数据依据其在总体数据中平均的降序位置,被分配了一个相应的等级x_i,斯皮尔曼相关系数 ρ 为:

$$\rho = \frac{\sum\limits_i (x_i - \overline{x})(y_i - \overline{y})}{\sqrt{\sum\limits_i (x_i - \overline{x})^2 \sum\limits_i (y_i - \overline{y})^2}} \tag{8-17}$$

实际应用中斯皮尔曼相关系数 ρ 与被观测的两个变量等级的差值 d 有关:

$$\rho = 1 - \frac{6 \sum d_i^2}{n(n^2 - 1)} \tag{8-18}$$

与皮尔森相关系数相比,斯皮尔曼相关系数限制较少,不要求变量分布符合正态分布、不要求样本容量要超过一定数量。同时,斯皮尔曼相关系数不受离群值影响,适用于非线性单调相关。只要两个变量的观测值是成对的等级变量,或者是由连续变量转化得到的等级变量,不论两个变量的总体分布形态、样本容量的大小如何,都可以用斯皮尔曼等级相关系数来进行研究。

3. 肯德尔相关系数

肯德尔相关系数(Kendall rank correlation coefficient)是计算多个等级变量相关程度的一种统计指标,又称肯德尔秩相关系数或和谐系数相关系数,常用希腊字母 τ 表示。肯德尔相关系数由英国统计学家肯德尔提出,适用于计算有序类别变量的相关程度,比如城市排名、道路拥堵程度(重度拥堵、中度拥堵、轻度拥堵、不拥堵)等。

肯德尔相关系数有三个计算公式:Tau-a,Tau-b 和 Tau-c,均使用了"成对"这一概念来决定相关系数的强弱。成对可以分为一致对(concordant)和分歧对(discordant)。一致对是指两个变量 X 和 Y 取值的相对关系一致,可以理解为 X_2-X_1 与 Y_2-Y_1 有相同的符号;分歧对则是指它们的相对关系不一致,X_2-X_1 与 Y_2-Y_1 有着相反的符号。

Tau-a 适用于两组变量中均不存在相同元素的情况,其计算公式为:

$$\mathrm{Tau} - a = \frac{c - d}{\frac{1}{2}n(n-1)} \tag{8-19}$$

其中,c 表示一致对数,d 表示分歧对数,$\frac{1}{2}n(n-1)$ 表示所有样本两两组合的数量,当没有重复值时,组合数量等于 $c+d$。

Tau-b 适用于两组变量中存在相同元素的正方形表格(行和列的数量相同),其计算公式为:

$$Tau-b=\frac{c-d}{\sqrt{\left[\frac{1}{2}n(n-1)-t_x\right]\left[\frac{1}{2}n(n-1)-t_y\right]}} \qquad (8-20)$$

其中，t_x 为 X 变量中相同元素的个数，t_y 为 Y 变量中相同元素的个数。

Tau-c 适用于长方形数据表格（行和列的数量不同），其计算公式为：

$$Tau-c=\frac{c-d}{\frac{1}{2}n^2\frac{m-1}{m}} \qquad (8-21)$$

其中，m 为数据表中行数和列数的最小值。

8.4 R 语言统计推断

8.4.1 实验目的

通过本实验熟悉数据统计推断的基本方法，并运用 R 语言对城市与区域系统数据进行初步统计推断，包括正态性检验、方差分析和相关分析。

本实验数据为"data05.csv"，该数据库是南京市不同类型社区居民社会经济状况调查结果，包含记录编码、居住社区类型、性别、年龄、在南京的居住时间、在本小区的居住时间、在本小区的住房类型、学历、就业状况、房屋总价共 10 个变量，变量内容及数据类型详见表 8-1。

表 8-1 变量说明

变量名	统计内容	变量类型
ID	记录编码	连续
N_type	居住社区类型 (1:传统社区;2:保障房;3:单位小区;4:商品房)	分类
Gender	性别(1:男;2:女)	分类
Age	年龄(单位:岁)	连续
Stay	在南京的居住时间(单位:年)	连续
N_year	在本小区的居住时间(单位:年)	连续
H_type	在本小区的住房类型(1:自购;2:租房)	分类
Education	学历 (1:初中及以下;2:高中/中专;3:大专/大学本科;4:硕士及以上)	顺序
Employ	就业状况(1:有工作;2:失业/下岗;3:退休)	分类
H_price	房屋总价(单位:万元)	连续

8.4.2 实验步骤

1. 导入数据

将文件"data05.csv"导入 RStudio。

```
# 导入数据
setwd("D:/R/handbook/homework05")
data< - read.csv("./data05.csv",header= TRUE, sep= ",")
```

2. 进行数据预处理

首先使用基础代码简单查看数据结构。dim()函数可显示数据库行列数，可看到数据共有 479 条记录，10 个变量。使用 str()函数查看数据整体结构，发现变量 N_type、Gender、H_type、Employ 数据类型显示为"int"，在 R 里被识别为数值型数据，但这几个变量应属于分类变量，因此使用 as.factor()函数将上述变量转变为分类变量。同理，使用 as.numeric()函数将变量 Staynew 从因子型数据变为数值型数据。

```
# 查看数据库
dim(data)
# 查看数据结构
str(data)
# 查看数据结构
head(data)
# 查看数据结构
summary(data)

# 把数值型数据变成因子型数据
data$ N_typenew< - as.factor(data$ N_type)
data$ Gendernew< - as.factor(data$ Gender)
data$ H_typenew< - as.factor(data$ H_type)
data$ Employ< - as.factor(data$ Employ)
# 把因子型数据变为数值型数据
data$ Staynew< - as.numeric(data$ Stay)
data$ Staynew< - as.numeric(as.character(data$ Stay))
> dim(data) # 10 variables, 479 records
[1] 479 10
> str(data)
'data.frame':479 obs. of 10 variables:
$ ID        : int 1 7 8 9 10 11 12 13 14 23 ...
$ N_type    : int 4 3 3 3 3 3 4 4 4 4 ...
$ Gender    : int 1 2 1 1 2 1 1 1 2 2 ...
$ Age       : int 35 68 39 22 47 57 30 27 27 52 ...
$ Stay      : chr "18" "25" "17" "10" ...
$ N_year    : int 12 10 10 6 12 3 10 9 8 8 ...
$ H_type    : int 1 1 1 1 1 1 1 2 1 1 ...
$ Education : int 3 1 3 3 3 2 3 3 3 3 ...
$ Employ    : int 1 3 1 2 1 3 1 1 1 1 ...
$ H_price   : int 220 150 520 460 360 460 410 320 270 330 ...
> head(data) # 查看数据集前六行数据
ID N_type Gender Age Stay N_year H_type Education Employ H_price
1  1      4      1   35  18     12     1        1         3      1 220
2  7      3      2   68  25     10     1        1         1      3 150
3  8      3      1   39  17     10     1        1         3      1 520
4  9      3      1   22  10     6      1        1         3      2 460
5  10     3      2   47  21     12     1        1         3      1 360
6  11     3      1   57  57     3      1        1         2      3 460
> summary(data) # 查看数据集中每个变量的基本统计值，如最小值、四分位数、中位数、平均
值、最大值等
```

ID	N_type	Gender	Age	Stay	N_year	H_type
Min. : 1.0	Min. :1.000	Min. :1.000	Min. :18.00	Length:479	Min. : 1.00	Min. :1.000
1st Qu.: 144.5	1st Qu.: 2.000	1st Qu.: 1.000	1st Qu.: 30.00	Class : character	1st Qu.: 8.00	1st Qu.: 1.000
Median : 328.0	Median : 3.000	Median : 1.000	Median : 41.00	Mode : character	Median : 11.00	Median : 1.000
Mean :336.1	Mean :2.699	Mean :1.468	Mean :45.25		Mean :10.67	Mean :1.334
3rd Qu.: 524.5	3rd Qu.: 4.000	3rd Qu.: 2.000	3rd Qu.: 61.00		3rd Qu.: 13.00	3rd Qu.: 2.000
Max. :699.0	Max. :4.000	Max. :2.000	Max. :92.00		Max. :22.00	Max. :4.000

Education	Employ	H_price

Min. :1.00	Min. :1.000	Min. : 60.0
1st Qu.:2.00	1st Qu.:1.000	1st Qu.: 210.0
Median :3.00	Median :1.000	Median : 290.0
Mean :2.53	Mean :1.681	Mean : 327.7

去除 data 数据缺失值，存储到 datanew 中，并新建变量 H_price。

```
# 去除缺失值
datanew< - na.omit(data)
str(datanew)

# 新建变量 H_price 便于下面的操作
H_price < - datanew$ H_price
```

3. 进行数据分布的正态性检验

首先用 hist()函数查看房屋总价变量 H_price 的分布直方图（图 8 - 17），可以看出房价变量并不是对称的钟形分布，所以房屋总价变量可能不符合正态分布。

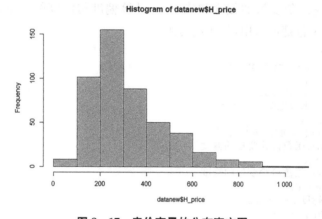

图 8 - 17　房价变量的分布直方图

```
# 查看变量的分布直方图
hist(datanew$ H_price)
```

接着，可以通过绘制 Q-Q 图来判断房屋总价变量是否是正态分布（图 8 - 18）。可以看到数据点不完全沿着对角线周围分布，有所偏离，说明数据可能不符合正态分布。

```
# draw Q- Q plot
# 使用 rnorm()函数随机生成与房屋总价变量数量相同的正态分布的数
qqplot(rnorm(length(H_price)),datanew $ H_price,
    # "main= "后输入图片的名称
  main= "Normal Q- Q Plot of House Price",
# "xlab= "Theoretical Quantiles","表示理论分位数
xlab= "Theoretical Quantiles",
# "ylab= "Sample Quantiles""表示实际分位数
ylab= "Sample Quantiles")
# 绘制 qqline 作为判断正态分布的参考线
qqline(H_price)
```

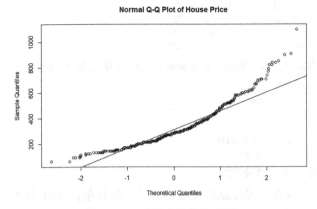

图 8 - 18　房价变量的 Q-Q 图

然后计算房屋总价变量的偏度和峰度,并计算偏度与峰度的 z-score。R 中的 moments 包和 fBasics 包都可选用,具体代码如下:

```
# 安装 moments 包
install.packages("moments")
# 安装 fbasics 包
install.packages("fBasics")
# 用 library()函数先调用 fbasics 包
library(fBasics)
# 先用 fbasics 包检验偏度与峰度
# 用 skewness()函数检验变量的偏度
skewness(H_price)
# 用 kurtosis()函数检验变量的峰度
kurtosis(H_price)
# 计算偏度和峰度 z- score
N< - length(H_price)
ses< - sqrt((6* N* (N- 1))/((N- 2)* (N+ 1)* (N+ 3)))
sek< - 2* ses* sqrt((N* N- 1)/((N- 3)* (N+ 5)))skewness(H_price)/ses
kurtosis(H_price)/sek
> skewness(H_price)
[1] 1.186588
> kurtosis(H_price)
[1] 1.600838
> skewness(H_price)/ses
[1] 10.55769
> kurtosis(H_price)/sek
[1] 7.136596
```

结果表明,房屋总价变量的偏度约为 1.19,大于 0,说明数据分布右偏;峰度约为 1.60,说明数据分布的峰态陡峭。偏度的 z-score 约等于 10.56,峰度的 z-score 约等于 7.14,不在 -1.96～1.96 之间,说明房屋总价变量 H_price 不符合正态分布。

可考虑对房屋总价变量进行 log 变换,然后对 log(H_price)进行正态性检验,具体代码如下:

```
# 计算 log(H_price)的记录数
M< - length(log(H_price))
# 用 ses 计算偏度标准误差,用峰度除以峰度的标准误差就是峰度的 z- score
ses< - sqrt((6* M * (M- 1))/((M- 2)* (M+ 1)* (M+ 3)))
# 用 sek 计算峰度标准误差用偏度除以偏度的标准误差就是偏度的 z- score
sek< - 2* ses* sqrt((M* M- 1)/((M- 3)* (M+ 5)))
skewness(log(H_price))/ses
kurtosis(log(H_price))/sek
```

结果表明 log(H_price) 变量的偏度 z-score 约等于一0.50,峰度的 z-score 约等于
—0.92,说明 log(H_price) 符合正态分布。

```
> skewness(log(H_price))/ses
[1] - 0.4975443
> kurtosis(log(H_price))/sek
[1] - 0.9236577
```

最后,通过 S-W 检验检查 log(H_price) 是否符合正态分布。其原假设为变量符合正
态分布,结果显示 p 值约为 0.22,大于 0.05,p 值不显著,所以不拒绝原假设,说明 log
(H_price) 是符合正态分布的。

```
shapiro.test(log(H_price))
> shapiro.test(log(H_price))
    Shapiro- Wilk normality test

data: log(H_price)
W = 0.99569, p- value = 0.2222
```

4. 进行方差分析

首先,用 ANOVA 检验来研究不同类型社区居民在本小区的居住时间是否存在显著
差异。table() 函数显示第一组传统社区有 107 条记录,第二组保障房小区有 82 条记录,
第三组单位小区有 129 条记录,第四组商品房小区有 154 条记录。

```
# 用 table() 函数查看居住社区类型有哪些组
table(datanew$ N_typenew)
> table(datanew$ N_typenew)

1    2    3    4
107  82   129  154
```

然后,分别检验四种类型社区居民在本小区的居住时间是否都符合正态分布。每一
组的 p 值都不显著,说明每组数据都符合正态分布。

```
shapiro.test(datanew$ N_year[datanew$ N_typenew= = 1])
shapiro.test(datanew$ N_year[datanew$ N_typenew= = 2])
shapiro.test(datanew$ N_year[datanew$ N_typenew= = 3])
shapiro.test(datanew$ N_year[datanew$ N_typenew= = 4])
> shapiro.test(datanew$ N_year[datanew$ N_typenew= = 1])
    Shapiro- Wilk normality test
data: datanew$ N_year[datanew$ N_typenew = = 1]
W = 0.98035, p- value = 0.1143
> shapiro.test(datanew$ N_year[datanew$ N_typenew= = 2])
    Shapiro- Wilk normality test
data: datanew$ N_year[datanew$ N_typenew = = 2]
W = 0.97799, p- value = 0.1712
> shapiro.test(datanew$ N_year[datanew$ N_typenew= = 3])
    Shapiro- Wilk normality test
data: datanew$ N_year[datanew$ N_typenew = = 3]
W = 0.98522, p- value = 0.1763
> shapiro.test(datanew$ N_year[datanew$ N_typenew= = 4])
    Shapiro- Wilk normality test
data: datanew$ N_year[datanew$ N_typenew = = 4]
W = 0.98788, p- value = 0.203
```

接下来,用 bartlett.test() 函数检验不同类型社区居民在本小区的居住时间是否符
合方差齐性,原假设是数据符合方差齐性。经检验 p 值大于 0.05,接受原假设,即数据符
合方差齐性。

```
bartlett.test(N_year ~ N_typenew, data= datanew)
```

```
> bartlett.test(N_year ~ N_typenew, data= datanew)
Bartlett test of homogeneity of variances
data: N_year by N_typenew
Bartlett's K- squared = 0.98939, df = 3, p- value = 0.8038
```

因此,可以进行方差分析。结果显示,$Pr(>F)$远小于0.001,说明不同类型社区居民在本小区的居住时间存在显著差异。

```
# 用 aov()函数对数据进行方差分析
results< - aov(N_year ~ N_typenew, data= datanew)
# aov 检验的原假设是,不同组之间平均值在统计学意义上是近似的
# 用 summary(results)查看一下结果
summary(results)
> results< - aov(N_year ~ N_typenew, data= datanew)
> summary(results)
            Df Sum Sq Mean Sq F value Pr(> F)
N_typenew    3   2383   794.3   81.59 < 2e- 16 * * *
Residuals  468   4556     9.7
```

进一步可以进行多变量的方差分析。本节以社区类型和就业状况两个变量的交互作用为例,分析这两个变量对本小区居住时间的影响。

```
# 用 aov()函数对数据进行方差分析
results< - aov(N_year ~ N_typenew+ Employ+ N_typenew* Employ, data= datanew)
# aov()函数检验的原假设是,不同组之间平均值在统计学意义上是近似的
# 用 summary(results)查看一下结果
summary(results)
```

结果显示,只有社区类型有显著影响,就业状况和交互作用都没有显著影响。

```
> results< - aov(N_year ~ N_typenew+ Employ+ N_typenew* Employ, data= datanew)
> summary(results)
                  Df Sum Sq Mean Sq F value Pr(> F)
N_typenew          3   2383   794.3   80.923 < 2e- 16 * * *
Employ             2      5     2.3    0.232 0.793
N_typenew:Employ   6     36     6.0    0.614 0.719
```

5. 进行相关分析

以居民年龄和在南京居住时间为例,检验两个变量的相关性。先用散点图查看变量间的潜在关系。然后计算相关系数,由于两个变量都是连续型数据,适宜选用皮尔森相关系数进行分析。

```
# 先用 plot()函数直观查看变量是否具有相关性。X轴是居民年龄,Y轴是在南京的居住时间。
plot(datanew$ Age, datanew$ Staynew,
# main= 后输入图形的名称
    main= "Age V.S. Stay in Nanjing",
xlab= "Age", ylab= "Stay in Nanjing",
# x轴根据居民年龄的范围,取值0~ 100
xlim= c(0,100),
# pch 是数据点的形状,col 是数据点的颜色
pch = 1, col = "blue")
# 此处选择居民年龄为因变量,在南京的居住时间为自变量,将回归的结果赋值给 fitline
fitline < - lm(datanew$ Staynew ~ datanew$ Age)
# 用 adline 绘制回归后拟合的直线
abline(fitline)
```

图8-19横坐标表示居民年龄,纵坐标为在南京的居住时间,直线为拟合的回归线。可以看出,大部分数据点基本沿着拟合的直线两侧分布,判断两个变量可能具有正向相关关系。

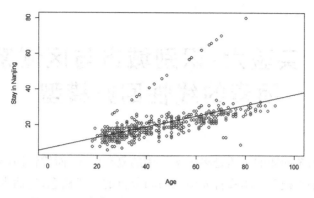

图 8 - 19　在南京的居住时间与居民年龄的散点图

用 cor() 函数计算变量的相关系数，默认计算皮尔森系数，结果显示系数约为 0.59，说明居民年龄与在南京的居住时间有中度相关关系。

```
# 用 cor() 函数计算变量的相关性系数
cor(datanew$ Age, datanew$ Staynew)
>  cor(datanew$ Age, datanew$ Staynew)
[1] 0.5875274
```

第9章 实验六：识别城市与区域系统影响因素的线性回归模型

城市与区域系统问题的本质是多因素作用的复杂问题，而线性回归模型是识别系统多重影响因素的基本模型。本章首先引入回归分析的一般概念，进而讲解线性回归建模原理，然后以建成环境对房价的影响分析为例，介绍应用R语言进行线性回归建模的编码过程，最后探讨线性回归的应用场景。

9.1 回归分析

9.1.1 回归分析概述

回归分析是确定两种或两种以上变量间相互依赖定量关系的统计分析方法。在回归分析中，把变量分为两类：一类是因变量，它们通常是实际问题中所关心的一类指标，用 Y 表示；而影响因变量取值的另一类变量称为自变量，用 X 表示。因此，回归分析可以理解为那些用一个或多个自变量（也称预测变量或解释变量）来解释或预测因变量（也称响应变量或结果变量）的方法。

经济地理学中较为经典的阿隆索地租模型就是一种回归模型（图 9-1）。其中，自变量 X 是到市中心的距离，因变量 Y 是每平方米土地租金。到市中心距离的变化引起交通成本的变化，土地租金也相应改变，随着到市中心距离的增大，租金逐渐衰减。不同类型土地的需求者对交通区位条件需求不同，所愿意支付的最高地租也有所差异。当用已知的距离与租金数据集拟合二者的关系曲线后，就可以预测任意距离的租金。

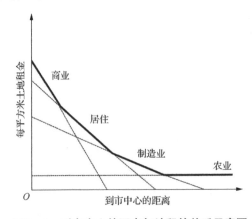

图 9-1 到市中心的距离与地租的关系示意图

回归分析在城市与区域系统分析中有广泛的应用价值。一般而言，回归分析可用于挑选与因变量相关的自变量，描述两者之间的关系；回归分析也可用于生成一个等式，通过自变量来预测因变量。具体而言，从一组城市与区域样本数据出发，筛选因变量和自变量，确定两类变量之间的数学关系式。然后对这些关系式的可信程度进行假设检验，并从诸多自变量中找出对因变量有显著影响的关键自变量。接着依据所求解的数学关系式及其参数，解释自变量与因变量之间的具体影响关系。例如：解释区域空间结构与城镇化率、基础设施网络等的关系；分析城市规划中用地布局变化带来的土地价值变化，自变量可能包括到市中心的距离、到地铁站点的距离、规划的用地性质、人口规模等。回归分析所求解的数学关系式，也可用于估计或预测因变量的取值，并给出这种估计或预测的可靠程度。例如通过一组城市样本数据确定了近二十年城镇化率与人均 GDP 的数学关系，就可以用某城市人均 GDP 的发展趋势数据来预测未来的城镇化率数据，并给出置信区间。

9.1.2　回归模型分类

针对不同的城市与区域系统问题建模时，因变量的类型、自变量的个数都可能有所不同，自变量与因变量的回归线形状也有所差异，需要选择适合的回归模型来分析相应的研究问题（表 9-1）。各种模型详细的构建步骤将在后续章节中展示。

根据自变量的个数可以将回归模型分为一元回归分析和多元回归分析。其中一元回归分析是自变量数量为一个的回归分析，多元回归分析是自变量数量大于一个的回归分析。根据因变量和自变量的函数表达式或回归线的形状可以将回归分析分为线性回归分析和非线性回归分析。当因变量和自变量的关系可以用一条直线近似表示时，即为线性回归（linear regression），不能用直线表示则为非线性回归，包括逻辑回归（logistic regression）、泊松回归（poisson regression）等。线性回归要求因变量为连续变量且服从正态分布，逻辑回归要求因变量为分类变量且服从二项分布，泊松回归要求因变量为计数变量且服从泊松分布。这三种回归类型对于自变量类型都没有特殊要求，自变量可以是连续的也可以是离散的。

表 9-1　常见回归模型分类

回归模型类型	特点
简单线性回归	用一个自变量预测一个数值型因变量
多项式回归	用一个自变量预测一个数值型因变量，模型的关系是 n 阶多项式
多元线性回归	用两个或多个自变量预测一个数值型因变量
逻辑回归	用一个或多个自变量预测一个类别型因变量
泊松回归	用一个或多个自变量预测一个代表频数的因变量

9.1.3　应用回归分析进行城市与区域系统研究的一般步骤

应用回归分析进行城市与区域系统研究的一般步骤如下（图 9-2）：

1. 明确研究问题

进行城市与区域系统分析时，首先需要明确研究问题，通过观察与揭示事物（数据）之间的内在联系得出规律，从而能够合理有效干预城市与区域系统，解决其产生的问题，合理预测引导城市与区域系统可持续发展。

　　2. 设置指标变量(因变量和自变量)

　　在明确了研究问题后,要根据研究目的设置因变量 y,并设置和因变量 y 可能有关系的若干自变量 $x(x_1,x_2,x_3,\cdots,x_n)$。

　　3. 收集整理数据

　　设置指标变量后,需要进行变量数据的收集与整理,为下一步建立回归模型奠定基础。

　　4. 构建回归模型

　　根据因变量特征和研究问题属性,选择适合的回归模型。此步骤可通过绘制因变量和自变量的相关关系散点图辅助判断。

　　5. 估计模型参数

　　选取了合适的回归模型后,对回归方程中的未知参数进行估计。参数估计方法有最小二乘法,极大似然法等。

　　6. 检验与修改模型

　　在回归方程初步建立后,需要对其可靠性进行检验,可从两方面考虑。一方面为统计学意义上的检验,诸如显著性检验、拟合优度检验、多重共线性检验等。若模型不通过上述检验,则需要对模型进行修改调整。另一方面为具体研究问题的理论检验,如果模型得到的结果违背了常规理论,例如回归结果表明城市人口总量越大,城市建设用地总体规模越小,这很可能是建模有误或数据质量存在问题等,需要重新筛选变量,适当增加变量或剔除某些变量。

　　7. 应用模型

　　当经过不断的优化与调整得到相对最优的回归模型后,可将模型结论应用到实际的城市与区域系统发展规律解释中,具体包括解释系统的运行机制和预测系统的未来趋势。可基于模型回归系数解释自变量对因变量产生的影响机理,模拟系统中因变量的发展态势,从而验证既有理论或提出新的理论框架,并据此给出城市与区域发展政策的优化方向。

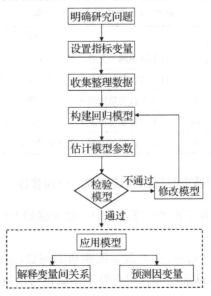

图 9－2　回归分析一般步骤

9.2 线性回归模型原理

9.2.1 线性回归基本定义

线性回归(linear regression)是利用称为线性回归方程的最小平方函数对一个或多个自变量和一个因变量之间关系进行建模的回归分析。这种函数是一个或多个称为回归系数的模型参数的线性组合。其表达形式为:

$$y = \beta_0 + \beta_1 x_1 + \beta_2 x_2 + \cdots + \beta_k x_k + e \tag{9-1}$$

其中,e 为模型残差,服从正态分布。

线性回归若只包括一个自变量和一个因变量,且二者的关系可用一条直线近似表示,称为一元线性回归分析。如果回归分析中包括两个或两个以上的自变量,且因变量和自变量之间是线性关系,则称为多元线性回归分析。因为线性回归模型使用的假设条件易于满足,分析结果易于解释,所以在城市与区域系统分析中广泛使用。但有时也存在被滥用、误用的情况,需要对线性回归的模型原理进行深入了解。

9.2.2 一元线性回归模型

1. 回归模型

一元线性回归模型只包括一个因变量(y)和一个自变量(x),且二者的关系可用一条直线近似表示。一元线性回归模型可表示为:

$$y = \beta_0 + \beta_1 x + e \tag{9-2}$$

在一元线性回归模型中,y 是 x 的线性函数($\beta_0 + \beta_1 x$)加上残差 e。$\beta_0 + \beta_1 x$ 反映了由于 x 的变化而引起的 y 的线性变化;e 为模型的残差(也被称为误差项的随机变量),服从正态分布,反映了除 x 和 y 之间的线性关系之外的随机因素对 y 的影响,是不能由 x 和 y 之间的线性关系所解释的变异性;β_0 和 β_1 为模型的参数(β_0 为常数项,β_1 为回归系数)。

2. 回归方程

描述因变量 y 的期望值如何依赖于自变量 x 的方程称为回归方程。它是回归函数的估计,是更为具体的表达。一元线性回归方程的形式为:

$$y = \beta_0 + \beta_1 x \tag{9-3}$$

一元线性回归方程的图示是一条直线。其中 β_0 是回归直线在 y 轴上的截距,β_1 是直线的斜率。如果 x 为连续变量,指 x 每变化一个单位,y 改变 β_1 个单位;如果 x 为分类变量,指 x 为某个分类时,与参考分类相比 y 改变 β_1 个单位。

一元线性回归方程有多种变化形式(表 9-2)。当回归方程为双对数方程时,方程的形式为:

$$\ln y = \beta_0 + \beta_1 \ln x \tag{9-4}$$

表明 x 每变化 1%,y 改变 β_1%。

当回归方程为半对数方程时,方程有两种形式,第一种为对因变量取对数而不对自变量取对数,即

$$\ln y = \beta_0 + \beta_1 x \tag{9-5}$$

表明 x 每变化一个单位,y 改变 $100×β_1$%。例如:$β_1=0.04$,指 x 每变化一个单位,y 改变 4%。

半对数方程的另一种形式是对自变量取对数而不对因变量取对数,即

$$y=β_0+β_1\ln x \tag{9-6}$$

表明 x 每变化 1%,y 改变 $b/100$。

表 9-2 常见线性回归方程及其系数解释

回归方程	系数解释
$y=β_0+β_1x+e$	x 每变化一个单位,y 改变 $β_1$ 个单位
$\ln y=β_0+β_1\ln x$	x 每变化 1%,y 改变 b%
$\ln y=β_0+β_1x$	x 每变化一个单位,y 改变 $100×b$%
$y=β_0+β_1\ln x$	x 每变化 1%,y 改变 $b/100$

3. 参数的最小二乘估计

对于一元线性回归方程 x 和 y 的 n 对观测值(n 个样本),可以有很多条潜在直线($β_0$ 和 $β_1$ 的取值未定)描述其关系,最终用哪一条直线来代表两个变量之间的关系需要明确的原则。德国科学家高斯(J. C. F. Gauss)提出用最小化图中垂直方向的离差平方和来估计参数 $β_0$ 和 $β_1$(图 9-3)。根据这一方法确定模型参数 $β_0$ 和 $β_1$ 的方法称为最小二乘法(ordinary least squares,OLS)。它是通过使因变量的观测值 y_i 与估计值 $\hat{y}_i$ 之间的离差平方和达到最小来估计 $β_0$ 和 $β_1$ 的方法。

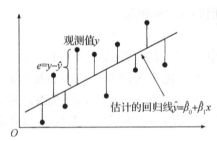

图 9-3 最小二乘法示意图

根据最小二乘法,使得下式的值最小:

$$\sum_{i=1}^{n}(y_i-\hat{y}_i)^2 = \sum_{i=1}^{n}(y_i-β_0-β_1x_i)^2 \tag{9-7}$$

其中 n 是样本数量。可以通过梯度下降算法或者利用线性代数建立方程组求解来获得回归方程参数 $β_0$ 和 $β_1$ 的值。

9.2.3 多元线性回归模型

在城市与区域系统分析中,一种现象常常与多个因素相联系,由多个自变量的最优组合共同解释或预测系统状态比只用一个自变量进行解释或预测更有效且符合系统运行规律。这种一个因变量同多个自变量的回归问题就是多元回归,当因变量与各自变量之间为线性关系时,称为多元线性回归模型。

1. 多元回归模型与多元回归方程

设因变量为 y，k 个自变量分别为 $x_1, x_2, \cdots, x_k$，描述因变量 y 与自变量 $x_1, x_2, \cdots, x_k$ 关系和误差项 e 的方程称为多元回归模型。其一般形式可表示为：

$$y = \beta_0 + \beta_1 x_1 + \beta_2 x_2 + \cdots + \beta_k x_k + e \qquad (9-8)$$

式中，$\beta_0, \beta_1, \beta_2, \cdots, \beta_k$ 是模型的参数，e 为残差。y 是 $x_1, x_2, \cdots, x_k$ 的线性函数加上残差。残差反映了除 $x_1, x_2, \cdots, x_k$ 与 y 的线性关系之外的随机因素对 y 的影响，是不能由 $x_1, x_2, \cdots, x_k$ 与 y 之间的线性关系所解释的变异性。残差是一个服从正态分布的随机变量，且相互独立。

多元回归方程描述了因变量 y 与自变量 $x_1, x_2, \cdots, x_k$ 之间的关系，多元回归方程的形式为：

$$y = \beta_0 + \beta_1 x_1 + \beta_2 x_2 + \cdots + \beta_k x_k \qquad (9-9)$$

其中，$\beta_0, \beta_1, \beta_2, \cdots, \beta_k$ 是方程的回归系数，指 x_k 对 y 的效应。例如 β_1 可解释为当 $\beta_2, \beta_3, \cdots, \beta_k$ 对应的自变量固定时，x_1 每变化一个单位，y 改变 β_1 个单位。回归方程中的参数 $\beta_0, \beta_1, \beta_2, \cdots, \beta_k$ 是未知的，同样需要根据最小二乘法计算获得，也就是使残差平方和最小。

$$\sum_{i=1}^{n} (y_i - \hat{y}_i)^2 = \sum_{i=1}^{n} (y_i - \beta_0 - \beta_1 x_1 - \cdots - \beta_k x_k)^2 \qquad (9-10)$$

其中，n 是样本数量，可以通过梯度下降算法或者利用线性代数建立方程组求解来获得回归方程参数 $\beta_0, \beta_1, \beta_2, \cdots, \beta_k$ 的值。

2. 自变量的交互作用

交互作用是指某一自变量对因变量的真实效应随着其他自变量水平的改变而改变，当某两个自变量同时作用的效应强度不等于其单独作用的效应强度之和，则称两个自变量间存在交互作用。多元线性回归主要关注每个自变量各自对因变量的影响，但如果某个自变量 x_1 与因变量 y 的关系受到第三个变量 x_2 的影响，如城镇化率与城市 GDP 的关联受到城市所处地区的影响，也就是说城市 GDP 对城镇化率的影响在不同地区存在差异，这种情况就需要用到交互作用分析。

如果想通过线性回归研究城市 GDP、城市所处地区对城镇化率的影响，不纳入交互作用的回归方程为：

$$y = \beta_0 + \beta_1 x_1 + \beta_2 x_2 \qquad (9-11)$$

其中，y 表示城镇化率，x_1 表示"城市 GDP"（定量变量），x_2 表示"城市所处地区"（二分类变量，"0"为内陆地区，"1"为沿海地区）。通过参数估计获得以上回归方程 x_1 和 x_2 的回归系数 β_1 和 β_2，即可定量地解释城市 GDP 和城市所处地区对城镇化率的影响大小。

但如果想要研究两个自变量如 x_1 和 x_2 的交互作用，通常的做法就是将两个变量相乘，即 $x_1 x_2$，然后把乘积项（也称为交互项）纳入到回归方程，如下：

$$y = \beta_0 + \beta_1 x_1 + \beta_2 x_2 + \beta_3 x_1 x_2 \qquad (9-12)$$

其中，$\beta_3 x_1 x_2$ 就代表方程的交互项。再对方程进行移项，可得：

$$y = \beta_0 + (\beta_1 + \beta_3 x_2) x_1 + \beta_2 x_2 \qquad (9-13)$$

移项后，x_1 的回归系数项包含了 x_2，这意味着 y 与 x_1 的关系同时也依赖于 x_2 的水平，y 与 x_1 的关系会随着 x_2 的不同水平发生改变。一般把 x_2 称为调节变量。对含有交互作用的回归方程系数的解读方法不同于一般多元线性回归方程。以调节变量为二分类变量为例(x_2表示"城市所处地区"),回归方程系数的解读思路就是分别让x_2等于 0 和 1。

令$x_2=0$,则有:

$$y=\beta_0+\beta_1 x_1 \tag{9-14}$$

表明对于内陆地区,当城市 GDP 增加一个单位时,城镇化率的变化量为β_1。

令$x_2=1$,则有:

$$y=\beta_0+(\beta_1+\beta_3)x_1+\beta_2 \tag{9-15}$$

表明对于沿海地区,当城市 GDP 增加一个单位时,城镇化率的变化量为$(\beta_1+\beta_3)$。由此可以知晓交互项的回归系数β_3的含义为 GDP 增加一个单位,内陆地区和沿海地区的城镇化率变化量的差值。

在构建多元线性回归模型时,一般纳入两个自变量之间的交互项,也有加入两个以上自变量之间的交互项。以下类型变量之间的交互作用都可以进行研究:① 数值变量与数值变量;② 数值变量与定序变量;③ 数值变量与二分类变量;④ 定序变量与定序变量;⑤ 定序变量与二分类变量;⑥ 二分类变量与二分类变量。因为数值变量与数值变量的交互作用在模型解释的时候较为抽象,可以考虑对其中一个数值变量或全部数值变量进行分层预处理,将其划分为不同的等级,将数值变量与数值变量的交互作用转变成数值变量与定序变量或者定序变量与定序变量的交互形式。

3. 多元线性回归建模要求

(1)因变量符合正态分布

建模前需要对因变量进行正态性检验,若不通过正态性检验,可尝试通过变量变换予以修正,常用的变量变换方法有对数变换、倒数变换、平方根变换、平方根反正弦变换等。

(2)自变量与因变量之间存在线性关系

自变量对因变量必须有显著的影响且呈密切的线性相关,因此需要对回归系数的显著性进行检验。如果因变量y与某个自变量x_k之间呈现出曲线趋势,可尝试通过变量变换予以修正,常用的变量变换方法有对数变换、倒数变换、平方根变换、平方根反正弦变换等。

(3)回归模型拟合良好

回归分析要求残差e服从正态分布$N(0,\sigma^2)$,其方差σ^2反映了回归模型的精度,σ^2越小,所得到回归模型预测y的精确度越高。因此需要对模型的拟合度进行评价,尽量提高用所得的回归模型预测的精确度。

(4)回归模型需要有理论意义

自变量与因变量之间的线性相关必须有实际意义,而非数值上的。因此需要对回归分析的结果进行理论解释。若明显与理论和实际相悖,模型无意义。

(5)各观测变量间相互独立

自变量之间应具有一定的互斥性,即自变量之间的相关程度不应高于自变量与因变量之间的相关程度。因此需要进行共线性诊断。

4. 多元线性回归模型评价方法

(1)回归系数的显著性检验

根据样本数据拟合回归方程时,实际上已经假定变量x与y之间存在着线性关

系，即

$$y = \beta_0 + \beta_1 x \tag{9-16}$$

而这些假设是否成立，需要通过检验才能证实。回归系数显著性检验的目的是剔除回归系数不显著的自变量，使模型更简洁。其基本逻辑是构造原假设 H_0：因变量与自变量之间没关系，即 $\beta_k = 0$，利用已知的样本信息计算检验的统计量 t，根据查 t 分布表计算得到这个统计量 t 的概率 p。如果概率 p 很低（0.05 以下），根据"小概率事件不可能发生"原理拒绝原假设，推断因变量和自变量之间存在显著线性关系，且系数为 β_k。换言之，若概率 p 大于 0.05，则接受原假设，回归系数不显著。

（2）回归线拟合优度评价

回归直线在一定程度上描述了 $x_1, x_2, \cdots, x_k$ 与 y 之间的数量关系，可将自变量 x_1，$x_2, \cdots, x_k$ 的取值代入回归方程来估计或预测因变量 y 的取值。但估计或预测的精度将取决于回归直线对观测数据的拟合程度。如果各观测数据都落在回归直线上，那么这条直线就是对数据的完全拟合，此时用 x 来估计 y 是没有误差的。各观测点越是紧密围绕直线，说明直线对观测数据的拟合程度越好，反之越差。回归直线与各观测点的接近程度称为回归直线对数据的拟合优度。回归直线拟合的好坏取决于回归直线解释的 y 的变差部分占总变差的比例大小，即回归平方和占总平方和的比例大小。

因变量 y 的取值波动称为变差。变差的产生来自两个方面：一是由自变量 x 的取值波动影响；二是除 x 以外的其他因素（如 x 对 y 的非线性影响、测量误差等）的影响。对于一个具体的观测值来说，变差的大小可以用实际观测值 y 与其均值 $\bar{y}$ 之差 $(y - \bar{y})$ 来表示。而 n 次观测值的总变差可由这些离差的平方和来表示，称为总平方和，记为 SST，即

$$\text{SST} = \sum_{i=1}^{n} (y_i - \bar{y})^2 \tag{9-17}$$

由回归直线解释的因变量的取值波动可以用回归值 $\hat{y}$ 与观测值的均值 $\bar{y}$ 之差 $(\hat{y} - \bar{y})$ 来表示，其平方和记为 SSR，即

$$\text{SSR} = \sum_{i=1}^{n} (\hat{y}_i - \bar{y})^2 \tag{9-18}$$

SSR 反映了 y 的总变差中由 x 和 y 之间的线性关系引起的 y 的变化部分。

各观测点越是靠近直线，SSR/SST 越大，直线拟合得越好。SSR/SST 也称为判定系数（coefficient of determination），记为 R^2，其计算公式为：

$$R^2 = \frac{\text{SSR}}{\text{SST}} \tag{9-19}$$

判定系数 R^2 测度了回归直线对观测数据的拟合程度。若所有的观测点都落在直线上，$R^2 = 1$；如果 y 的变化与 x 无关，x 完全不能解释 y 的变差，$R^2 = 0$。R 的取值范围为 $[0,1]$。R^2 越接近 1，表明回归平方和占总平方和的比例越大，回归直线与各观测点越接近，用 x 的变化来解释 y 值变差的部分就越多，回归直线拟合程度就越好；反之，R^2 越接近 0，回归直线的拟合程度就越差。

（3）多重共线性诊断与解决

多元回归模型的多个自变量之间可能会存在信息冗余，即这些自变量之间彼此相关。比如建立城市碳排放（自变量）与人口规模、GDP 总量、产业结构与建设用地规模的

回归方程,虽然这四个自变量对于解释和预测城市碳排放都有作用,但由于这四个自变量之间存在相关关系,在预测中就会提供重复的信息。

当回归模型中两个或两个以上的自变量彼此相关时,则称回归模型中存在多重共线性(multicollinearity)。多重共线性会导致计算的回归系数不稳定甚至混乱,即数据的微小变动会使回归系数的估计值发生很大变化。检测多重共线性的方法有多种,其中最简单的一种方法是计算模型中各对自变量之间的相关系数,并对各相关系数进行显著性检验。如果有一个或多个相关系数是显著的,就表示模型中所使用的自变量之间相关,存在多重共线性问题。也可以查看回归系数的正负号是否与理论框架相反,如果违背理论框架的假设,也可能存在多重共线性。除了上述两种方法外,还可根据容忍度(tolerance)和方差扩大因子(VIF)对模型的共线性问题进行诊断。某个自变量的容忍度等于 1 减去该自变量为因变量而其他 $k-1$ 个自变量为预测变量时所得到的线性回归模型的判定系数,即 $1-R_i^2$。容忍度越小,多重共线性越严重。认为容忍度小于 0.5 时,存在严重的多重共线性。方差扩大因子等于容忍度的倒数,即通常

$$\text{VIF} = \frac{1}{1-R_i^2} \tag{9-20}$$

VIF 越大,多重共线性问题越突出,超过 2 则认为有共线性问题,也有研究用 4 或 10 作为判断标准。

遇到多重共线性问题时需要在相关性高的变量间做出取舍。对所有自变量进行相关分析,如果发现某两个自变量的相关系数值大于 0.7,则根据研究目的移除掉一个自变量,然后再做回归分析,此时共线性问题会得到一定程度的解决。此方法是最直接且常用的方法。也可通过改变自变量的形式,例如取对数、加平方等解决多重共线性问题。第三种方法是利用逐步回归法来消除多重共线性、选取相对最优的回归模型。

5. 变量选择与模型调整优化

在建立线性回归模型时,研究人员总希望得到最优的模型,因而需要对自变量进行一定的筛选和组合。选择自变量的原则通常是对回归模型的统计量进行显著性检验。检验的根据是:将一个或多个自变量引入回归模型中时,是否使残差平方和(SSE)显著减少,即 R^2 是否增加。如果增加一个自变量使残差平方和显著减少,则说明有必要将这个自变量引入回归模型。变量选择的方法主要有:向前选择(forward selection)、向后剔除(backward elimination)、逐步回归(stepwise regression)等。

(1) 向前选择

第一步,拿现有的 k 个变量分别和 y 建立回归模型,最后会得到 k 个模型以及每个模型中变量对应的 F 统计量和其 p 值,然后从显著的模型中挑选出 F 统计量最大模型对应的自变量,将该自变量加入模型中。如果 k 个模型都不显著,则选择结束。

第二步,将第一步已经得到的显著性变量加入到终模型中。接下来再在已经加入一个变量的模型里继续分别加入剩下的变量,得到 $k-1$ 个回归模型,然后在这 $k-1$ 个模型里面挑选 F 值最大且显著的变量继续加入最终模型中。如果没有显著变量,则选择结束。

(2) 向后剔除

第一步,将所有的自变量都加入模型中,建立一个包含 k 个自变量的最终回归模型。

然后分别去掉每一个自变量以后得到 k 个包含 $k-1$ 个变量的模型,比较这 k 个模型,看去掉哪个变量以后让模型的残差平方和减少得最少,即影响最小的变量,就把这个变量从最终模型中删除。

第二步,在第一步已经删除了一个无用的变量的基础上,继续分别删除剩下的变量,把使模型残差平方和减少最小的自变量从最终模型中删除。

重复上面的两个步骤,直到删除一个自变量以后不会使残差显著减少为止。这个时候,留下来的变量就都是显著的。

(3) 逐步回归

逐步回归是向前选择和向后剔除两种方法的结合,是这两种方法的交叉进行,即一边选择,一边删除。逐步回归在每次往模型中增加变量时用的是向前选择,将 F 统计量最大的变量加入模型中,将变量加入模型中以后,针对目前模型中存在的所有变量进行向后剔除,一直循环选择和剔除的过程,直到最后增加变量不能够导致残差平方和变小为止。

6. 线性回归一般建模步骤

线性回归一般建模步骤与 9.1.3 节呼应。具体而言,线性回归建模时首先需明确研究问题,确定潜在的因变量和自变量;接下来需要通过随机抽样获取研究数据、建立数据库并对数据进行清理;通过散点图判断变量关系,观察因变量与自变量之间是否存在线性关系,并计算相关系数,将其作为模型中自变量选取的依据;参考研究目的、散点图和相关性分析结果尝试建立回归模型,估计回归系数;模型建立后需要对其进行检验,包括方程的拟合程度和变量显著性检验,根据检验结果进行模型的调整优化;还需对模型进行共线性诊断,若存在共线性问题,可考虑使用逐步回归方法进行自变量的筛选;最后确定最优的回归模型,利用该模型进行解释与预测。

9.3　R 语言线性回归模型应用:南京市建成环境对房价的影响分析

9.3.1　实验目的

2022 年 12 月的中央经济工作会议强调"要坚持房子是用来住的、不是用来炒的定位",支持刚性和改善性住房需求。那究竟购房者有哪些住房需求,又是哪些建成环境因素影响着房价呢? 本次实验以南京市建成环境对房价的影响分析为例,讲解使用 R 语言进行线性回归分析的编码操作。通过本实验可以熟悉运用线性回归模型研究城市与区域系统问题的基本方法。

本实验数据为"data06.csv",该数据库是 2010 年南京市房价与建成环境部分采样数据,包含房屋结构、社区周边特征和交通可达性三个维度共 13 个变量(表 9 - 3)。

表 9 - 3　变量说明

分组	变量名	统计内容	变量类型
—	ID	记录编号	连续
—	HPRICE1	房屋单价(单位:元/m²)	连续

分组	变量名	统计内容	变量类型
房屋结构	HSIZE	房屋面积(单位:m²)	连续
	HNBATHR	浴室数量(单位:个)	连续
	HFLOOR	楼层(单位:层)	连续
	BUILDY	建筑年代(单位:年)	连续
社区周边特征	RILAK	小区500 m范围内是否有玄武湖或秦淮河(0:否;1:有)	分类
	NSCDIS	是否为学区房(0:否;1:有)	分类
	NPARK	小区500 m范围内是否有公园(0:否;1:有)	分类
	URSUB	所在区域(0:长江以北郊区;1:主城区;2:长江以南郊区)	分类
交通可达性	D_PMSP	距最近地铁站的距离(单位:m)	连续
	D_PCBD	距最近CBD①的距离(单位:m)	连续
	D_PRAILS	距最近火车站/高铁站的距离(单位:m)	连续

注:① CBD指中央商务区。

9.3.2 实验步骤

1. 确定研究问题,确定潜在的因变量和自变量

依据9.2节的建模步骤,建立线性回归模型首先需要确定研究问题。土地出让收入和房地产税收是政府维系城市运转的重要经济来源。通过居住地块周边建成环境的完善使其保值增值是城市运营的主要手段之一。本实验选取房屋单价作为回归模型的因变量,用其表征城市土地的市场价值,通过对影响房价的建成环境因素进行回归分析,有助于进一步探索城市用地布局的优化路径。

表9-3中的社区周边特征和交通可达性作为自变量,表征建成环境因素。这些自变量的选择源于已有相关文献,它们都是在已有研究中被证明对房价有影响的重要因素。城市蓝绿空间对城市居住环境质量有明显改善作用,进而影响房价。将小区500 m范围内是否有玄武湖或秦淮河、小区500 m范围内是否有公园两个分类变量纳入模型。城市学区对房价有较为正向的影响,是否为学区房作为分类变量也纳入模型。城市不同地域范围因其地理条件、发展程度、规划定位不同,对房价有潜在影响。按南京市的地理格局将样本分为长江以北郊区、主城区、长江以南郊区,分别赋值为0、1、2,作为分类变量纳入模型。交通便捷程度影响居民出行质量,进而对房价产生重要影响。对交通便捷程度的度量包含到市中心可达性、公交便捷度和对外交通便捷度三个方面,分别用距最近地铁站的距离、距最近CBD的距离、距最近火车站/高铁站的距离表征。

虽然本实验的研究目的是分析影响房价的建成环境因素,但是房屋本身属性(房屋结构)也是影响房价的重要维度,可作为控制变量(也就是其他自变量)纳入模型。房屋面积过小、楼层过高或过低、房屋老旧等特征都会影响居民的居住舒适度,从而对房价产生消极影响。因此选取房屋面积、浴室数量、楼层、建筑年代四个变量作为控制变量纳入模型。

需要指出,自变量和因变量的选择根据研究目的而定,并不唯一。

2. 进行数据库导入与数据预处理

(1) 导入数据

利用 setwd() 函数设置 R 的工作路径，再通过 read. csv() 函数读取数据库。

```
# 导入数据
setwd("D:/R/handbook/homework06")
data< - read.csv("./data06.csv",header= TRUE, sep= ",")
```

(2) 进行数据预处理

数据质量是定量分析的生命线。在进行数据分析前需要对其质量进行审查，主要包括异常值与缺失值判别处理、数据类型核验等。由于研究变量涉及连续型变量和分类变量两种类型，R 会对导入的数据进行变量类型自动识别，但常常会将分类变量识别为数值型变量，故利用 str() 函数对其数据结构进行检验。

```
# 检查数据结构
str(data)
```

输出结果如下所示：

```
> str(data)
'data.frame':5000 obs. of 13 variables:
$ ID      :  int 2 3 4 5 6 7 8 12 13 16 ...
$ HPRICE1 :  int 11360 9570 10480 11660 13390 13710 13030 11130 10320 13750 ...
$ HSIZE   :  num 80 108 108 108.2 48.4 ...
$ HNBATHR :  int 2 1 1 2 1 1 1 1 1 1 ...
$ HFLOOR  :  int 6 11 11 10 6 4 6 4 4 3 ...
$ BUILDY  :  int 2000 2003 2005 2006 1988 1988 1992 1994 1996 2005 ...
$ RILAK   :  int 0 0 0 0 0 0 0 1 0 0 ...
$ NSCDIS  :  int 0 0 0 0 1 1 1 0 0 0 ...
$ NPARK   :  int 0 0 0 0 0 0 0 0 0 0 ...
$ URSUB   :  int 1 1 1 1 1 1 1 1 1 1 ...
$ D_PMSP  :  num 2365 1727 1739 1741 835 ...
$ D_PCBD  :  int 1291 1357 1366 1364 637 627 645 1400 1381 1497 ...
$ D_PRAILS:  num 1537 1671 1680 1677 1368 ...
```

可以发现 RILAK、NSCDIS、NPARK、URSUB 四个变量在 R 中被识别为连续型变量，而实际上它们为分类变量，因此需要对这四个变量进行类型转换。

利用 as. factor() 函数将 RILAK、NSCDIS、NPARK、URSUB 四个数值型变量转变为分类变量。

```
# 将数值型变量转为分类变量
data$ RILAKnew< - as.factor(data$ RILAK)
data$ NSCDISnew< - as.factor(data$ NSCDIS)
data$ NPARKnew< - as.factor(data$ NPARK)
data$ URSUBnew< - as.factor(data$ URSUB)
```

(3) 进行因变量正态性检验

使用 shapiro. test() 函数对因变量房屋单价 HPRICE1 进行正态性检验，该检验原假设为：变量服从正态分布。

```
# 进行因变量正态性检验
shapiro.test(data$ HPRICE1)
```

检验结果表明 p 值小于 0.05，拒绝原假设，故因变量 HPRICE1 不服从正态分布，不满足构建线性回归模型的前提条件。

```
> shapiro.test(data$ HPRICE1)
    Shapiro- Wilk normality test
data: data$ HPRICE1
W = 0.95495, p- value <  2.2e- 16
```

选择对因变量进行取对数变换。再次对因变量 log(HPRICE1)进行正态性检验。

```
# 进行因变量正态性检验
shapiro.test(log(data$ HPRICE1))
```

检验结果表明 p 值大于 0.05。接受原假设,因变量 log(HPRICE1)服从正态分布,可以进行线性回归建模。

```
> shapiro.test(log(data$ HPRICE1))
    Shapiro- Wilk normality test
data: log(data$ HPRICE1)
W = 0.99964, p- value = 0.5272
```

3. 通过散点图判断变量关系

散点图及其拟合线的绘制可以作为判断自变量与因变量关系的重要参考。在构建回归模型前,需要绘制散点图来进行自变量的选取以及处理。

(1) 绘制单个散点图查看单个自变量与因变量关系

利用 plot()函数绘制自变量和因变量之间的散点图,再利用 lm()函数拟合变量间的回归方程,通过 abline()函数在散点图上添加两个变量回归拟合的直线。

```
# 绘制散点图
plot(data$ HSIZE,data$ HPRICE1)
fitline < - lm(data$ HPRICE1 ~ data$ HSIZE)
abline(fitline)
```

通过绘制房屋面积与房屋单价的散点图可以发现两者呈正向线性关系,即房屋单价随着房屋面积的增大而增大(图 9-4)。

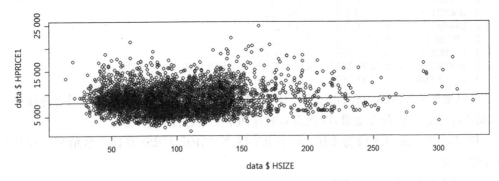

图 9-4　房屋单价与房屋面积散点图绘制

(2) 绘制散点图阵,同时查看多个自变量与因变量关系

在实际研究中自变量往往不止一个。可以通过散点图阵的绘制方便直观的呈现多个自变量与因变量的关系。本研究选取 D_PMSP、D_PCBD、D_PRAILS 这三个连续型自变量与因变量进行散点图阵绘制(图 9-5)。

```
# 绘制散点图阵
plot(data[,c(2,11:13)],main= "pairwise comparison")
```

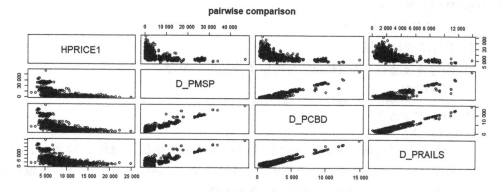

图 9 - 5　散点图阵绘制

可以发现这三个自变量与因变量呈对数关系，而多元线性回归建模要求自变量与因变量呈线性关系，所以对这三个连续型自变量和因变量进行对数处理。代码如下：

```
# 绘制散点图阵（对变量取对数后）
plot(log(data[,c(2,11:13)]),main= "pairwise comparison (log)")
```

经过取对数处理后，绘制这三个连续型自变量与因变量的散点图，可以发现变量间呈线性关系，适合进行线性回归分析（图 9 - 6）。

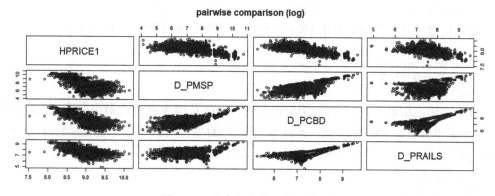

图 9 - 6　散点图阵绘制（取对数后）

4. 计算相关系数

计算因变量和自变量之间、自变量与自变量之间的相关系数是进行自变量选取的重要依据，主要通过 cor( )函数来实现。

```
# 计算相关系数
cor(data[,c(2,11:13)])
```

相关系数输出结果如下：

```
> cor(data[,c(2,11:13)])
           HPRICE1       D_PMSP        D_PCBD        D_PRAILS
HPRICE1    1.0000000    - 0.5236902   - 0.6082167   - 0.5104446
D_PMSP     - 0.5236902   1.0000000     0.9316589     0.7987509
D_PCBD     - 0.6082167   0.9316589     1.0000000     0.9166992
D_PRAILS   - 0.5104446   0.7987509     0.9166992     1.0000000
```

可以发现，D_PMSP、D_PCBD、D_PRAILS 这三个连续型自变量与因变量存在着较高的负相关性，且这三个自变量之间也存在着较高的相关性。如果将这三个自变量同时放进多元线性回归模型中可能会出现多重共线性问题，在后续多元回归模型建立中要进行多重共线性诊断。

5. 建立回归方程并解释

(1) 进行单变量回归分析

尝试构建连续型自变量 HSIZE 与房屋单价的回归模型,代码如下:

```
# 建立回归模型
model1< - lm(HPRICE1~ HSIZE,data= data)
# 输出展示模型结果
summary(model1)
```

其模型输出结果可解释为:房屋面积每增加 1 m^2,房屋单价增加约 5.53 元。p 值小于 0.05,说明自变量对因变量有显著影响,且最终模型 Adjusted R^2 = 0.006 67,说明用该自变量可解释因变量变差的 0.667%,解释力度微弱。

```
> summary(model1)
Coefficients:
              Estimate      Std.Error      t value       Pr(> |t|)
(Intercept)  7944.1053      98.9600        80.276        < 2e- 16 * * *
HSIZE        5.5346         0.9409         5.882         4.31e- 09 * * *
- - -
Signif. codes: 0 '* * * ' 0.001 '* * ' 0.01 '* ' 0.05 '.' 0.1 ' ' 1

Residual standard error: 2604 on 4998 degrees of freedom
Multiple R- squared: 0.006876,Adjusted R- squared: 0.006677
F- statistic: 34.6 on 1 and 4998 DF, p- value: 4.305e- 09
```

尝试构建二分类自变量 RILAKnew 与房屋单价的回归模型,代码如下:

```
# 建立回归模型
model2< - lm(HPRICE1~ RILAKnew,data= data)
# 输出展示模型结果
summary(model2)
```

其模型输出结果可解释为:房子所在小区 500 m 范围内有玄武湖或秦淮河比没有的房子,房屋单价增加 1 660.22 元。p 值小于 0.05,自变量对因变量有显著影响,且最终模型 Adjusted R^2 = 0.027 07,说明用该自变量可解释因变量变差的 2.7%。

```
> summary(model2)
Coefficients:
              Estimate      Std.Error      t value       Pr(> |t|)
(Intercept)  8363.57        37.85          221.00        < 2e- 16 * * *
RILAKnew1    1660.22        140.26         11.84         < 2e- 16 * * *
- - -
Signif. codes: 0 '* * * ' 0.001 '* * ' 0.01 '* ' 0.05 '.' 0.1 ' ' 1

Residual standard error: 2577 on 4998 degrees of freedom
Multiple R- squared: 0.02727,Adjusted R- squared: 0.02707
F- statistic: 140.1 on 1 and 4998 DF, p- value: < 2.2e- 16
```

尝试构建多分类自变量 URSUBnew 与房屋单价的回归模型,代码如下:

```
# 建立回归模型
model3< - lm(HPRICE1~ URSUBnew,data= data)
# 输出展示模型结果
summary(model3)
```

其模型输出结果可解释为:主城区的房屋单价比长江以北郊区的房屋单价平均高 3 438.98元,p 值小于 0.05,其有统计学显著意义;长江以南郊区的房屋单价长江以北郊区的房屋单价平均低 22.96 元,但 p 值大于 0.05,说明这个影响并不显著;用自变量可解释因变量变差的 43.34%。

```
> summary(model3)
Coefficients:
             Estimate    Std. Error    t value      Pr(> |t|)
(Intercept)  6666.50     48.81         136.573      < 2e- 16 * *
URSUBnew1    3438.98     61.99         55.474       < 2e- 16 * *
URSUBnew2    - 22.96     87.68         - 0.262      0.793
- - -
Signif. codes: 0 '* * * ' 0.001 '* * ' 0.01 '* ' 0.05 '.' 0.1 ' ' 1

Residual standard error: 1966 on 4997 degrees of freedom
Multiple R- squared: 0.4336,Adjusted R- squared: 0.4334
F- statistic: 1913 on 2 and 4997 DF, p- value: < 2.2e- 16
```

（2）进行多变量回归分析

尝试构建交通可达性（D_PMSP、D_PCBD、D_PRAILS）与房屋单价的双对数回归模型，代码如下：

```
# 建立多元回归模型
model4< - lm(log(HPRICE1)~ log(D_PMSP)+ log(D_PCBD)+
        log(D_PRAILS),data= data)
# 输出展示模型结果
summary(model4)
```

其模型输出结果可解释为：离地铁站距离每增加 1%，房屋单价减少约 0.042%；离 CBD 距离每增加 1%，房屋单价减少约 0.228%；离最近高铁站/火车站距离每增加 1%，房屋单价减少约 0.027%；每个自变量对因变量的影响都较为显著，用自变量可解释因变量变差的 54.67%。

```
> summary(model4)
Coefficients:
               Estimate    Std. Error    t value      Pr(> |t|)
(Intercept)    11.218797   0.038533      291.146      < 2e- 16 * *
log(D_PMSP)    - 0.041691  0.003837      - 10.866     < 2e- 16 * *
log(D_PCBD)    - 0.227705  0.008254      - 27.586     < 2e- 16 * *
log(D_PRAILS)  - 0.026630  0.007753      - 3.435      0.000598 * *
- - -
Signif. codes: 0 '* * * ' 0.001 '* * ' 0.01 '* ' 0.05 '.' 0.1 ' ' 1

Residual standard error: 0.2026 on 4996 degrees of freedom
Multiple R- squared: 0.547,Adjusted R- squared: 0.5467
F- statistic: 2011 on 3 and 4996 DF, p- value: < 2.2e- 16
```

（3）标准化回归系数，比较自变量的相对重要程度

由于自变量原始量纲不同，模型的回归系数不能用于比较变量的重要程度大小。可通过 scale()函数对变量标准化，得到标准化回归系数，将其用于比较自变量影响因变量的相对重要程度。

```
# 回归系数标准化
model4new< - lm(scale(log(HPRICE1))~ scale(log(D_PMSP))+
          scale(log(D_PCBD))+ scale(log(D_PRAILS)),data= data)
summary(model4new)
```

输出结果显示三个自变量对房价影响的相对重要程度：D_PCBD＞D_PRAILS＞D_PMSP。

```
> summary(model4new)
Coefficients:
                    Estimate     Std. Error    t value    Pr(> |t|)
(Intercept)         2.788e- 15   9.521e- 03    0.000      1.000000
scale(log(D_PMSP))  - 1.679e- 01  1.545e- 02    - 10.866   < 2e- 16 * * *
```

```
scale(log(D_PCBD))    - 5.647e- 01   2.047e- 02     - 27.586     < 2e- 16 * * *
scale(log(D_PRAILS)) - 5.077e- 02   1.478e- 02     - 3.435      0.000598 * * *
- - -
Signif. codes: 0 '* * * ' 0.001 '* * ' 0.01 '* ' 0.05 '.' 0.1 ' ' 1

Residual standard error: 0.6733 on 4996 degrees of freedom
Multiple R- squared: 0.547,Adjusted R- squared: 0.5467
F- statistic: 2011 on 3 and 4996 DF, p- value: < 2.2e- 16
```

(4) 初步建立多元回归模型

根据研究目的和相关性分析结果,选取 RILAKnew、NSCDISnew、NPARKnew、UR-SUBnew、log(D_PMSP)、log(D_PCBD)、log(D_PRAILS)这 7 个自变量来初步构建多元线性回归模型。

```
# 初步建立多元回归模型
model5< - lm(log(HPRICE1) ~ RILAKnew+ NSCDISnew+ NPARKnew+ URSUBnew+ log(D_PMSP)
    + log(D_PCBD)+ log(D_PRAILS),data= data)
summary(model5)
```

输出结果显示用自变量可解释因变量变差的 60.32%。模型中的 NSCDISnew1、URSUBnew2、log(D_PRAILS)自变量对因变量的影响并不显著,后续模型优化中可考虑结合研究目的和共线性诊断进行筛选与剔除。

```
> summary(model5)
Coefficients:
                  Estimate        Std. Error       t value       Pr(> |t|)
(Intercept)      10.1252308       0.0569901        177.666       < 2e- 16 * * *
RILAKnew1         0.0375930       0.0108647          3.460       0.000544 * * *
NSCDISnew1        0.0097540       0.0125372          0.778       0.436604
NPARKnew1         0.0536708       0.0087330          6.146       8.58e- 10 * * *
URSUBnew1         0.2212367       0.0093094         23.765       < 2e- 16 * * *
URSUBnew2         0.0002675       0.0084547          0.032       0.974761
log(D_PMSP)      - 0.0611927      0.0038672        - 15.824      < 2e- 16 * * *
log(D_PCBD)      - 0.0947008      0.0097741         - 9.689      < 2e- 16 * * *
log(D_PRAILS)    - 0.0108017      0.0074251         - 1.455      0.145798
- - -
Signif. codes: 0 '* * * ' 0.001 '* * ' 0.01 '* ' 0.05 '.' 0.1 ' ' 1

Residual standard error: 0.1896 on 4991 degrees of freedom
Multiple R- squared: 0.6039,Adjusted R- squared: 0.6032
F- statistic: 951 on 8 and 4991 DF, p- value: < 2.2e- 16
```

6. 进行多重共线性诊断

多元线性回归模型经常发生多重共线性问题,故需要对其共线性问题进行诊断。可以通过 vif()函数来进行多重共线性的诊断,在使用函数前需要首先安装并调用 car 包。

```
# 安装 car 包
install.packages("car")
# 调用 car 包
library(car)
# 进行多元回归模型的共线性诊断
vif(model5)
```

通过 GVIF 值判断 model5 存在一定的共线性问题,需要对七个变量进行取舍,可以选择将共线性最高的自变量剔除出模型,或者通过逐步回归方法来进行模型优化以消除模型的多重共线性问题。

```
> vif(model5)
                  GVIF          Df          GVIF^(1/(2* Df))
RILAKnew         1.108694       1           1.052946
```

```
NSCDISnew     1.125075    1    1.060695
NPARKnew      1.073510    1    1.036103
URSUBnew      2.747398    2    1.287450
log(D_PMSP)   3.054177    1    1.747620
log(D_PCBD)   7.402536    1    2.720760
log(D_PRAILS) 2.524518    1    1.588873
```

7. 进行模型调整优化与最优模型选取

模型的优化要同时考虑研究目的，R^2 的提高、回归系数的显著性、模型的多重共线性问题等因素。因而需要不断地对模型进行调整和检验以获得最优模型。逐步回归是进行模型调整优化的常用方法，可以通过 step() 函数来实现。

```
# 利用逐步回归进行模型调整优化
model6< - step(model5)
summary(model6)
```

通过逐步回归剔除了是否为学区房（NSCDISnew1）、与最近火车站/高铁站的距离 [log(D_PRAILS)] 这两个自变量，用自变量可解释因变量变差的 60.32%。再对模型 6 进行多重共线性诊断，发现其共线性问题有所缓解。因研究目的的需要，认为这 5 个变量是研究建成环境与房价关系的核心变量，故不再对自变量剔除与修改，将模型 6 作为最优模型。

需要说明，本节展示运用 R 语言建立线性回归最优模型的探索过程。读者在实际的编码中，可能建立与模型 6 不同的最优模型。最优模型的确立因人而异，并没有标准答案。

```
> summary(model6)
Coefficients:
              Estimate    Std. Error   t value    Pr(> |t|)
(Intercept)   10.0924585  0.0493859    204.359    < 2e- 16 * * *
RILAKnew1      0.0346060  0.0106953      3.236    0.00122 * *
NPARKnew1      0.0528237  0.0087062      6.067    1.4e- 09 * * *
URSUBnew1      0.2229005  0.0092391     24.126    < 2e- 16 * * *
URSUBnew2      0.0003504  0.0084548      0.041    0.96694
log(D_PMSP)   - 0.0598632  0.0037709    - 15.875   < 2e- 16 * * *
log(D_PCBD)   - 0.1027959  0.0082967    - 12.390   < 2e- 16 * * *
- - -
Signif. codes: 0 '* * * ' 0.001 '* * ' 0.01 '* ' 0.05 '.' 0.1 ' ' 1

Residual standard error: 0.1896 on 4993 degrees of freedom
Multiple R- squared: 0.6037,Adjusted R- squared: 0.6032
F- statistic: 1267 on 6 and 4993 DF, p- value: < 2.2e- 16
```

8. 分析交互作用

最后简单展示运用 R 语言在多元线性回归中加入交互作用的编码过程。

（1）提出研究问题

不同区域（主城区和郊区）房屋的不同楼层对房屋单价有不同的影响。此模型涉及一个因变量（HPRICE）两个自变量（HFLOOR 和 URSUBnew），同时需要加入 HFLOOR 和 URSUBnew 的交互作用项。

（2）将所在区域变量转变为二分类自变量（0：郊区；1：主城区）

对 URSUBnew 变量进行重编码，将原先的变量分类（0：长江以北郊区；1：主城区；2：长江以南郊区）转变为二分类变量（0：郊区；1：主城区），即将 URSUBnew 中的"2"重编码为"0"。

```
# 将所在区域变量改为二分类变量
data$ URSUBnew[data$ URSUBnew = = "2"] < - "0"
```

（3）构建包含交互项的多元回归模型

对交互作用的分析可以直接采用多元线性回归的建模编码，需要在基础模型中加入交互项，用 HFLOOR:URSUBnew 表示。

```
# 利用逐步回归进行模型优化调整
model7< - lm(log(HPRICE1) ~ HFLOOR+ URSUBnew+ HFLOOR:URSUBnew,data= data)
summary(model7)
```

模型输出结果表明：楼层和所在区域对房屋单价影响都较为显著，具有正向影响；楼层和所在区域对房屋单价的交互作用经统计检验也较为显著，交互项系数为 0.002 7。其含义可解释为楼层每增加 1 层时，主城区和郊区房屋单价增幅的差值为 0.27%，即楼层越高，主城区房屋单价增加的幅度大于郊区。

```
Call:
lm(formula =  log(HPRICE1) ~  HFLOOR +  URSUBnew +  HFLOOR:URSUBnew, data =  data)

Residuals:
Min        1Q        Median     3Q        Max
- 1.29122  - 0.14750 - 0.00473   0.13400   0.88995

Coefficients:
                  Estimate    Std. Error    t value     Pr(> |t|)
(Intercept)       8.7599977   0.0068333     1281.952    < 2e- 16 * * *
HFLOOR            0.0036106   0.0009288     3.887       0.000103 * * *
URSUBnew1         0.3968601   0.0092792     42.769      < 2e- 16 * * *
HFLOOR:URSUBnew1  0.0027077   0.0011889     2.278       0.022796 *
- - -
Signif. codes: 0 '* * * ' 0.001 '* * ' 0.01 '* ' 0.05 '.' 0.1 ' ' 1

Residual standard error: 0.2158 on 4996 degrees of freedom
Multiple R- squared: 0.4863,Adjusted R- squared: 0.4859
F- statistic: 1576 on 3 and 4996 DF, p- value: < 2.2e- 16
```

9.3.3　线性回归常见问题解答

1. 为什么对因变量和自变量取对数

构建线性回归模型的前提是因变量需服从正态分布，有不少初学者缺少对于因变量正态分布的检验。当因变量不满足正态分布时，可尝试对因变量进行对数变形，使其服从正态分布从而满足建模要求。此外，自变量和因变量满足线性关系同样是线性回归建模的前提，可通过散点图来判断其是否存在线性关系。例如本实验中因变量和一些自变量的线性关系较弱，可考虑对因变量和自变量进行数学变换（如取对数），增强其线性关系。

2. 怎么解释取对数后的回归系数

对自变量或因变量进行取对数处理，可能出现双对数回归方程和半对数回归方程等形式。这些方程的回归系数解释与传统线性回归系数解释有所差异。读者可参考 9.2.2 节中模型系数的解释方法。

3. 若自变量对因变量的影响不显著,如何优化模型

在线性回归模型构建后，若发现某些自变量对因变量的影响并不显著，可先进行模型的共线性诊断，辅助以逐步回归方法作为模型调整的依据。如果自变量不是研究假设

中的重要因子,可考虑将其从模型中剔除,从而优化模型的拟合度。但若该自变量是研究假设的重要因子,可将其保留在模型中,并解释自变量不显著的潜在原因,回应研究假设。总之,变量筛选与模型优化需要理论基础与统计方法相结合,两者相辅相成,夯实的城市与区域系统相关理论基础必不可少。

9.4 线性回归的应用场景举例

9.4.1 城市与区域发展差异的影响因素提取

线性回归模型可用于解释城市与区域发展差异问题,识别城市发展差异的关键驱动因素。例如,用人均GDP、城镇化率等指标来表征城市发展水平,然后选取生产要素投入、集聚因素、地理位置、全球化程度、城市规模、产业结构等多变量来解释城市人均GDP(城镇化率)的差异产生的原因。解析城市与区域发展差异的影响因素,有助于在宏观层面优化资源配置,促进区域协调发展。

9.4.2 用地布局对居民碳排放的影响机理分析

降低碳排放是实现双碳目标、应对气候危机的重要举措。用地布局会通过影响居民的日常行为活动而对居民的碳排放产生影响。因而可以通过多元回归模型来探索居民碳排放和用地布局的耦合关系。例如,通过对一定数量的街区进行实地走访调查,收集计算用地布局相关的指标,在各个街区对居民进行问卷发放以获得居民碳排放数据。用地布局指标可以从建筑布局、土地利用、城市道路、基础设施四个方面进行选取,包括布局形式、建筑高度、建筑朝向、容积率、建筑密度、用地混合度、绿地率、路网密度、交叉口密度、公交线路数、地铁数量、公共服务设施数量等变量。研究用地布局与居民碳排放之间的关系,有助于形成双碳目标下的城市街区更新规划支持方法。

9.4.3 公园绿地特征与居民满意度的关系分析

公园绿地是服务于居民的公共场所,高品质的公园绿地能提升居民的生活质量。公园绿地的规划设计管理对于居民满意度具有重要影响。可以通过多元回归模型来探索公园绿地特征和居民满意度的关系。例如,对一定数量的公园绿地进行实地走访调查,收集计算表征公园绿地质量的相关指标,在采样公园对居民进行问卷发放以获得居民对该公园的满意度。用地布局指标可以从自然环境、人文环境、配套设施、管理服务、设计因素五个方面进行选取,包括空气清新度、水质清洁度、地域文化、地域特色、建筑面积大小、憩息场所布置、观览及健身设施配套、卫生维护质量、配套设施运行管理、绿地管理保护、绿地率、水域覆盖率、地理位置、交通便捷度等变量。研究公园绿地特征与居民满意度之间的关系,有助于规划师把握影响居民满意度的关键规划设计要素,使公园绿地在空间布局、形态设计、设施配套及后续管理运营等方面能够获得科学支撑,提高公园绿地的使用率和居民满意度。

第10章 实验七:理解城市与区域系统分类问题的逻辑回归模型

城市与区域系统涉及多尺度分类问题,包括宏观尺度的城市与区域类型差异解析、微观尺度的居民居住选择、出行选择、消费选择影响机制分析等,这些研究问题都可通过逻辑回归模型进行解析。本章分别介绍二元逻辑回归、多分类逻辑回归、有序逻辑回归的建模原理,然后以建成环境对居民交通出行的影响分析为例,展示应用 R 语言进行逻辑回归建模的编码过程,最后探讨逻辑回归的应用场景。

10.1 二元逻辑回归模型原理

10.1.1 逻辑回归定义

1. 逻辑回归概述

逻辑回归(logistic regression)又叫对数几率回归,利用对数几率方程对一个或多个自变量和一个因变量之间的关系进行建模。其中,因变量为分类变量,而自变量可以是连续变量或分类变量。逻辑回归模型常用于机器学习领域,如在疾病诊断、人群流动预测、消费者画像绘制等方面都有广泛应用。

2. 逻辑回归类型

根据因变量的特征可将逻辑回归分为三种类型(表10-1)。当因变量为二分类变量时称为二元逻辑回归,如因变量为是否选择公共交通出行(是/否);当因变量为多分类变量(>2个类别)且类别之间无法进行程度或者大小对比时称为多元逻辑回归,如因变量为多种交通出行方式(步行、自行车、机动车、公交等);当因变量是多分类变量且类别之间可以对比程度大小(有序定类数据)时称为有序逻辑回归,如因变量为居民幸福感(不幸福,比较幸福,很幸福)。

表 10-1 逻辑回归类型分类

逻辑回归类型	特点
二元逻辑回归	因变量为二分类变量
多元逻辑回归	因变量为多分类变量(>2个类别)且类别之间无法对比程度大小
有序逻辑回归	因变量为多分类变量(>2个类别)且类别之间可以对比程度大小

3. 逻辑回归用途

(1) 解释因变量和自变量的关系,寻找影响因变量的主要因素

从一组城市与区域样本数据出发,通过逻辑回归建模确定对数几率方程,即因变量

和自变量之间的数学关系式。利用所求的关系式及其参数,解释自变量与因变量之间的关系。诸如将居民的上班通勤出行方式(多分类变量)作为因变量,探索影响其上班通勤出行方式的主要因素。

(2)预测某事件发生的概率

从一组城市与区域样本数据出发,通过逻辑回归建模确定因变量和自变量之间的数学关系式,根据一个或几个自变量的取值来估计或预测某一事件发生的概率(因变量的不同取值代表不同的事件,如在以交通出行方式为因变量的建模分析中,步行通行为事件 1,骑行出行为事件 2,等等),并给出这种估计或预测的可靠程度。

(3)判断某个新样本可能所属的类别

逻辑回归是机器学习的基础算法。可基于对事件发生概率的计算,判断某个新样本可能所属的类别,往往将发生概率最高的事件(类别)作为新样本的类别。如在以交通出行方式为因变量的建模中,确立了各事件(步行出行、骑行出行、机动车出行等)发生概率和自变量(居民年龄、性别、家庭收入、是否有汽车等)的数学关系。当给定一个新样本(并不知道其交通出行方式),可根据其年龄、性别、家庭收入、是否有汽车等属性来计算居民选择各交通出行方式的概率,将发生概率最高的类别作为该居民的交通出行方式。

10.1.2 二元逻辑回归模型

1. 回归方程的建立

图 10-1 为二分类因变量 Y(取值为 0 和 1)和自变量 X 的散点图,纵坐标 Y 只能取值 0 或 1,横坐标 X 的取值不受限制 $(-\infty, +\infty)$。这种情况下,线性回归拟合的方法不适用,因为线性回归因变量的取值为 $(-\infty, +\infty)$。对于二分类因变量理想的拟合方程如下:

$$y = \begin{cases} 0, & x < 0 \\ 0.5, & x = 0 \\ 1, & x > 0 \end{cases} \tag{10-1}$$

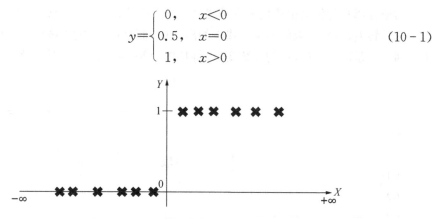

图 10-1 二分类因变量样本散点图

实际上二元逻辑回归的自变量往往不止一个 $(x_1, x_2, \cdots, x_n)$,多个自变量共同影响因变量的取值。令 z 为自变量的线性组合:

$$z = \beta_1 x_1 + \beta_2 x_2 + \cdots + \beta_n x_n + \beta_0 \tag{10-2}$$

理论上存在一个阈值 h 使得因变量取值为 $0 (y=0)$ 的样本和因变量取值为 $1 (y=1)$ 的样本最大程度分散在 $z=h$ 两侧(图 10-2)。

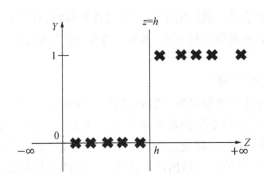

图 10-2　分类阈值示意

在模型拟合中阈值 h 可能取任何值,一般取阈值 h 为 0,故在多自变量情况下,二分类因变量理想的拟合方程就是:

$$y=\begin{cases} 0, & z<0 \\ 0.5, & z=0 \\ 1, & z>0 \end{cases} \qquad (10-3)$$

此拟合方程(单位跃迁函数)的意义是:当自变量组合 z 大于 0 时,因变量取值为 1(发生事件 A),当自变量组合 z 小于 0 时因变量取值为 0(不发生事件 A)。z 为自变量的线性组合[式(10-2),下同]。此单位跃迁函数不连续可微,需要构造新的函数作为逻辑回归的基础,使新的函数能够在连续可微的前提下尽可能地接近单位跃迁函数。可构建 logistic 函数如下:

$$y=\frac{1}{1+e^{-z}} \qquad (10-4)$$

图 10-3 展示出 logistic 函数是一个"S"形的曲线,y 的取值范围在 0～1 之间,在远离 0 的地方函数的值会很快接近 0 或者 1。logistic 函数完成了原单位跃迁函数从离散到连续的转变,纵坐标取值不是 0 或 1 的离散值,而是(0,1)的连续值。所以需要从样本里找到一个是取值为(0,1)的连续变量,将其作为 logistic 函数的因变量。

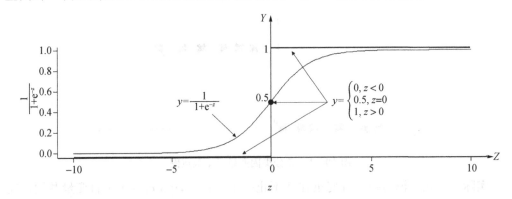

图 10-3　logistic 函数图像

记事件 A 发生($Y=1$)的概率为 p,p 取值为(0,1),可以将 p 作为新的因变量 y,替代原有的二分类因变量。于是有:

$$y = p = P(Y=1 \mid z) = \frac{1}{1+e^{-z}} \tag{10-5}$$

这个函数计算的是在给定 x 和 β 的条件下，$Y=1$（事件 A 发生）的概率。当因变量为事件发生概率时，logistic 函数的意义是：事件 A 发生的概率随着自变量组合 z 的增大而提高，当 z 趋近于负无穷时，事件 A 发生的概率趋近于 0，当 z 趋近于正无穷时，事件 A 发生的概率趋近于 1。

通过对上式进行对数变换，写成接近线性回归方程的形式，即为二元逻辑回归方程，也叫做对数几率方程：

$$\ln \frac{p}{1-p} = z \tag{10-6}$$

也就是：

$$\ln \frac{p}{1-p} = \beta_1 x_1 + \beta_2 x_2 + \cdots + \beta_n x_n + \beta_0 \tag{10-7}$$

2. 回归方程的解释

对数几率方程左侧为对数几率 log(odds)，右侧为自变量的线性组合。几率(odds)指某事件发生的可能性（概率）与不发生的可能性（概率）之比。对数几率方程形似线性回归方程，可参考线性回归方程的解释方法来解释对数几率方程自变量和因变量的关系。由于对数几率方程的因变量不是常规的连续变量，而是对数发生比 $\ln \frac{p}{1-p}$，每个自变量回归系数的意义就是该自变量对 $\ln \frac{p}{1-p}$ 的作用，可以解释为自变量变化一个单位所导致的对数几率的变化。对数几率方程的系数如果是正值，意味着在控制其他自变量的条件下，对数几率随对应自变量值增加而增加。相反，系数如果为负值，意味着对数几率随对应自变量的增加而减少。

因为对数发生比较为抽象，解释的直观意义不强，所以在逻辑回归方程的实际解释中，不是直接解释对数几率本身，而是将对数几率方程进行转换，对两侧取自然指数。这样方程左侧变成几率(odds)，方程右侧 x_i 的回归系数便转换为 e_i^β。下面对两个基本概念几率(odds)和发生比率(odds ratio)进行详细说明。

几率(odds)是某事件发生的可能性（概率）与不发生的可能性（概率）之比；odds 越大，表示事件发生的概率越大，不发生的概率越小。如果一个事件发生的概率为 0.8，那么该事件不发生的概率即为 0.2，发生比便等于 0.8/0.2＝4，这表示事件发生的可能性是不发生可能性的 4 倍。odds 在逻辑回归方程中常用于解释连续自变量。

$$odds = \frac{p}{1-p} \tag{10-8}$$

对于分类自变量，比较两个事件发生比(odds)的适当方法是通过除法得到发生比率(odds ratio)。通常将分类自变量其中一个事件作为参照组，另外一个事件作为实验组。发生比率即为实验组的事件发生几率(odds1)/参照组的事件发生几率(odds2)。发生比率是一个相对值。

$$odds\ ratio = \frac{odds1}{odds2} \tag{10-9}$$

假设抽样调查1 000位市民对于城市某中心公园的满意度（满意/不满意），其中500位女性，500位男性。女性里有450位对公园满意，男性里有400位对公园满意。因此市民对公园满意的发生比（odds）为"满意"的频数除以"不满意"的频数。其中，女性对公园满意的odds＝450/50＝9；男性对公园满意的odds＝400/100＝4；将事件"男性对公园满意"作为参照组，"女性对公园满意"作为实验组，计算女性相对男性的公园满意odds ratio＝9/4＝2.25。这一发生比率表示：女性对公园满意的odds是男性对公园满意odds的2.25倍，女性对公园满意的可能性更大。

在理解发生比（odds）和发生比率（odds ratio）后，可以对对数几率方程进行解释。若x为连续变量，当x增加一个单位，log(odds)增加β个单位，odds变为了原来的e^β倍。例如，"居民选择地铁出行"为事件A，对数几率方程左侧为log(odds(A))，右侧自变量x为年龄，其系数β＝0.16，则说明年龄每增加1岁，居民选地铁出行的odds是原来的$e^{0.16}$＝1.17倍，即odds增加17%。若x为分类变量，分类变量的取值从参照类变化到当前类时，odds变成原来的e^β倍，即odds ratio为e^β。例如，"居民选择地铁出行"为事件A，对数几率方程左侧为log(odds(A))，右侧自变量x为性别（1＝女，0＝男），β＝0.69，则说明女性选地铁出行的odds是男性的$e^{0.69}$＝1.99倍，即女性比男性的odds高出99%。

总的来说，当$\beta > 0$，则$e^\beta > 1$，表示odds随着X的增加（从参考类变化到当前类）而增加；当$\beta < 0$，则$e^\beta < 1$，表示odds随着X的增加（从参考类变化到当前类）而减少。

3. 模型参数的极大似然估计

对于逻辑回归方程，无法用最小二乘法进行方程的参数估计，通常使用极大似然估计法进行参数估计。其主要原理是利用已知的样本结果（实际概率p），反推最有可能（最大概率）导致这样结果的参数值（$\beta_1, \beta_2, \cdots, \beta_n$），本节不详述其估计原理。

4. 模型拟合度的评价

在模型参数估计完成之后需要评价模型对于变量的拟合度，将其作为最优模型确定的依据。通常使用Pearson卡方或偏差、Hosmer-Lemeshow（HL）检验、赤池信息准则（Akaike Information Criterion，AIC）值等对模型拟合优度进行评价。

（1）计算Pearson卡方或偏差

Pearson卡方和偏差都用于表征逻辑回归模型预测值和样本实际值的偏离程度，适用于自变量不多且自变量为分类变量的情况。其值越小就意味着预测值和观测值之间差别越小，模型的拟合度越高。需要说明的是单个Pearson卡方或偏差值大小并不能说明模型拟合度，比较多个逻辑回归模型的Pearson卡方或偏差值的相对大小，才能评价模型的优劣。

（2）HL检验

当自变量数目增加或将连续型自变量纳入逻辑回归模型后，Pearson卡方和偏差都不适用于逻辑回归模型的拟合优度评价。霍斯默（D. W. Hosmer）和莱梅肖（S. Lemeshow）于1980年创造了一种适用于自变量多且含有连续变量的逻辑回归模型拟合优度检验方法，命名为Hosmer-Lemeshow检验。HL检验也用于表征逻辑回归模型预测值和样本实际值的偏离程度，是进行逻辑回归模型拟合优度评价常用的方法。该检验原假设H_0为模型的预测值与实际值不存在差异。若经检验$p > 0.05$，则说明该模型接受原假设；若$p < 0.05$，则拒绝原假设，表明该模型拟合优度欠佳。

（3）计算 AIC 值

AIC 是衡量统计模型拟合优度的一种标准。模型的 AIC 值越小表示模型拟合越好。与 Pearson 卡方类似，比较多个逻辑回归模型的 AIC 值的相对大小，才能评价模型的优劣。

10.1.3　逻辑回归模型在机器学习分类中的应用

1. 预测分类原理

逻辑回归是机器学习中用于样本分类的基础方法。分类的基本原理是通过逻辑回归模型训练挖掘二分类因变量与自变量之间的关系，再利用关系函数，从已知自变量的数值推测未知因变量的类别。具体而言，首先将样本数据拟合形成 logistic 函数，该函数等号左侧是事件发生的概率，右侧是自变量的数学组合；然后将待分类样本的自变量取值代入 logistic 函数中来计算获得事件发生的概率；确定一个概率阈值作为分界，若事件发生的概率大于这一阈值，则判定为事件发生，反之则事件不发生，以此完成样本预测分类。在实际预测分类中，研究者通常选取概率阈值为 0.5。当样本为 1 类的概率大于等于 0.5，则可判定样本属于 1 类（即事件会发生）；当样本为 1 类的概率小于 0.5，可判定样本不属于 1 类而属于 0 类（事件不会发生）。

2. 模型预测精度验证

利用一定的数据样本训练生成逻辑回归模型后需要对该模型的预测精度进行验证。在实际应用中，一般将所有的数据样本划分为训练集和测试集。训练集建立用于预测分类的逻辑回归模型，测试集则对该逻辑回归模型预测分类精度进行验证。

假设共有 3 000 个数据样本（因变量为二分类变量：第 1 类和第 2 类），将其中的 2 100 个数据样本作为训练集，另 900 个数据样本作为测试集，通过训练集构建逻辑回归模型并利用测试集进行模型精度验证。预测分类结果一般以表格形式呈现（图 10-2），其中横向的数值为实际值（如实际为第 1 类的样本数量为 420+30），纵向的数值为预测值（如预测结果为第 1 类的样本数量为 420+50）。

表 10-2　预测分类结果示意

类　型		预测结果	
		第 1 类	第 2 类
真实结果	第 1 类	420	30
	第 2 类	50	400

模型对第 1 类的预测精度为：420/（420+30）=93.3%；

模型对第 2 类的预测精度为：400/（50+400）=88.9%；

模型的整体预测精度为：（420+400）/（420+30+50+400）=91.1%。

现实中样本在不同类别上的不均衡分布使得预测精度这样的传统度量标准不能恰当的反应逻辑回归模型的预测精度。例如有 100 个数据样本，其因变量为二分类变量，因变量为"1"的样本有 90 个，因变量为"0"的样本有 10 个。若训练的逻辑回归模型用于预测分类时直接把所有样本的类别判定为"1"，其预测精度也高达 90%，但这个预测精度并没有意义。因此常常选择 ROC 曲线（Receiver Operating Characteristic Curve）作为逻辑回归模型预测精度的辅助检验方法。

ROC 曲线由纵坐标真阳性率(True Positive Rate,TPR)和横坐标假阳性率(False Positive Rate,FPR)构成,多用于二分类因变量的逻辑回归模型精度评价(图 10 - 4)。ROC 曲线图中的 AUC(Area Under Curve)为 ROC 曲线下与坐标轴围成的面积,值域为[0,1]。AUC 可表征 ROC 曲线靠近坐标平面左上角的程度,AUC 越大,表示模型预测分类效果越好。一般来说,当 AUC 大于 0.75 时,可认为模型预测效果较好。

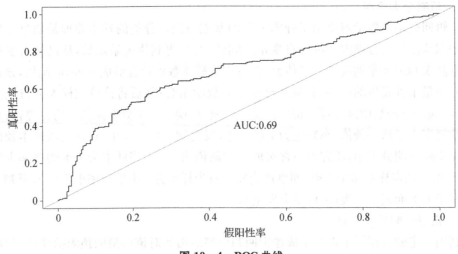

图 10 - 4　ROC 曲线

10.1.4　二元逻辑回归的一般建模步骤

二元逻辑回归建模首先需明确研究问题,确定潜在的因变量和自变量。接下来需建立数据库并对数据进行清理,还需要查看因变量的分布特征,看其分布是否过度集中,如数据大部分是否为某一类。然后通过数据样本拟合逻辑回归方程并利用极大似然法求得回归系数。模型方程建立后需要对自变量的显著性和模型的拟合度进行检验,以此作为模型调整的依据。如果模型涉及多个自变量,还需要对模型进行共线性诊断。若存在共线性问题时,可考虑通过逐步回归进行自变量的筛选与模型优化,最终获得相对最优的二元逻辑回归模型。确定逻辑回归模型后需要对回归系数进行自然指数处理,方便后续对建模结果的解释。若研究目的是通过逻辑回归模型进行样本的预测分类,还需要将样本划分为训练集和测试集,进行模型训练和预测精度的计算。

10.2　多分类逻辑回归模型原理

城市与区域系统分析常常面对因变量的分类数大于两类的情况,如居民的出行方式(步行、自行车出行、机动车出行、公交车出行等)、地块的用地类型(居住、商业、工业等)、居民的居住地选择(主城区、近郊、远郊等)等。逻辑回归模型并不局限于应用在二分类因变量上,也可应用于多分类因变量(分类数大于等于 3)。本节主要讨论多分类逻辑回归模型。

10.2.1　建模原理

　　二元逻辑回归方程针对因变量的两种分类结果("是"和"否")构建一个对数几率方程。而多分类逻辑回归模型针对因变量的所有 K 种分类结果,把其中一个类别看成参考类别,然后将其他 $K-1$ 个类别与参考类别分别构建 $K-1$ 个二元逻辑回归模型。基于这个原理,如果选择将第 K 类作为参考类别的话,可以得到下列 $K-1$ 个逻辑回归方程:

$$\ln\frac{P(Y=1)}{P(Y=K)}=\beta_1+\sum_{n=1}^{n}\beta_{1n}x_n$$

$$\ln\frac{P(Y=2)}{P(Y=K)}=\beta_2+\sum_{n=1}^{n}\beta_{2n}x_n \tag{10-10}$$

$$\vdots$$

$$\ln\frac{P(Y=K-1)}{P(Y=K)}=\beta_{K-1}+\sum_{n=1}^{n}\beta_{(K-1)n}x_n \tag{10-11}$$

根据这些方程可推导出:

$$P(Y=1)=P(Y=K)\ e^{\beta_1+\sum_{n=1}^{n}\beta_{1n}x_n}$$

$$P(Y=2)=P(Y=K)\ e^{\beta_2+\sum_{n=1}^{n}\beta_{2n}x_n} \tag{10-12}$$

$$\vdots$$

$$P(Y=K-1)=P(Y=K)\ e^{\beta_{K-1}+\sum_{n=1}^{n}\beta_{(K-1)n}x_n} \tag{10-13}$$

又因为每个类别的概率之和为 1,即:

$$P(Y=1)+P(Y=2)+\cdots+P(Y=K)=1 \tag{10-14}$$

可推导出:

$$P(Y=K)=1-\sum_{k=1}^{K-1}P(Y=K)\ e^{\beta_k+\sum_{n=1}^{n}\beta_{kn}x_n} \tag{10-15}$$

$$P(Y=K)=\frac{1}{1+\sum_{k=1}^{K-1}e^{\beta_k+\sum_{n=1}^{n}\beta_{kn}x_n}} \tag{10-16}$$

将 $P(Y=K)$ 代入每个类别的概率方程,可得到:

$$P(Y=1)=\frac{e^{\beta_1+\sum_{n=1}^{n}\beta_{1n}x_n}}{1+\sum_{k=1}^{K-1}e^{\beta_k+\sum_{n=1}^{n}\beta_{kn}x_n}} \tag{10-17}$$

$$P(Y=2)=\frac{e^{\beta_2+\sum_{n=1}^{n}\beta_{2n}x_n}}{1+\sum_{k=1}^{K-1}e^{\beta_k+\sum_{n=1}^{n}\beta_{kn}x_n}} \tag{10-18}$$

$$\vdots$$

$$P(Y=K)=\frac{1}{1+\sum_{k=1}^{K-1}e^{\beta_k+\sum_{n=1}^{n}\beta_{kn}x_n}} \tag{10-19}$$

也就是说对于有 K 个类别的因变量,第 k 个类别的概率可表达为:

$$P(Y = k) = \frac{e^{\beta_k + \sum\limits_{n=1}^{n} \beta_{kn} x_n}}{1 + \sum\limits_{k=1}^{K-1} e^{\beta_k + \sum\limits_{n=1}^{n} \beta_{kn} x_n}} \qquad (10-20)$$

可以通过极大似然法估计每一个回归系数$(\beta_{1n}, \beta_{2n}, \cdots, \beta_{kn})$,建立多分类逻辑回归模型。

10.2.2 模型解释

多分类逻辑回归模型的系数解释与二元逻辑回归相似,但需要强调回归系数都是因变量的其他类别与因变量的参考类别相比得出的。若 x 为连续变量,当 x 增加一个单位,$\log(p_1/p_k)$ 增加 β 个单位,p_1/p_k 变为了原来的 e^{β} 倍。假设 p_1 为骑自行车上班的概率,p_k 为步行上班的概率,x 为年龄,$\beta = 0.16$,则说明年龄每增加 1 岁,居民骑自行车上班的概率是步行上班概率的 $e^{0.16} = 1.17$ 倍,即当居民年龄越大时,相对于步行上班,居民更倾向于骑自行车上班。对 $\log(p_{k-1}/p_k)$ 也依此类推。当 $\beta > 0$,则 $e^{\beta} > 1$,表示概率比随着 x 的增加而增加;当 $\beta < 0$,则 $e^{\beta} < 1$,表示概率比随着 x 的增加而减少。

若 x 为分类变量,则系数 β 可以解读为当 x 的取值从参照类(reference category)变化到当前类时,p_1/p_k 变成原来的 e^{β} 倍。假设 p_1 为骑自行车上班的概率,p_k 为步行上班的概率,x 为性别(1=女,0=男,选择男性为参照类),$\beta = 0.69$,说明相对于男性而言,女性更倾向于通过自行车上班,女性骑自行车上班与步行上班的比率是男性的 $e^{0.69} = 1.99$ 倍。对 $\log(p_{k-1}/p_k)$ 也依此类推。

10.2.3 多分类逻辑回归一般建模步骤

多分类逻辑回归建模首先需明确研究问题,确定潜在的因变量和自变量。然后建立数据库并对数据进行清理,还需要查看因变量的分布,避免数据过度集中在某一个或少数几个类别。接着给因变量确定一个参考类别,通过数据样本拟合多分类逻辑回归方程,并利用极大似然法求得回归系数。多分类逻辑回归模型建立后需要对变量的显著性和模型的拟合度进行检验,以此作为依据进行模型的调整。如果模型涉及多个自变量,还需要对模型进行共线性诊断,可通过逐步回归来进行自变量的筛选与模型的优化,最终获得相对最优的多分类逻辑回归模型。确定模型后需要对系数进行自然指数处理,方便后续对建模结果的解释。若研究希望通过多分类逻辑回归模型进行样本的预测分类,还需要讲样本划分成训练集和测试集,分别进行多分类逻辑回归模型的训练和预测精度的计算。

10.3 有序逻辑回归模型原理

在城市与区域系统研究中也会碰到因变量为有序多分类变量的情况,如城市竞争力水平(低、中、高)、居民满意度(不满意、中立、满意)等。此时应选择有序逻辑回归模型进行分析。

10.3.1 建模原理

有序逻辑回归一般采用累积 logit 模型进行构建。因变量为后 $n - j$ 个等级的累计概

率与前 j 个等级的累计概率的比值的对数。

$$\ln\frac{p_1}{1-p_1}=\beta_1+\sum_{n=1}^{n}\beta_n\,x_n \tag{10-21}$$

$$\ln\frac{p_1+p_2}{1-p_1-p_2}=\beta_2+\sum_{n=1}^{n}\beta_n\,x_n \tag{10-22}$$

$$\vdots$$

$$\ln\frac{p_1+p_2+\cdots+p_{k-1}}{1-p_1-p_2-\cdots-p_{k-1}}=\beta_{k-1}+\sum_{n=1}^{n}\beta_n\,x_n \tag{10-23}$$

有序逻辑回归模型实际上是依次将因变量按不同的取值水平分割成两个等级，对整体的两个等级进行二元逻辑回归。不管分割点在什么位置，模型中各自变量的系数保持不变，改变的是常数项。累积 logit 模型可写为：

$$\ln\frac{P(Y\leqslant k)}{1-P(Y\leqslant k)}=\beta_k+\sum_{n=1}^{n}\beta_n\,x_n \tag{10-24}$$

要求 $p_1+p_2+\cdots+p_n=1$

10.3.2　模型解释

有序逻辑回归自变量系数 β 表示自变量每增加一个单位（或从参照类变化到当前类），因变量改变至少一个等级的概率比。若 $\beta>1$，说明变量增加后等级提升；若 $\beta<1$，则说明变量增加后等级下降。例如将生活满意度作为因变量，性别（女性为"1"，男性为"0"）作为自变量构建有序逻辑回归模型，自变量系数 $\beta=3.2$，表示女性的生活满意度提升至少一个等级的概率是男性的 3.2 倍，即女性满意的可能性比男性大。

10.3.3　平行性检验

有序逻辑回归模型的成功构建需要每个累积回归模型满足平行性假设，所以要对有序逻辑回归模型进行平行性检验。平行性检验的原假设为每个累积回归模型的自变量系数相等，也就是自变量各取值水平对因变量的影响在每个累积回归模型中相同。如果 p 值大于 0.05，则说明模型接受原假设，即符合平行性假设。反之，如果 p 值小于 0.05，则说明模型拒绝原假设，模型不满足平行性假设，可考虑使用无序多分类逻辑回归或其他方法。

10.4　R 语言逻辑回归模型应用：长汀县建成环境对居民交通出行的影响分析

10.4.1　二元逻辑回归模型应用

1. 实验目的

福建省长汀县地处闽西山区，为原中央苏区的经济中心，与红都瑞金相对应，被称为"红色小上海"，是第三批国家历史文化名城，也是全国第一批"绿水青山就是金山银山"实践创新基地。作为革命老区与经济中心，既要交通相对便捷又要易守难攻，因此长汀"枕山临江为城"，形成"山中有城，城中有水"及"佛挂珠"的独特城墙格局。作为古城，其道路格局依山就水、自由布置，且街巷尺度较小、支路密布，缺乏主次干路，造成了居民出行方式多以摩托车和电动车为主。本次实验以长汀县建成环境对居民通勤交通出行的影响分析为例，讲解使用R语言进行二元逻辑回归分析的编码操作。通过本实验可以熟悉运用二元逻辑回归模型研究城市与区域系统问题的基本方法。

本实验数据为"data07_1.csv"。该数据库是2016年福建省长汀县居民工作日通勤出行问卷部分采样数据，包含通勤出行模式（1：电动车；0：其他）、出行距离、性别、年龄、家庭年收入、是否拥有私家车、态度上是否应该禁止电动车出行、居住地用地多样性、工作地用地多样性共9个变量（表10-3）。

表10-3 变量说明

变量名	统计内容	变量类型
mode	通勤出行模式（1：电动车；0：其他）	分类
distance	出行距离（单位：km）	连续
gender	性别（1：男性；0：女性）	分类
age	年龄（1：大于40岁；0：小于40岁）	分类
familyincome	家庭年收入 （① 小于2万元；② 2万～5万元；③ 大于5万元）	分类
carown	是否拥有私家车（1：是；0：否）	分类
ebmotor	态度上是否应该禁止电动车出行（1：是；0：否）	分类
orinb_jobmix	居住地用地多样性（无量纲，取值0～1，值越大，用地多样性越好）	连续
desnb_jobmix	工作地用地多样性（无量纲，取值0～1，值越大，用地多样性越好）	连续

2. 实验步骤

（1）确定研究问题，确定潜在的因变量和自变量

本实验确定研究目的为：探究影响居民通勤出行选择电动车的主要因素。因此模型的因变量为是否选择电动车通勤（1：是；0：否），自变量则包括建成环境因素、个人与家庭因素等。需要说明的是，自变量选择根据研究目的而定，存在多种可能。

（2）导入数据

利用setwd()函数设置R的工作路径，再通过read.csv()函数读取"data07_1.csv"。

```
# 导入数据
setwd("D:/R/handbook/homework07")
data< - read.csv("./data07_1.csv",header= TRUE, sep= ",")
```

（3）核查数据并转换数据类型

本实验涉及连续变量和分类变量两种类型。R会对导入的数据进行变量类型自动识别，但常常会将分类变量识别为数值型变量，故先用str()函数对其数据结构进行检验。

```
# 核查数据
str(data)
```

根据运行结果可以发现R将mode、gender、age、familyincome、carown、ebmotor这六个分类变量识别为数值型变量，故需要对其进行数据类型转换。

```
> str(data)
'data.frame':1883 obs. of 9 variables:
$ mode        : int 1 1 1 1 1 1 1 1 1 1 ...
$ distance    : num 1.3 1.3 2 2 0.6 1 1 1 1 2.1 ...
```

```
$ gender        : int 1 1 1 1 0 1 1 0 0 0 ...
$ age           : int 1 1 1 1 1 1 1 1 1 0 ...
$ familyincome  : int 3 3 3 3 3 3 3 3 3 3 ...
$ carown        : int 1 1 1 1 0 0 0 0 0 0 ...
$ ebmotor       : int 0 0 0 0 1 1 1 1 1 1 ...
$ orinb_jobmix  : num 0.526 0.526 0.526 0.526 0.541 ...
$ desnb_jobmix  : num 0.526 0.526 0.428 0.428 0.583 ...
```

利用 as. factor()函数将 mode、gender、age、familyincome、carown、ebmotor 这六个数值型变量转变为分类变量。

```
# 转换数据类型
data$ modenew< - as.factor(data$ mode)
data$ gendernew< - as.factor(data$ gender)
data$ agenew< - as.factor(data$ age)
data$ familyincomenew< - as.factor(data$ familyincome)
data$ carownnew< - as.factor(data$ carown)
data$ ebmotornew< - as.factor(data$ ebmotor)
```

（4）查看因变量分布

本实验以 modenew 作为二分类因变量构建二元逻辑回归模型。需要对因变量的分布情况进行检查，若样本集中分布在某一类别下，则较难构建理想的逻辑回归模型。利用 table()函数查看因变量 modenew 的分布情况。

```
# 查看因变量分布
table(data$ modenew)
```

结果表明，有 1 163 人出行模式为电动车，有 720 人出行模式不是电动车，数据分布比较均衡，可以构建二元逻辑回归模型。

```
> table(data$ modenew)

   0    1
 720 1163
```

（5）建立回归方程，检验变量显著性

利用 glm()函数建立二元逻辑回归方程并检验变量的显著性。

```
# 构建二元逻辑回归模型
model1 < - glm (formula = modenew ~ distance + gendernew +
               agenew + familyincomenew + carownnew +
               ebmotornew + orinb_jobmix + desnb_jobmix,
               data = data, family = 'binomial')
summary(model1)
```

从运行结果可以发现 distance、carownnew、ebmotornew、orinb_jobmix 这四个自变量对 modenew 具有显著影响。

```
> summary(model1)
Coefficients:
                 Estimate    Std. Error   z value     Pr(> |z|)
(Intercept)      0.487602    0.313374     1.556       0.119715
distance         0.147811    0.024657     5.995       2.04e- 09 * * *
gendernew1       - 0.008341  0.106914     - 0.078     0.937813
agenew1          0.123735    0.105824     1.169       0.242303
familyincomenew2 0.258554    0.153163     1.688       0.091394 .
familyincomenew3 0.187600    0.149528     1.255       0.209618
carownnew1       - 1.280225  0.108870     - 11.759    < 2e- 16 * * *
ebmotornew1      - 0.351455  0.103767     - 3.387     0.000707 * * *
orinb_jobmix     0.720031    0.314432     2.290       0.022025 *
desnb_jobmix     - 0.577463  0.363268     - 1.590     0.111917
- - -
```

Signif. codes: 0 '* * * ' 0.001 '* * ' 0.01 '* ' 0.05 '.' 0.1 ' ' 1

(Dispersion parameter for binomial family taken to be 1)

```
    Null deviance: 2505.2 on 1882 degrees of freedom
Residual deviance: 2279.3 on 1873 degrees of freedom
AIC: 2299.3
```

Number of Fisher Scoring iterations: 4

(6) 计算 odds 和 odds ratio

glm()函数函数是以对数几率方程的形式进行建模,因变量为 log(odds),在 R 里也就是 ln(odds)。glm()函数估计的自变量系数(Estimate)不便于解释自变量和因变量的关系,所以需要对自变量系数进行指数变换。运行求取 OR 值,代码如下:

```
# 计算 OR 值
or< - exp((summary(model1))$ coef[,'Estimate'])
or
# 将 OR 值与显著性水平组合显示
OR< - data.frame(OR= or)
Pvalue< - data.frame(Pvalue= ((summary(model1))$ coef[,'Pr(> |z|)'])))
result< - data.frame(cbind(OR,Pvalue))
result
```

结果表明,出行距离每增加 1km,居民选择电动车通勤出行的几率会提升约 15.9%,即出行距离越远,居民选择电动车通勤的概率越大;拥有小汽车的人选择电动车通勤与不选择电动车通勤的几率(odds)比没有小汽车的人的比率少约 72.2%,即没有小汽车的人选择电动车通勤的概率比较大;认为应该禁止电动车的人选择电动车通勤与不选择电动车通勤的几率(odds)比认为不应该禁止电动车的人的几率少约 29.6%,即认为应该禁止电动车的人选择电动车通勤的概率比较小;居住地用地多样性每提高一个量纲,居民选择电动车通勤的几率会提升约 105.4%,即居住地用地多样性越高,居民越倾向于选择电动车通勤出行。

	OR	Pvalue
(Intercept)	1.6284066	1.197147e- 01
distance	1.1592941	2.039649e- 09* * *
gendernew1	0.9916934	9.378134e- 01
agenew1	1.1317160	2.423031e- 01
familyincomenew2	1.2950556	9.139409e- 02
familyincomenew3	1.2063514	2.096180e- 01
carownnew1	0.2779747	6.333619e- 32* * *
ebmotornew1	0.7036633	7.066983e- 04* * *
orinb_jobmix	2.0544963	2.202494e- 02*
desnb_jobmix	0.5613205	1.119173e- 01

(7) 检验模型拟合度

使用 HL 检验进行模型拟合度的检验。该检验原假设 H_0 为模型的预测值与实际值不存在差异。首先需要安装并加载 generalhoslem 包。

```
# 安装与调用 HL test 包
install.packages("generalhoslem")
library(generalhoslem)
```

其次使用 logitgof()函数来检验模型拟合度。

```
# 进行 HL 检验
logitgof(data$ modenew,fitted(model1))
```

检验结果 p 值小于 0.05,拒绝原假设,说明该模型拟合度不好,需进行模型修正。

```
> logitgof(data$ modenew,fitted(model1))
    Hosmer and Lemeshow test (binary model)
```

```
data: data$ modenew, fitted(model1)
X- squared = 81.679, df = 8, p- value = 2.243e- 14
```

(8) 进行共线性诊断

调用 car 包,使用 vif() 函数来对模型的共线性进行诊断。

```
# VIF test
library(car)
vif(model1)
```

通过运行可以发现,各个自变量的 GVIF 值均小于 2,模型不存在共线性问题。

```
> vif(model1)
                 GVIF        Df     GVIF^(1/(2* Df))
distance         1.050049    1      1.024719
gendernew        1.116827    1      1.056800
agenew           1.096612    1      1.047192
familyincomenew  1.102577    2      1.024713
carownnew        1.111020    1      1.054049
ebmotornew       1.010747    1      1.005359
orinb_jobmix     1.022286    1      1.011081
desnb_jobmix     1.013171    1      1.006564
```

(9) 尝试逐步回归来优化模型

根据 HL 检验结果,模型需要进一步修正,尝试利用逐步回归方法来进行模型的优化。

```
# 逐步回归优化模型
model2< - step(model1)
summary(model2)
```

结果表明 model2 的 AIC 值相较 model1 有所下降,model2 比 model1 有所改进。

```
> summary(model2)
Coefficients:
                Estimate     Std. Error    z value     Pr(> |z|)
(Intercept)     0.72146      0.28726       2.512       0.012022 *
distance        0.15140      0.02435       6.218       5.02e- 10 * * *
carownnew1      - 1.26551    0.10393       - 12.177    < 2e- 16 * * *
ebmotornew1     - 0.34242    0.10347       - 3.310     0.000934 * * *
orinb_jobmix    0.70564      0.31232       2.259       0.023859 *
desnb_jobmix    - 0.58076    0.36202       - 1.604     0.108671
- - -
Signif. codes: 0 '* * * ' 0.001 '* * ' 0.01 '* ' 0.05 '.' 0.1 ' ' 1

(Dispersion parameter for binomial family taken to be 1)

    Null deviance: 2505.2 on 1882 degrees of freedom
Residual deviance: 2283.6 on 1877 degrees of freedom
AIC: 2295.6

Number of Fisher Scoring iterations: 4
```

使用 logitgof() 函数来检验 model2 拟合度。结果表明 p 值小于 0.05,拒绝原假设,model2 拟合度也不好。如果研究目的是用模型预测分类,则需要进一步改进模型,提升模型拟合度。本实验不重复展示这一过程,读者可根据前述步骤自行尝试。

```
> logitgof(data$ modenew,fitted(model2))

    Hosmer and Lemeshow test (binary model)

data: data$ modenew, fitted(model2)
```

X- squared = 83.597, df = 8, p- value = 9.215e- 15

（10）检验模型预测精度

① 把数据分成训练集和测试集

```
# 训练集与测试集划分
set.seed(6) # 设定随机数的种子
index< - sample(x= 2,size= nrow(data),replace= TRUE,prob= c(0.7,0.3))
# x 为被抽样的数据集,size 为抽取多少次,replace 是否重复抽样
# prob 为每个 x 取值被抽取的概率,可以不用和为 1,但本例取 1 是将原数据分成两组,70%
和 30%
train< - data[index= = 1,]
test< - data[index= = 2,]
dim(data)
dim(train)
dim(test)
```

运行可以发现,R 已经将数据已经将元数据分成两组:训练集和测试集。两者分别占样本总量的 70%和 30%。

```
> dim(data)
[1] 1883    15
> dim(train)
[1] 1321    15
> dim(test)
[1] 562    15
```

② 用 train 数据集训练模型

```
trainmodel < - glm(formula = modenew ~ distance + carownnew +
                ebmotornew + orinb_jobmix + desnb_jobmix,
                data = train, family = 'binomial')
summary(trainmodel)
or< - exp((summary(trainmodel))$ coef[,'Estimate']) # calculate odds ratio
```

③ 用 test 数据集预测分类并计算准确率

利用 train 数据集训练的模型对 test 数据集中每一个样本进行出行方式的预测,prob 变量的值即为预测结果(其以概率的形式呈现,取值为 0～1)。接下来把预测结果 prob 和 test 数据集合并,将他们合并生成一个新的数据集 preb。由于 preb 数据集中 prob 变量是以概率形式呈现,而预测结果的理想形式应以 0(其他交通出行方式)或 1(选择电动车出行)呈现,故以 0.5 为分类阈值,将小于 0.5 的值转变为 0,大于等于 0.5 的值转变为 1。

```
prob< - predict(object= trainmodel,newdata= test,type= 'response')
pred< - cbind(test,prob)
pred< - transform(pred,predict= ifelse(prob< = 0.5,0,1))
```

查看预测结果:

```
ta< - table(pred$ modenew,pred$ predict)
ta
```

ta 表格中横向的数值为实际值(如实际为 0 的样本数量为 90+119),纵向的数值为预测值(如预测结果为 0 的样本数量为 90+73),实际为 0、预测也为 0 的样本有 90 个,实际为 0、预测也为 1 的样本有 119 个,依此类推。模型对选择"0"的预测非常不理想,为 90/(90+119)≈43.1%;对选择"1"的预测较准确,为 280/(73+280)≈79.3%。

```
> ta
        0       1
0      90     119
1      73     280
```

计算总体预测准确率:

```
sum_diag< - sum(diag(ta))
sum< - sum(ta)
sum_diag/sum # prediction accuracy
```

模型的总体预测精度一般,约为 65.8%。

```
> sum_diag/sum # prediction accuracy
[1] 0.658363
```

④ 绘制 ROC 曲线

利用 ROC 曲线来进一步验证模型分类精度,首先需要安装并调用 pROC 包,使用包中的 roc( )函数进行 ROC 曲线绘制。

```
# ROC 曲线绘制
install.packages("pROC")
library(pROC)
roc_curve < - roc(test$ modenew,prob)
names(roc_curve)
x < - 1- roc_curve$ specificities
y < - roc_curve$ sensitivities
plot(x= x,y= y,xlim= c(0,1),ylim= c(0,1),xlab= "1- Specificity",ylab= "Sensi-
    tivity",main= "ROC Curve",type= "l",lwd= 2.5)
abline(a= 0,b= 1,col= "grey")
auc< - roc_curve$ auc
text(0.5,0.4,paste("AUC:", round(auc,digits= 2)),col= "blue")
```

绘制 AUC 曲线,发现 AUC=0.74,接近 0.75,说明模型的预测精度不是很高,还有待优化。

ROC 曲线及 AUC 值输出结果如图 10-5 所示。

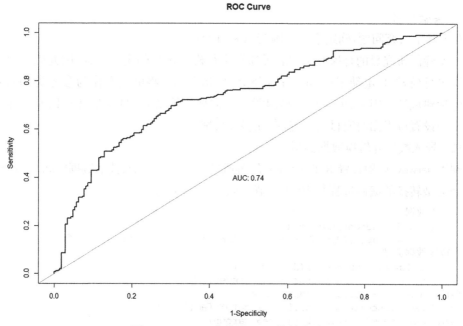

图 10-5　ROC 曲线及 AUC 值输出结果

10.4.2　多分类逻辑回归模型应用

1. 实验目的

通过本实验熟悉运用多分类逻辑回归模型研究城市与区域系统问题的基本方法。

本次实验依然以长汀县建成环境对居民通勤交通出行的影响分析为例,讲解使用R语言进行多分类逻辑回归分析的编码操作。

本实验数据为"data07_2.csv"。该数据库是2016年福建省长汀县居民工作日通勤出行问卷部分采样数据,包含通勤出行模式(1:电动车;2:步行;3:公交;4:私家车)、出行距离、性别、年龄、家庭年收入、是否拥有私家车、态度上是否应该禁止电动车出行、居住地用地多样性、工作地用地多样性共9个变量(表10-4)。

表10-4 变量说明

变量名	统计内容	变量类型
mode	通勤出行模式 (1:电动车;2:步行;3:公交;4:私家车)	分类
distance	距离(单位:km)	连续
gender	性别(1:男性;0:女性)	分类
age	年龄(1:大于40岁;0:小于40岁)	分类
familyincome	家庭年收入 (① 小于2万元;② 2万~5万元;③ 大于5万元)	分类
carown	是否拥有私家车(1:是;0:否)	分类
ebmotor	态度上是否应该禁止电动车出行(1:是;0:否)	分类
orinb_jobmix	居住地用地多样性(无量纲,取值0~1,值越大,用地多样性越好)	连续
desnb_jobmix	工作地用地多样性(无量纲,取值0~1,值越大,用地多样性越好)	连续

2. 实验步骤

(1) 确定研究问题,确定潜在的因变量和自变量

本实验的研究目的是探究影响居民通勤出行模式选择的主要因素,因此确定因变量为通勤出行模式(1:电动车;2:步行;3:公交;4:私家车。将电动车作为参考类别),自变量则包括建成环境因素、个人与家庭因素等。需要说明的是,自变量选择以及因变量参考类别的设置应根据研究目的而定,存在多种可能。

(2) 导入数据并转换数据类型

利用setwd()函数设置R的工作路径,再通过read.csv()函数读取数据"data07_2.csv"。对数据类型转换的编码过程与10.4.1节相同,本节不详述。

```
# 导入数据
setwd("D:/R/handbook/homework07")
data< - read.csv("./data07_2.csv",header= TRUE, sep= ",")
# 转换数据类型
data$ modenew< - as.factor(data$ mode)
data$ gendernew< - as.factor(data$ gender)
data$ agenew< - as.factor(data$ age)
data$ familyincomenew< - as.factor(data$ familyincome)
data$ carownnew< - as.factor(data$ carown)
data$ ebmotornew< - as.factor(data$ ebmotor)
```

(3) 查看因变量分布

本实验以mode作为多分类因变量构建多元逻辑回归模型,需要对因变量的分布情况进行检查,若样本集中分布在某一类别下,则难以构建理想的逻辑回归模型。利用table()函数查看因变量的分布情况。需要说明的是,使用R进行多分类逻辑回归时默认

最小的数字为参考类别,本例中 1(电动车)自动作为参考类别。若想改变参考类别,可通过改变类别的数字大小或在建模时指定参考类别。

```
# 查看因变量分布
table(data$ modenew)
```

从因变量分布运行结果来看,公交出行样本较少,可能会对后续多分类逻辑回归分析结果产生影响。但因为在现实中县城公交出行比例往往较低,如果多分类因变量的样本比例是真实世界分类比例的反映,一般不对数据做特别的处理,可认为因变量分布总体满足建模要求。

```
> table(data$ modenew)

1       2       3       4
1163    459     33      228
```

(4) 建立回归方程,检验变量显著性

调用 nnet 包,使用包中的 multinom()函数进行多元逻辑回归建模。选择 dstance、gendernew、agenew、familyincomenew、carownnew 和 ebmotornew 为自变量,modenew 为因变量。

```
# 进行多元逻辑回归建模
library(nnet)
model1< - multinom(modenew~ distance+ gendernew+ agenew+ familyincomenew
                + carownnew+ ebmotornew,data= data)
summary(model1)
```

在建模运行结果的 Coefficients 部分,最左侧一列的 2、3、4 为出行模式类别,自变量下面的数字是自变量在每个模式下的回归系数。由于逻辑回归是以对数几率方程的形式进行建模[因变量为 ln(odds)],最好对自变量系数进行指数变换。

```
> summary(model1)
Call:
multinom(formula = modenew ~ distance + gendernew + agenew +
    familyincomenew + carownnew + ebmotornew, data = data)

Coefficients:
    (Intercept)     distance        gendernew1      agenew1
2    1.360236       - 1.19312317    - 0.3855724     0.02746553          -
3   - 3.445702      - 0.02582436    0.1261271       - 0.26656440
4   - 17.607413     0.29909600      1.0193021       - 0.13217067
familyincomenew2    familyincomenew3    carownnew1      ebmotornew1
0.4105992           - 0.54476481        0.2053991       0.3074498
- 0.7507878         0.07864167          0.4223282       0.1344866
0.1297205           0.57798228          15.3595291      0.2623729
Std. Errors:
(Intercept)         distance            gendernew1      agenew1
2                   0.2135843           0.07885395      0.1331682 0.1327828
3                   0.5739535           0.08764616      0.3712660 0.3686938
4                   68.4112802          0.05054640      0.2086240 0.1962180
familyincomenew2    familyincomenew3    carownnew1      ebmotornew1
0.1828454           0.1790448           0.1433037       0.1311241
0.5669748           0.4874772           0.3826521       0.3596851
0.4620044           0.4304799           68.4098286      0.1949938
Residual? Deviance:? 2460.409?
AIC:? 2508.409
```

(5) 计算 odds ratio

① 计算 OR 并转置

```
# 计算 OR 并转置
a< - summary(model1)
co< - data.frame(round(t(exp(coef(a))),3))
co
```

OR 值计算如下：

```
> co
                    X2         X3         X4
(Intercept)        3.897      0.032      0.000
distance           0.303      0.975      1.349
gendernew1         0.680      1.134      2.771
agenew1            1.028      0.766      0.876
familyincomenew2   0.663      0.472      0.878
familyincomenew3   0.580      1.082      1.782
carownnew1         1.228      1.526      4683372.796
ebmotornew1        1.360      1.144      1.300
```

② 检验变量的显著性

```
# 检验变量显著性
z < - a$ coefficients/a$ standard.errors
p < - (1 - pnorm(abs(z), 0, 1))* 2
pvalue< - data.frame(round(t(p),3))
pvalue
```

变量显著性检验结果如下：

```
> pvalue
                    X2         X3         X4
(Intercept)        0.000      0.000      0.797
distance           0.000      0.768      0.000
gendernew1         0.004      0.734      0.000
agenew1            0.836      0.470      0.501
familyincomenew2   0.025      0.185      0.779
familyincomenew3   0.002      0.872      0.179
carownnew1         0.152      0.270      0.822
ebmotornew1        0.019      0.708      0.178
```

③ 将 OR 值与显著性水平进行组合

```
# 将 OR 值与 P 值进行组合,便于结果可视化和解释多分类逻辑回归结果
names< - rownames(co)
result< - data.frame(cbind(names,co[,1],pvalue[,1],co[,2],pvalue[,2],co[,3],
pvalue[,3]))
names(result)[names(result)= = "V3"] < - "p- walk"
names(result)[names(result)= = "V5"] < - "p- public"
names(result)[names(result)= = "V7"] < - "p- car"
names(result)[names(result)= = "V2"] < - "walk"
names(result)[names(result)= = "V4"] < - "public"
names(result)[names(result)= = "V6"] < - "car"
result
```

结果表明,出行距离每提升 1 km,居民选择步行通勤与选择电动车通勤(参考类别)的几率下降 69.7%,即出行距离越远的居民选择步行通勤的几率相对于选择电动车要更低。

出行距离每提升 1 km,居民选择私家车通勤与选择电动车通勤的几率提高 34.9%,即出行距离越远的居民选择私家车通勤的概率相对于选择电动车要更高。通过对各通勤出行方式选择的相对概率进行比较,可以发现随着通勤距离的增加,居民选择各通勤方式的概率增加幅度从大到小为:私家车>电动车>公交车>步行。

男性选择步行通勤与选择电动车通勤的几率比女性低 32.0%,即相对于女性,男性

选择步行通勤的概率相较选择电动车更低;男性选择私家车通勤与选择电动车通勤的几率比女性高 177.1%。

家庭收入 2 万～5 万元的居民选择步行通勤与选择电动车通勤的几率比家庭收入低于 2 万元的低 33.7%;家庭收入大于 5 万元的居民择步行通勤与选择电动车通勤的几率比家庭收入为 2 万～5 万元的居民低 42.0%。

态度上认为应该禁止电动车出行的居民选择步行通勤与选择电动车通勤的几率比认为不应该禁止电动车的居民高 36.0%。

```
> result
    names             walk     p-walk   public   p-public   car          p-car
1   (Intercept)       3.897    0        0.032    0          0            0.797
2   distance          0.303    0        0.975    0.768      1.349        0
3   gendernew1        0.68     0.004    1.134    0.734      2.771        0
4   agenew1           1.028    0.836    0.766    0.47       0.876        0.501
5   familyincomenew2  0.663    0.025    0.472    0.185      0.878        0.779
6   familyincomenew3  0.58     0.002    1.082    0.872      1.782        0.179
7   carownnew1        1.228    0.152    1.526    0.27       4683372.796  0.822
8   ebmotornew1       1.36     0.019    1.144    0.708      1.3          0.178
```

（6）检验模型拟合度

使用 HL 检验对模型拟合度进行检验,该检验原假设 H_0 为模型的预测值与实际值不存在差异,即模型拟合度较好。

```
# 使用 HL 检验模型拟合度
library(generalhoslem)
logitgof(data$ modenew,fitted(model1))
```

根据检验结果发现 p 值为 0.089,p 值大于 0.05,接受原假设,故模型拟合度较好。

```
> logitgof(data$ modenew,fitted(model1))

    Hosmer and Lemeshow test (multinomial model)

data: data$ modenew, fitted(model1)
X- squared =  33.749, df =  24, p- value =  0.08923
```

（7）进行共线性诊断

调用 car 包,使用 vif() 函数对模型的共线性进行诊断。

```
# 进行共线性诊断
library(car)
vif(model1)
```

经过 vif() 函数的检验,可以发现模型存在一定的共线性问题,考虑对模型进行优化。

```
> vif(model1)
                  GVIF       Df    GVIF^(1/(2* Df))
distance          3.634856   1     1.906530
gendernew         2.101773   1     1.449749
agenew            2.215275   1     1.488380
familyincomenew   6.171274   2     1.576136
carownnew         1.676348   1     1.294739
ebmotornew        2.738549   1     1.654856
```

（8）优化模型

① 利用 step() 函数对模型进行优化

由于模型 model1 中有一些自变量显著性并不高,考虑使用 step() 函数优化多分类逻辑回归模型。

```
# 逐步回归优化模型
```

```
model2< - step(model1)
summary(model2)
# 检验模型拟合度
logitgof(data$ modenew,fitted(model2))
```

可发现输出通过逐步回归优化后的 model2 结果,相对于模型 model1 剔除了 agenew 变量,模型 AIC 值略微下降。

```
> summary(model2)
Call:
multinom(formula = modenew ~ distance + gendernew + familyincomenew +
    carownnew + ebmotornew, data = data)

Coefficients:
    (Intercept)      distance         gendernew1       familyincomenew2
2    1.368270       - 1.19244366     - 0.37780456     - 0.4106964
3    - 3.528334     - 0.03033639     0.05563995       - 0.7487821
4    - 16.669414    0.29737704       0.98751514       - 0.1470221
    familyincomenew3 carownnew1       ebmotornew1
    - 0.5441128      0.2060057        0.3077948
    0.0748444        0.4276058        0.1271283
    0.5617224        14.3859233       0.2690209
Std. Errors:
    (Intercept)      distance         gendernew1       familyincomenew2
2    0.2096430       0.07875542       0.1275512        0.1827912
3    0.5649369       0.08754395       0.3576568        0.5665927
4    41.9726460      0.05044933       0.2025448        0.4628985
    familyincomenew3 carownnew1       ebmotornew1
    0.1789914        0.1432951        0.1310921
    0.4876138        0.3829240        0.3592360
    0.4315589        41.9702959       0.1947476
Residual Deviance: 2461.446
AIC: 2503.446
```

② 对 model2 进行拟合度检验

使用 logitof() 函数来检验 model2 拟合度。检验结果显示 p 值小于 0.05,拒绝原假设,说明经过优化后该模型拟合度不好。

```
> logitgof(data$ modenew,fitted(model2))

    Hosmer and Lemeshow test (multinomial model)

data: data$ modenew, fitted(model2)
X- squared = 43.412, df = 24, p- value = 0.008922
```

对 model2 进一步进行共线性诊断。结果显示,模型仍然存在共线性问题,考虑剔除对共线性影响较大的 distance、familyincome 变量。

```
> vif(model2)
                GVIF        Df       GVIF^(1/(2* Df))
distance        3.624933    1        1.903926
gendernew       1.928262    1        1.388619
familyincomenew 6.159068    2        1.575356
carownnew       1.676447    1        1.294777
ebmotornew      2.737086    1        1.654414
```

③ 构建 model3

选择 gendernew、carownnew、emotornew 作为自变量构建模型 model3。输出结果显示,model3 的 AIC 值明显高于 model1 和 model2。

```
# 进行多元逻辑回归建模
model3< - multinom(modenew~ gendernew+ carownnew+ ebmotornew,data= data)
```

```
summary(model3)
> summary(model3)
Call:
multinom(formula = modenew ~ gendernew + carownnew + ebmotornew,
    data = data)

Coefficients:
    (Intercept)      gendernew1      carownnew1     ebmotornew1
2  - 1.009814     - 0.53711147    0.2447854       0.4539644
3  - 3.788808     - 0.01081589    0.5509076       0.1172708
4  - 18.903234      1.07227009   17.8177407       0.2425707

Std. Errors:
    (Intercept)      gendernew1      carownnew1     ebmotornew1
2   0.11024169      0.1122627      0.12400180       0.1154455
3   0.35920481      0.3549459      0.36860104       0.3577554
4   0.09710901      0.1886670      0.09710906       0.1786644

Residual Deviance: 3014.274
AIC: 3038.274
```

④ 对 model3 进行拟合度检验和共线性诊断

对 model3 进行拟合度检验和共线性诊断。模型拟合度检验结果显示 p 值大于 0.05,接受原假设,说明经过优化后该模型拟合度较好。通过共线性诊断发现 gendernew 和 carownnew 自变量对模型共线性问题影响较大,需从 model3 中剔除其中一个变量。由于本实验更关注是否拥有私家车对居民通勤出行方式的影响,故剔除 gendernew 变量。

```
# 进行模型拟合度检验
logitgof(data$ modenew,fitted(model3))
# 进行共线性诊断
vif(model3)
> logitgof(data$ modenew,fitted(model3))

    Hosmer and Lemeshow test (multinomial model)

data: data$ modenew, fitted(model3)
X- squared = 20.798, df = 12, p- value = 0.05342

> vif(model3)
gendernew    carownnew     ebmotornew
4.629537     6.270803      1.606499
```

⑤ 构建 model4

选择 carownnew、ebmotornew 自变量构建 model4。模型输出结果显示,AIC 值跟 model3 比有所升高。

```
# 进行多元逻辑回归建模
model4< - multinom(modenew~ carownnew+ ebmotornew,data= data)
summary(model4)
> summary(model4)
Call:
multinom(formula = modenew ~ carownnew + ebmotornew, data = data)

Coefficients:
    (Intercept)      carownnew1     ebmotornew1
2  - 1.279865     0.2527118       0.4688261
3  - 3.795534     0.5513010       0.1184840
4  - 15.786335   15.3978564       0.2617130

Std. Errors:
```

	(Intercept)	carownnew1	ebmotornew1
2	0.09638584	0.1231313	0.1147162
3	0.29810098	0.3685196	0.3576330
4	84.07715198	84.0771363	0.1729802

```
Residual Deviance: 3087.417
AIC: 3105.417
```

⑥ 对 model4 进行拟合度检验和共线性诊断

进一步对 model4 进行拟合度检验和共线性诊断。拟合度检验结果表明 p 值大于 0.05,模型拟合度较好,共线性诊断结果表明模型不存在共线性问题。

```
> logitgof(data$ modenew,fitted(model4))

    Hosmer and Lemeshow test (multinomial model)

data: data$ modenew, fitted(model4)
X- squared =  3.4013, df =  3, p- value =  0.3338

> vif(model4)
  carownnew ebmotornew
   1.650452    2.854134
```

⑦ 将 model4 中 OR 值与显著性水平进行组合

将 model4 中自变量的 OR 值与显著性水平进行组合,观察自变量的系数与显著性水平。

结果显示,carownnew 和 emotornew 自变量对因变量影响都较为显著,能较好地解释自变量对因变量的影响,且模型拟合度检验结果较好、不存在共线性问题。

```
> result
    names      walk  p-walk  public  p-public  car          p-car
1  (Intercept) 0.278  0      0.022   0         0            0.851
2  carownnew1  1.288  0.04   1.736   0.135     4866358.056  0.855
3  ebmotornew1 1.598  0      1.126   0.74      1.299        0.13
```

需要说明,逻辑回归模型的优化没有固定方式和统一标准。本节中 model1 涉及的自变量多,AIC 值低,拟合度好,但存在变量的不显著和共线性风险。而 model4 涉及的自变量少,拟合度好,没有共线性问题,但 AIC 值高。在使用逻辑回归确定最优模型的时候,读者需依据研究目的和所关注变量的研究假设对模型进行优化,没有唯一答案。

10.4.3　逻辑回归常见问题解答

1. HL 检验拒绝原假设如何解决

逻辑回归模型拟合度检验 p 值小于 0.05 时说明模型拟合度检验不通过,可采用对数变换、多重共线性诊断、剔除不显著自变量、逐步回归等方式进行模型优化。需要说明的是,构建逻辑回归模型时,HL 拟合度检验不通过或模型预测精度不高比较常见。如果建模的目的是解释变量间关系,而不是预测变量分类,可以不完全依赖 HL 检验。通过对比 AIC 值等参数辅助判断模型是否得到优化。

2. 模型系数解释时忽视参考类别

解释多元逻辑回归模型的建模结果时,容易忽视参考类别,将"比率"和"概率"混淆,导致解释不准确。例如在前述多分类逻辑回归实验中设置"电动车出行"为参考类别,有初学者对 model1 的建模结果作出如下解释:"出行距离每提升 1 km,居民选择步行通勤的概率下降 69.7%,即出行距离越远的居民选择步行通勤的概率更低"。这个解释不够准确,忽视了参考类别的存在。几率是解释类别和参考类别的概率比。因此比较好的解释应为"出行距离每提升 1 km,居民选择步行通勤与选择电动车通勤(参考类别)的几率下降 69.7%,即出行距离越远的居民选择步行通勤的概率相对于选择电动车要更低"。

10.5 逻辑回归的应用场景举例

10.5.1 城市空间扩张驱动因素探索与城镇用地扩张模拟

逻辑回归模型在解释城市空间扩张机理和模拟城市空间扩张趋势方面有广泛的应用。运用逻辑回归模型分析城市空间扩张的驱动因素时,采集的数据样本为多时期土地利用数据(当期数据与前期数据进行对比,随机选择扩张为城镇用地的栅格样本和未扩张为城镇用地的栅格样本),因变量为是否扩张为城镇用地,自变量为城市空间扩张的驱动因素,如距市中心的距离、距铁路的距离、坡度、距主要河流水系的距离等。这些自变量可通过 GIS 软件进行空间分析与计算获得。然后利用逻辑回归模型识别影响城市空间扩张的主要驱动因素及其影响机制。

城镇用地扩张模拟属于多元逻辑回归模型预测分类的应用范畴。其主要是基于训练集样本,建立逻辑回归模型分析城市空间扩张驱动因素,再利用训练的逻辑回归模型进行测试集样本的预测分类,计算模型的预测分类精度,若分类精度满足要求则可将模型用于城镇用地的扩张模拟。

10.5.2 国土空间灾害敏感性评估

灾害敏感性是指在当地气候、地形、人类活动等条件下某一区域发生灾害的可能性。对灾害进行敏感性评价是开展国土空间规划编制的重要前提。逻辑回归模型能够较好地解决灾害易发性评价中出现的二分类变量或多分类变量问题[如:不发生灾害(0)、发生轻微灾害(1)、发生严重灾害(2)]。可通过建立逻辑回归模型识别灾害发生的驱动因子(地形因子、气候因子、土壤因子等等),并用该模型计算规划范围内国土空间发生灾害的概率,从而划定易发生灾害的地区,将其作为国土空间保护的重点。

10.5.3 建成环境对居民幸福感的影响机制

提升居民幸福感是建设宜居城市,促进高质量发展的主要目标,也是城乡规划工作者贯彻以人为本理念的重要落脚点。研究居民幸福感和城乡规划建设相关指标的关系可为人本规划提供理论和方法支撑。现实中居民幸福感调查数据往往呈现离散和有序的特征[如:不幸福(0)、比较幸福(1)、非常幸福(2)],可使用逻辑回归模型来探索城市建成环境对居民幸福感的影响机制。具体而言,收集反映城市国土空间规划实施情况的各类建成环境指标,以及反映城市居民主观幸福感的问卷调查数据,基于有序逻辑回归模型,以居民主观幸福感等级数据为因变量,以各类建成环境指标为自变量,解析建成环境对居民幸福感的影响机制。

第 11 章 实验八:解析城市与区域系统交通问题的泊松回归模型

城市与区域系统分析常常面临公共服务设施供需平衡、建成环境安全评估等问题。分析这些问题所使用的数据有很多服从泊松分布,如单位时空间内公共服务设施的使用人数、城市交通事故或灾害发生的次数等。本章介绍泊松回归的建模原理,然后以城市交通安全风险研究为例,展示应用 R 语言进行泊松回归建模的编码过程,最后探讨泊松回归的应用场景。

11.1 泊松分布概述

11.1.1 分布特征

泊松分布在 8.1.4 节已有所介绍。泊松分布描述单位时间、面积或体积内随机事件发生次数的概率分布。此类随机事件包括自然灾害发生的次数、某个时段到某公交站的乘客数、城市某特定区域出现的人数等。这些事件发生的次数一般取值范围较小,只能为非负整数值,且数值不连续,具有显著的离散特性。如果这些事件以固定的平均速率 λ 随机且独立出现,那么这些事件关联的随机变量就近似地服从泊松分布,如某路段平均每月发生两起交通事故、某城市平均每月发生三次火灾等。在城市与区域系统研究中,泊松分布被广泛应用在交通规划与管理领域。

根据泊松分布的离散概率分布函数可以绘制出当 λ 取不同值时的泊松分布图像(图 11-1)。其中横坐标为单位时间内某事件发生的次数 k,纵坐标为单位时间内某事件发生次数为 k 的概率。从泊松分布图像可以发现,随着发生次数 k 增加,概率先增加后减小,

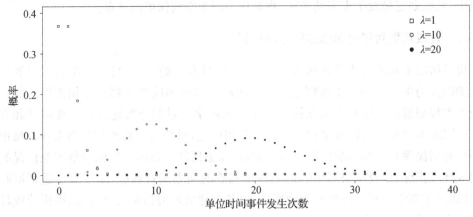

图 11-1 当 λ 取不同值的泊松分布图

在 $x=\lambda$ 处最大，λ 为泊松分布单位时间内事件的平均发生次数，此时概率 $P(x=\lambda)$ 等于峰值。所以泊松分布的图形特征取决于单位时间内事件的平均发生次数 λ。当 λ 很小时，图像向右偏斜；随着 λ 增大，图像逐渐趋向正态分布；当 $\lambda=20$ 时，泊松分布接近正态分布；当 $\lambda>50$ 时，可以认为是正态分布。

11.1.2　分布检验

进行泊松回归建模前，需要判断随机变量是否符合泊松分布，可参考以下方法进行判断：

1. 从定义判断

判断随机变量是否服从泊松分布最基本的方法就是依据泊松分布的定义和特征进行判断：① 需要明确随机变量描述的是单位时间、面积或体积内随机事件发生的次数，也就是说随机变量首先应为计数变量，取值范围较小，只能为非负整数值，且数值不连续，具有显著的离散特性；② 随机变量描述的事件在任意两个长度相等的单元里发生一次的机会要均等；③ 随机变量描述的事件在任何一个单元里发生与否和在其他单元里发生与否没有相互影响，即事件是独立的，若不同区间的事件发生与否会相互影响，则该随机变量不服从泊松分布；④ 服从泊松分布的随机变量样本均值和方差接近，可通过计算随机变量的样本均值和方差进行对比判断。

2. 基于分布图像模拟判断

样本数据在一定程度上能反映总体的分布规律，故可以根据样本数据绘制分布图像直观判断随机变量是否服从泊松回归。泊松分布的图像是非对称的，通常往右偏移，且随 λ 数值的增大，图像趋于正态分布。

3. 假设检验

泊松分布的假设检验原理是生成一组符合泊松分布的数据，将待检验的样本数据与生成的数据进行比较，判断待检验样本与生成的泊松分布数据是否来自同一个总体，如果接受原假设，则来自同一总体，样本数据符合泊松分布。泊松分布的假设检验步骤可在 R 中实现。假设 X 为待检验的数据样本，其样本数量为 n，均值为 m。用 rpois(n, λ) 函数模拟生成一组服从泊松分布的数据 Y，其记录数为 n，$\lambda=m$。再利用 ks. test(X, Y) 函数将待检验的样本 X 与服从泊松分布的模拟数据 Y 进行对比，从而判断样本是否服从泊松分布。

11.2　泊松回归模型原理

11.2.1　因变量为事件发生次数

在城市与区域系统分析中很多被解释变量（因变量）只能取非负整数，比如：交通事故发生次数、极端天气事件数、居民每月骑共享单车次数、单位城市空间的企业数量等。对于这一类计数数据，无法使用线性回归进行建模，因为这些因变量取值恒大于等于 0，而一般线性回归建模时自变量的线性组合取值有可能小于 0。泊松回归正适合解决此类建模问题。

泊松回归假设因变量 Y 服从泊松分布,并假设 Y 的期望值的对数(logλ)取值范围为实属集,这样就可以被未知参数的线性组合建模。因此,泊松回归模型又被称作对数—线性模型,可参考 9.2.2 节的对数线性回归方程进行理解。假设某一事件的观测频数服从一个均值为 λ 的泊松分布,其中 λ 是对观测数据均值的估计,则其泊松回归模型方程为:

$$\log\lambda = \beta_0 + \beta_1 x_1 + \cdots + \beta_n x_n \tag{11-1}$$

模型的参数 $(\beta_0, \beta_1, \cdots, \beta_n)$ 可以通过极大似然估计获得。自变量前面系数 β 表示在保持其他自变量不变的情况下,x 每增加一个单位,事件的平均发生次数将变为原来的 e^β 倍。

11.2.2　因变量为事件发生率

在泊松回归的实际应用中,不仅可以将事件发生次数作为因变量进行建模分析,也常常将事件发生率作为被解释的变量。事件发生率指事件发生次数除以总时间或总面积或总数量。假设 λ_i 表示某一事件的观测次数,N_i 表示总观测时间、空间或数量,$\dfrac{\lambda_i}{N_i}$ 就是事件发生率。因变量为事件发生率的泊松回归模型如下:

$$\log\left(\frac{\lambda_i}{N_i}\right) = \beta_0 + \beta_1 x_1 + \cdots + \beta_n x_n \tag{11-2}$$

由式(11-1)推导获得:

$$\log(\lambda_i) = \beta_0 + \beta_1 x_1 + \cdots + \beta_n x_n + \log N_i \tag{11-3}$$

其中模型的参数 $(\beta_0, \beta_1, \cdots, \beta_n)$ 可以通过极大似然估计获得。自变量前面系数 β 表示在保持其他自变量不变的情况下,x 每增加一个单位,事件的发生率将变为原来的 e^β 倍。

11.2.3　过度离散

过度离散是泊松分布数据的常见问题。泊松分布数据的特点是方差与均值相同,如果观测值的方差大于均值,数据可能存在过度离散现象,究其原因可能是泊松分布的每次计数都被认为是独立发生,与其他次计数没有关系,而这个假设在现实中通常较难满足。例如,一个司机第二次出事故的概率可能与第一次出事故的概率相关。

在泊松回归建模过程中,如果因变量存在过度离散的情况,泊松回归结果可能会夸大自变量的效应,如将没有显著影响的自变量显示为有显著影响。因此在泊松回归建模前需要对因变量进行过度离散检验。在 R 语言中可以通过安装调用 qcc 包,使用包中的 qcc. overdispersion. test()函数对随机变量进行过度离散检验。其原假设 H_0 为随机变量不存在过度离散现象,若 $p > 0.05$,则说明接受原假设,随机变量没有过度离散;若 $p < 0.05$,则说名随机变量存在过度离散问题,需要采用类泊松回归(quasipoisson)进行建模。

11.2.4　泊松回归一般建模步骤

泊松回归建模首先需明确研究问题,确定潜在的因变量(因变量需要服从泊松分布)和自变量。接下来需要通过随机抽样获取研究数据、建立数据库并对数据进行清理。在进行泊松回归建模前还需要检验因变量(计数变量)是否存在过度离散问题,如果不存在过度离散则可进行泊松回归建模,若存在过度离散则选择类泊松回归进行建模。然后通过样本数据拟合泊松回归方程,并利用极大似然法求得回归系数。泊松回归方程建立后需对自变量的显著性和模型的拟合度进行检验,以此为依据进行模型的调整。如果模型涉及多个自变量,需对模型进行共线性诊断,若存在共线性问题则可通过逐步回归等方法进行自变量的筛选与模型的优化,最终获得相对最优的泊松回归模型。

11.3　R 语言泊松回归模型应用：城市建成环境的交通安全风险分析

11.3.1　实验目的

"人民城市人民建,人民城市为人民。"在城市生活中,交通事故是普遍存在的一种安全风险,城市环境改善应以人民安全为宗旨。本次实验以城市建成环境对交通安全风险的影响分析为例,讲解使用 R 语言进行泊松回归分析的编码操作。通过本实验可以熟悉运用泊松回归模型研究城市与区域系统问题的基本方法。

本实验数据为"data08.csv",该数据库是依据实验目的构建的虚拟数据库,包含道路编号、最近一次道路维护距离当前的月数、道路所在区域、近 5 年道路事故数、道路平均交通流量、道路所在社区人口数共 6 个变量(表 11-1)。

表 11-1　变量说明

变量名	统计内容	变量类型
ID	道路编号	连续
Month	最近一次道路维护距离当前的月数(单位:月)	连续
Region	道路所在区域(1:主城区;2:郊区)	分类
Accident	近 5 年道路事故数(单位:次)	连续
Volume	道路平均交通流量(单位:pcu/h)	连续
Population	道路所在社区人口数(单位:万人)	连续

11.3.2　实验步骤

1. 确定研究问题,确定潜在的因变量和自变量

本实验的研究目的是探究道路交通事故发生的主要影响因素,因此确定因变量为近 5 年交通事故数,而自变量为道路平均交通流量、道路所在区域以及最近一次道路维护距离当前的月数等。

2. 导入数据

利用 setwd()函数设置 R 的工作路径,再通过 read.csv()函数读取数据库"data08.csv"。

```
# 导入数据
setwd("D:/R/handbook/homework08")
data< - read.csv("./data08.csv",header= TRUE, sep= ",")
```

3. 检查变量类型

本实验涉及连续型变量和分类变量两种类型。R 导入数据时对变量类型自动识别，但常常会将分类变量识别为数值型变量。故利用 str()函数对数据结构进行查看，检查变量类型是否识别正确。

```
# 检查数据格式
str(data)
```

结果表明 Region 变量被识别为连续变量，而根据表 11-1，Region 应为分类变量，故需要对其进行类型转换。

```
> str(data)
'data.frame':59 obs. of 6 variables:
$ ID         : int 1 2 3 4 5 6 7 8 9 10 ...
$ Month      : int 31 30 25 36 22 29 31 42 37 28 ...
$ Region     : int 1 1 1 1 1 1 1 1 1 1 ...
$ Accident   : int 14 14 11 13 55 22 12 95 22 33 ...
$ Volume     : int 550 550 300 400 3300 1350 600 2600 1150 500 ...
$ Population : int 23 24 15 20 137 60 31 112 55 30 ...
```

利用 as. factor()函数将 Region 由数值型变量转变为分类变量，赋值给 Regionnew 变量。

```
# 转换变量类型
data$ Regionnew< - as.factor(data$ Region)
```

4. 检验因变量是否过度离散

在进行泊松回归建模前需要检验因变量是否过度离散。先安装并调用 qcc 包，再使用 qcc 包中的 overdispersion. test()函数进行因变量过度离散检验。该假设检验的原假设为变量不存在过度离散。

```
# 进行因变量过度离散检验
install.packages("qcc")
library(qcc)
qcc.overdispersion.test(data$ Accident,type= "poisson")
```

结果表明，p 值小于 0.05，拒绝原假设，说明该计数变量过度离散，因而需要采用类泊松回归对其进行建模分析。

```
Overdispersion test Obs.Var/Theor.Var Statistic p- value
    poisson data      62.87013 3646.468      0
```

5. 建立类泊松回归模型

利用 glm()函数建立类泊松回归模型 model1，将 Accident 作为因变量，选择 Month、Regionnew、Volume 和 Population 作为自变量，family 参数选择 quasipoisson(表示类泊松回归；若选择 possion，则表示泊松回归)。

```
# 建立类泊松回归模型
model1< - glm(Accident~ Month+ Regionnew+ Volume+ Population,
        family= quasipoisson, data)
summary(model1)
```

结果表明，所有自变量都不显著，需要对模型进行修正。

```
Coefficients:
             Estimate      Std. Error     t value      Pr(> |t|)
(Intercept)  1.9102113     0.4770530      4.004        0.000191 * * *
Month        0.0222990     0.0138610      1.609        0.113502
Regionnew2   - 0.2710186   0.3580306      - 0.757      0.452358
Volume       0.0002927     0.0004322      0.677        0.501181
```

```
Population     0.0039393        0.0105920        0.372        0.711414
```

6. 进行共线性诊断

安装并调用 car 包，使用 vif() 函数来对模型的共线性进行诊断。

```
# 进行共线性诊断
install.packages("car")
library(car)
vif(model1)
```

通过运行可以发现，Volume 和 Population 存在严重共线性问题，需在两个自变量间进行筛选与剔除。

```
> vif(model1)
   Month       Regionnew      Volume       Population
   1.256028    5.302651       179.231080   192.076780
```

7. 修正模型

根据生活经验与相关理论，道路所在社区的人口数（Population）可能会影响该社区的道路平均交通流量（Volume）。故在本次实验建模中选择舍弃 Volume 变量，保留 Population 变量来建立 model2。

```
# 优化模型
model2< - glm(Accident~ Month+ Regionnew+ Population,
        family= quasipoisson, data)
summary(model2)
```

model2 结果显示 Regionnew 和 Population 变量有显著影响，而 Month 变量的影响不具备显著意义。

```
Coefficients:
             Estimate      Std. Error     t value     Pr(> |t|)
(Intercept)  1.8468069     0.4606856      4.009       0.000185 * * *
Month        0.0213203     0.0135649      1.572       0.121750
Regionnew2   - 0.4858096   0.1645836      - 2.952     0.004638 * *
Population   0.0110978     0.0008433      13.161      < 2e- 16 * * *
```

利用 vif() 函数对 model2 进行共线性诊断。

```
# 进行共线性诊断
vif(model2)
```

结果表明，三个变量的 vif 值都小于 2。可认为模型不存在共线性问题，可将 model2 作为实验最优模型。

```
> vif(model2)
   Month       Regionnew      Population
   1.231341    1.154774       1.254514
```

8. 解释模型

由于上述类泊松回归方程左边为 log 函数，其自变量系数（Estimate）不便于解释自变量和因变量的关系，所以需要利用 exp() 函数对自变量系数进行指数变换。

```
# 解释模型
exp(coef(model2))
```

结果表明，道路所在区域以及道路所在社区人口数是影响道路交通事故发生数的主要因素。① 郊区近 5 年道路事故数约是主城区的 61.5%，可能是由于主城区人流车流密集，发生事故的可能性更大。② 道路所在社区人口数每增加 1 万人，近 5 年道路事故数增加 1.1%。道路所在社区人口数越多，道路中人流量增加，对交通产生干扰更大，事故发生数量更高。

```
> exp(coef(model2))
(Intercept)       Month      Regionnew2      Population
6.339545       1.021549      0.615199        1.011160
```

9. 对道路事故发生率进行泊松回归建模

在前述模型的基础上,采用道路事故发生率进行泊松回归建模。定义道路事故发生率为道路平均发生事故数量/道路所在社区人口数(Accident/Population)。研究道路事故发生率的主要影响因素有利于进行交通规划和政策干预。

(1) 将道路事故发生率作为因变量构建 model3

将道路事故发生率作为因变量,选择 Month、Regionnew、Volume 作为自变量,利用 glm()函数建立类泊松回归模型 model3,其方程表现形式并非将 Accident/Population 置于方程左边,而是在方程左边依然保留计数变量 Accident,将道路事故发生率中 Population 变量以 offset(log(Population)形式置于方程右边,family 参数选择 quasipoisson。

```
# 以道路事故发生率作为因变量进行建模
model3< - glm(Accident~ Month+ Regionnew+ Volume+
        offset(log(Population)), family= quasipoisson, data)
summary(model3)
```

结果显示,Month 变量不显著,将其从模型中剔除,建立 model4。

```
Coefficients:
                Estimate      Std. Error      t value      Pr(> |t|)
(Intercept)    - 1.861e+ 00   4.490e- 01     - 4.145      0.000118 * * *
Month          1.878e- 02     1.316e- 02      1.427       0.159208
Regionnew2     - 3.729e- 01   1.575e- 01     - 2.368      0.021441 *
Volume         1.933e- 04     3.596e- 05      5.375       1.61e- 06 * * *
```

(2) 基于 model3 构建 model4

剔除 Month 变量,将道路事故发生率作为因变量,选择 Regionnew、Volume 作为自变量,利用 glm()函数构建 model4。

```
# 修正模型
model4< - glm(Accident~ Regionnew+ Volume+ offset(log(Population)),
        family= quasipoisson, data)
summary(model4)
```

模型输出结果显示,Regionnew 和 Volume 自变量都具有显著意义。

```
Coefficients:
                Estimate      Std. Error      t value      Pr(> |t|)
(Intercept)    - 1.265e+ 00   1.484e- 01     - 8.526      1.06e- 11 * * *
Regionnew2     - 4.345e- 01   1.540e- 01     - 2.822      0.0066 * *
Volume         1.779e- 04     3.473e- 05      5.123       3.85e- 06 * * *
```

(3) 利用 vif()函数对 model4 进行共线性诊断

```
# 共线性诊断
vif(model4)
```

结果显示,model4 不存在共线性问题,可将 model4 作为研究道路事故发生率的最优模型。

```
> vif(model4)
Regionnew      Volume
1.006762       1.006762
```

(4) 解释模型

由于上述道路事故发生率的类泊松回归方程左边依然为 log 函数,其自变量系数(Estimate)不便于解释自变量和因变量的关系,所以需要利用 exp()函数对自变量系数进行指数变换。

```
# 对自变量系数进行指数变换
exp(coef(model4))
```

　　结果表明,道路所在区域以及道路平均交通流量是影响道路事故发生率的主要因素。其中:郊区道路事故发生率约是主城区的 64.76%;道路平均交通流量每增加 1pcu/h,道路事故发生率增加约 0.02%。

```
> exp(coef(model4))
(Intercept)      Regionnew2        Volume
0.2822114        0.6475676         1.0001780
```

11.3.3　泊松回归常见问题解答

　　1. 对因变量进行泊松分布检验

　　因变量服从泊松分布是进行泊松回归建模的前提,不少初学者在进行泊松回归建模前都缺少对因变量的数据分布进行检验。泊松分布的常见判断方法可参考 11.1.3 节。

　　2. 数据过度离散不可以使用泊松回归建模

　　在进行泊松回归建模前需要检验因变量是否存在过度离散的情况,如果不存在过度离散才可以使用泊松回归建模。例如本实验的因变量交通事故发生次数存在过度离散,则选择类泊松回归进行建模分析。

　　3. 依据因变量类型解释泊松回归自变量系数

　　对泊松回归自变量系数 $(\beta_1, \beta_2, \cdots, \beta_n)$ 的解释要依据因变量而定。如果因变量为事件发生次数,自变量前面系数 β 表示在保持其他自变量不变的情况下,x 每增加一个单位,事件的平均发生次数将变为原来的 e^β 倍。如果自变量为事件发生率,自变量前面系数 β 表示在保持其他自变量不变的情况下,x 每增加一个单位,事件的发生率将变为原来的 e^β 倍。

11.4　泊松回归的应用场景举例

11.4.1　灾害、事故发生次数的影响因素分析

　　泊松回归不仅能应用于城市道路交通事故的影响分析,也可以扩展至城市和区域其他类型灾害或事故的发生次数影响因素解析。可将一定时间范围内灾害或各类事故(如公共卫生事件)的发生次数作为因变量,此类因变量的取值范围较小,只能为非负整数值,且数量不连续,具有显著的离散特性,基本服从泊松分布。选取潜在影响因素作为自变量,构建泊松回归模型,为城市与区域规划提供科学支撑,提升城市与区域韧性。

11.4.2　企业区位选择影响要素分析

　　企业区位选择可以认为是区位特征(区位影响要素)的效用函数,不同产业类型的企业在进行区位决策时所考虑的区位因素有所差异。可在城市或区域边界内将研究范围划分为一定数量的小的空间单元,基于不同年份的企业普查数据统计每个空间单元的新

增企业数量,将其作为因变量。该因变量的取值范围较小,只能为非负整数值,且不连续,具有显著的离散特性,基本服从泊松分布。自变量可从产业结构、土地价格、与城市中心的距离、道路密度、人口密度等因素进行选取,进而构建泊松回归模型探究不同产业类型的企业进行区位决策的影响因素,为产业园区空间布局规划设计提供理论支撑。

拓展篇

本篇基于基础分析篇的基础模型进行拓展，丰富读者解析城市与区域系统问题的方法选择。本篇首先介绍聚类分析、主成分分析与因子分析等模型的建模原理与应用思路，然后引入结构方程模型和时间序列分析，最后讲解运用 R 语言进行多种模型综合应用的编码过程，使读者对本教材讲授内容可以融会贯通。需要指出，当前城市与区域所面临问题的复杂程度、解决问题的艰巨程度明显加大。我们要有家国情怀，富有社会责任感，聚焦城市与区域发展实践遇到的新问题和深层次问题，综合运用多种分析方法，把握症结，提出解决问题的新理念新思路新办法。这里尤其要注意影响因子之间的相互联系，以及自变量与因变量之间是否真正存在因果联系，防止理论脱离实际、结论偏离现实。

第12章 实验九:城市与区域系统聚类分析

城市与区域系统分析有时需要划分研究对象的类型,针对每种类型制定差异化的发展策略。例如依据城市(区、街道)等尺度的可持续发展程度对城市分类,基于区域内城市(镇、村)的职能与性质对城市进行分类,按照城市或区域人口的社会经济状况对人群分类,评价城市用地发展潜力并对用地进行分类。这些分类问题可能无法用第10章的逻辑回归建模,因为在分析之前我们并不知道样本分成了几类,这时就需要用到非监督分类的聚类分析方法。本章讲解聚类分析的建模原理,对比聚类分析与判别分析的异同,然后以都市圈社会一生态系统可持续性聚类分析为例,展示应用R语言进行聚类分析建模的编码过程,最后探讨聚类分析的应用场景。

12.1 聚类分析原理

12.1.1 基础概念

聚类分析是对包含多个属性的对象进行分类,将性质相近的对象归为一类的统计方法。通过聚类分析,每一聚合类中的元素呈现相似特性,而不同聚合类之间的差别较大,这也是聚类分析最重要的两条原则。聚类分析简单直观,但一般不会自动找出最佳分类,需要研究者的主观判断和后续验证,因此聚类分析主要应用于探索性研究。聚类分析有两种类型:

① Q型聚类分析。Q型聚类分析对样本进行分类,目的是将性质相近的研究对象归入一类(图12-1)。在城市与区域系统分析中,Q型聚类分析更为常见。

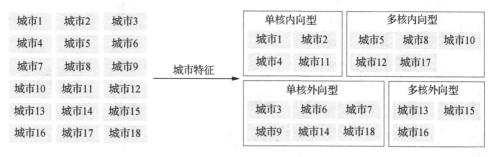

图 12-1 Q型聚类分析示意图

② R型聚类分析。R型聚类分析对指标进行分类,目的是将性质相近的变量归为同一类,从而减少变量个数,并从中找出代表变量(图12-2)。

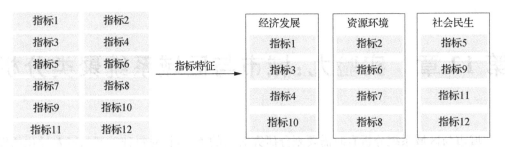

图 12-2　R型聚类分析示意图

聚类分析以"距离"度量样本的相似程度。"距离"可通不同的数量化方法进行测度(表12-1)。聚类分析时使用不同"距离"测度得到的聚类结果有所差异。

表 12-1　聚类分析中常见距离与计算公式

距离	计算公式
欧氏距离/欧几里得距离	$d_{12} = \sqrt{\sum_{k=1}^{n}(x_{1k} - x_{2k})^2}$
曼哈顿距离	$d_{12} = \sum_{k=1}^{n}\|x_{1k} - x_{2k}\|$
切比雪夫距离	$d_{12} = \max_{k}\|x_{1k} - x_{2k}\|$
闵可夫斯基距离	$d_{12} = \sqrt[p]{\sum_{k=1}^{n}\|x_{1k} - x_{2k}\|^p}$
马氏距离	$d_{12} = \sqrt{(x_{1k} - x_{2k})^{\mathrm{T}}\sum^{-1}(x_{1k} - x_{2k})}$

常用的"距离"计算方法为欧氏距离。以一个二维数据集为例,如图12-3所示,左侧数据表包含若干城市的GDP和人口信息,这些城市样本可以映射到右侧二维空间坐标系中的数据点。聚类分析就是计算这些点在二维坐标系内两两之间的直线距离(欧氏距离),然后根据距离大小对这些点进行分类。

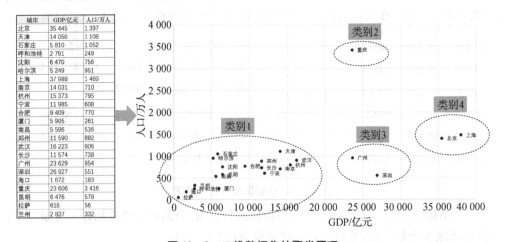

图 12-3　二维数据集的聚类原理

图12-3的数据集维度仅为二维,而实际城市与区域系统分析的数据集往往包含多

个维度(例如城市的人口、面积、产业结构、城镇化率等)。在这样的多维数据集中,样本可看成是散落在多维空间里的一个个点,虽然数据的维度发生了变化,但聚类分析的原理基本相同。

12.1.2　常用方法

1. K 均值聚类

K 均值(K-Means)聚类是最著名、使用最广泛的聚类算法,使用 K-Means 聚类之前需要预设分成几类,也就是确定 K 的值。K-Means 聚类的具体步骤如下(图 12-4):

① 随机抽取 K 个数据点作为初始聚类中心种子;

② 计算每个数据点到每个聚类中心的距离,并把每个数据点分配到距离它最近的聚类中心;

③ 当所有数据点都被分配完,将每个类别中心替换为该类别的均值;

④ 重复上两步直到收敛,即满足某个终止条件(如迭代次数、族中心变化率、最小平方误差等)。

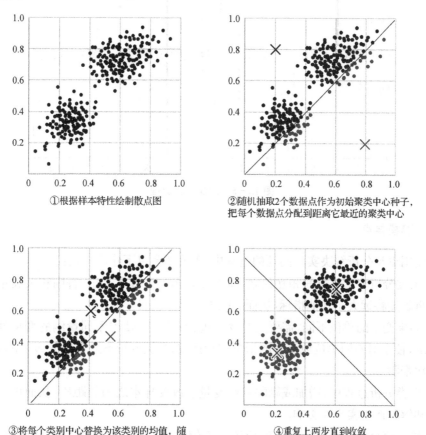

①根据样本特性绘制散点图

②随机抽取2个数据点作为初始聚类中心种子,把每个数据点分配到距离它最近的聚类中心

③将每个类别中心替换为该类别的均值,随后继续分配

④重复上两步直到收敛

图 12-4　K-Means 聚类原理

2. 层次聚类

层次聚类(Hierarchical Clustering)是另一种常见的聚类分析方法,适合处理含有分

类变量的数据。它的基本思路是通过某种相似性测度方法（如"距离"）计算节点之间的相似性，并按相似度由高到低排序，逐步重新连接每个节点，形成层次树。与 K-Means 聚类方法不同，在层次聚类开始前不需要预设分成几类。层次聚类的具体步骤如下：

① 先把每个点划分为一族。

② 再将距离最近的两个点划分为一族。

③ 重复划分，直到只剩下一个族。

④ 最后使用截断分类线来获得层次聚类的结果，截断分类线与分族线相交的交点个数表示分类个数。如图 12-5 展示的层次聚类图，依据 line1 截断分类线与竖直线相交的结果，样本被划分 7 个类别；依据 line2 截断分类线与竖直线相交的结果，样本被划分为 3 个类别。

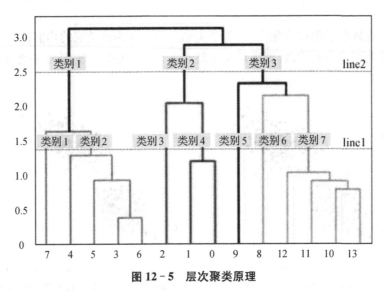

图 12-5　层次聚类原理

12.1.3　建模要点

在使用聚类分析解决实际问题的过程中，需要注意以下建模要点：

① 聚类分析要求变量间相互独立，即指标间相关系数尽量小，否则相关关系强的个别指标贡献度将远大于其他指标，从而影响聚类结果的科学性。

② 如果变量的单位不同，需要先对变量进行标准化，使得不同量纲的变量处于同一数值量级，便于对不同单位或量级的指标进行比较；分类变量不适合用 K-Means 聚类，可尝试层次聚类。

③ 聚类分析过程中，增加或删除一些变量会改变样本之间的距离，从而可能对最终的结果和解释产生实质性影响。

④ 异常值会使样本聚类中心的位置发生较大的偏移，进而对聚类分析的结果产生影响。

⑤ 对聚类的数量确定和类型解释具有主观性，需要在参考既有研究的基础上凭借个人专业知识与相关经验，选择聚类数并对每个分类赋予科学意义。

⑥ 为便于解释聚类结果，聚类分析的类别个数不宜太多（多于 10 个）或太少（少于 4 个）。

12.2　聚类分析与判别分析比较

对研究对象进行分类的方法除聚类分析之外还有判别分析。与聚类分析不同的是，判别分析是通过已知的分类情况，根据数据的特征对其他研究对象进行预测归类的研究方法。判别分析在用地分类、自然灾害判别等领域应用广泛。例如：已知城市不同用地类型对应的 POI 分布特征，根据新收集的 POI 数据可判别某未知地块的用地类型；依据过去降雨累积量与其他环境数据，预判某灾害多发区域在某种环境条件下的洪涝灾害风险指数等。近年来随着机器学习的兴起，判别分析更是成为热门的分析方法。

12.2.1　判别分析模型原理

判别分析首先将已有数据分为两个部分。一部分是训练数据，用于训练拟合出一个优化的模型，即建立一套判别规则，包含数据可分成几类，每一类具有什么特征。另一部分是检验数据，用于验证训练出的模型效果。如果两部分数据的拟合结果都良好，后续就可以利用该模型来判别新的"没有确定类别"的数据属于哪一类（图 12-6）。

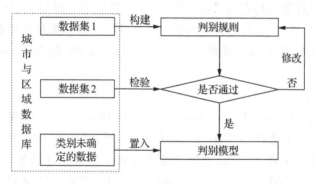

图 12-6　判别分析过程

判别分析与第 10 章逻辑回归在函数形式上相似。但判别分析通常不用于解释变量，主要用于对样本进行分类。判别分析的前提假设是不同类别的样本协方差矩阵相同，而逻辑回归没有此假设。判别分析方程的系数是类均值和方差的函数，是通过估计训练样本的类均值和方差得到，而逻辑回归方程的系数通过极大似然估计得到。

12.2.2　常用判别分析方法

1. 线性判别分析

线性判别分析（Linear Discriminant Analysis，LDA）是一种经典的判别分析方法，最早由费希尔（R. A. Fisher）提出。其主要思想是将一个高维空间中的数据投影到一个较低维的空间中，即利用线性组合方法将多个变量转化成单变量值，再以单变量值判别研究对象间的差别。线性判别分析的模型原理是将已有数据点投影到一条或多条直线上（又称 Fisher 线性判别函数），对原始数据降维，使得同类别数据的投影点尽可能接近（协方差矩阵尽可能小），不同类别数据的投影点尽可能远离（类中心之间的距离尽可能大）。在建立投影直线后，当面对一个新的样本时，只要将其投影到这条直线上再根据投影点的位置即可判断其分类(图 12 - 7)。

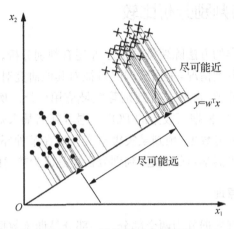

图 12 - 7 线性判别分析原理

用于线性判别分析的数据集最好服从正态分布,变量间相互独立相关性较小,每个类别的协方差矩阵相同。线性判别分析的自变量个数多不一定会提升判别效果。为使线性判别函数达到理想的判别效果,建议自变量个数在 8～10 以内,样本容量需为自变量个数的 10～20 倍以上,这样建立的判别函数比较稳定。如果数据量够大,亦可使用神经网络构建判别函数,能够提高准确率。可用 R 语言 MASS 包中的 lda()函数进行线性判别分析建模。

2. 距离判别分析

距离判别分析(Distance Discriminant Analysis,DDA)同样是常见的判别分析方法。该方法根据已知分类的数据,分别计算各类的重心,即各组的均值。对于一个新的样本,该样本与哪一个重心的距离最近,就判别样本应属于重心所在的类。此处的"距离"指"马氏距离",它代表新的样本点与一个已知分布之间的距离。如图 12 - 8 所示,A、B 两点与原点的欧式距离相同,但由于样本总体更加沿横轴分布,所以 B 点更有可能被判别为这类样本中的点,而 A 则更有可能属于其他分类。可用 R 语言 WeDiBaDis 包实现加权马氏距离判别分析。

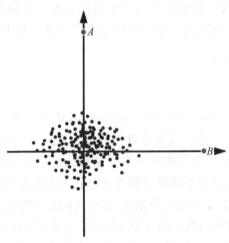

图 12 - 8 马氏距离:样本与分布之间的距离

12.2.3　聚类分析与判别分析对比

聚类分析与判别分析都可用于对样本进行分类。两者的相同点是都根据样本的相似性对样本进行分类。但两者在研究目的、基本思想和分类方法上存在一定差异（表12-2）。研究目的方面，聚类分析的目的是对所有未知分类的样本进行分类；而判别分析的目的是判断类别未知的样本属于已知的哪个类别。基本思想方面，聚类分析属于无监督分类，分析前研究者对于分几类以及每一类的特征是未知的；而判别分析属于有监督分类，类别数量和判别准则是确定的。分类方法方面，聚类分析不需要构建函数，而判别分析需要构建判别函数。

表 12-2　聚类分析与判别分析的差异

类别	聚类分析	判别分析
研究目的	对所有样本进行分类	判断类别未知的样本所属类别
基本思想	无监督分类	有监督分类
分类方法	不需要构建函数	需要构建判别函数

12.3　R 语言聚类分析应用：南京都市圈社会-生态系统可持续性聚类分析

12.3.1　实验目的

尊重自然、顺应自然、保护自然，是全面建设社会主义现代化国家的内在要求。我们需牢固树立和践行"绿水青山就是金山银山"的理念，站在人与自然和谐共生的高度谋划城市与区域的发展。本次实验以南京都市圈社会-生态系统可持续性聚类分析为例，讲解使用 R 语言进行聚类分析的编码操作。通过本实验可以熟悉运用聚类分析研究城市与区域系统问题的基本方法。

本实验数据为"data09.csv"，该数据库是 2019 年南京都市圈 59 个区县社会-生态系统的部分指标，包含记录编码、区县名称、蓝绿空间占比、热岛风险指数、国内生产总值、植被净初级生产力指数、二氧化碳排放量共 7 个变量，所有数据均已经过标准化处理，取值在 0～1 之间（表 12-3）。

表 12-3　变量说明

变量名	统计内容	变量类型	说明
ID	记录编码	连续	无
NAME	区县名称	分类	无
GREEN_SPACE	蓝绿空间占比	连续	数值越大，蓝绿空间占比越大
HEAT_ISLAND	热岛风险指数	连续	数值越大，热岛风险越小
GDP	国内生产总值	连续	数值越大，国内生产总值越高
NPP	植被净初级生产力指数	连续	数值越大，植被净初级生产力越高
CO2_EMISSION	二氧化碳排放量	连续	数值越大，碳排放越小

12.3.2 实验步骤

1. 确定研究问题

依据社会—生态系统可持续性指标特征,可将南京都市圈59个区县分为几类?每类的社会—生态系统可持续性特征是什么?

2. 导入与查看数据

```
# 导入数据
setwd("D:/R/handbook/homework09")
data< - read.csv("./data09.csv",header= TRUE, sep= ",")
# 查看数据特征
dim(data)
names(data)
```

查看数据特征的结果如下:

```
> dim(data)
[1] 61     7
> names(data)
[1] "ID" "NAME" "GREEN_SPACE" "HEAT_ISLAND" "GDP" "NPP" "CO2_EMISSION"
```

3. 进行变量的相关性检验

data的第一列和第二列分别为城市ID与城市名称,这两列在做皮尔森相关性检验时需要剔除,因此将data的第3—7列赋值给data0。使用cor()函数进行皮尔森相关性检验。

```
# 将 data 的第 3- 7 列赋值给 data0
data0< - data[,3:7]
data0
# 对 data0 进行皮尔森相关性检验
cor(data0)
```

变量GREEN_SPACE与变量NPP的相关系数达到约-0.83,属于高度相关,需要剔除其中一个变量。

```
> cor(data0)
                GREEN_SPACE   HEAT_ISLAND   GDP           NPP           CO2_EMISSION
GREEN_SPACE     1.00000000   - 0.4888999   - 0.2148247   - 0.8302410   - 0.08369244
HEAT_ISLAND    - 0.48889988   1.0000000     0.1387310     0.3920573   - 0.14126382
GDP            - 0.21482465   0.1387310     1.0000000     0.1449758   - 0.29815884
NPP            - 0.83024099   0.3920573     0.1449758     1.0000000     0.20673934
CO2_EMISSION   - 0.08369244  - 0.1412638   - 0.2981588    0.2067393     1.00000000
```

本实验选择剔除变量GREEN_SPACE。将热岛风险指数、国内生产总值、植被净初级生产力指数和二氧化碳排放量四个变量存储到data1。

```
# 将 data0 的第 2- 5 列赋值给 data1
data1< - data0[,c(2:5)]
```

4. 进行K-Means聚类分析

(1) 安装与调用扩展包

K-Means聚类分析需要安装并调用fpc、factoextra、cluster三个扩展包,相关代码如下:

```
install.packages("fpc")
install.packages("factoextra")
install.packages("cluster")
library(fpc)
library(factoextra)
```

```
library(cluster)
```

(2) 确定 K-Means 最优聚类数

采用 clusGap()函数估计不同聚合簇数返回的统计量,以确定最优聚类数。该函数中的参数依次解释为:clusGap(数据集名称,FUN =聚类方式,K. max = 最大聚类数,B = 迭代次数)。

```
# 设置随机数种子为 7(具体数值可以自行设定)
set.seed(7)
# 逐一聚类数为 1- 10 的结果,并迭代 500 次
gap_stat = clusGap(data1, FUN = kmeans , K.max = 10,B = 500)
# 可视化聚类结果
fviz_gap_stat(gap_stat)
```

图 12 - 9 可帮助确定最优聚类数。对于聚类数的确定需要兼顾同类别差异尽量小、类别间差异尽量大、聚类结果便于解释等原则。图中推荐的最优聚类数为 1,而聚类数为 8 时,Gap statistic 值最高。但聚类数 1 和 8 不是太少就是太多,都不适合解释聚类结果。本实验选择聚类数为 6 进行聚类尝试,因为此时 Gap statistic 已经处于较高值,随着聚类数增加 Gap statistic 保持平稳。读者也可选择自己认为合适的聚类数自行建模。

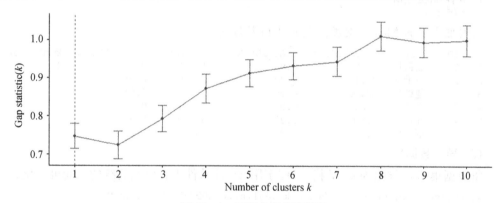

图 12 - 9 可视化最优聚类数

(3) 测试 K-Means 聚类的稳定性

运行 clusterboot()函数计算 6 类聚类的稳定性,聚类方法设置为 K-Means 聚类。如果每类都比较稳定,则说明 6 类聚类效果良好。

```
stab6< - clusterboot (data1,B= 100,bootmethod= "boot",
                      clustermethod= kmeansCBI, krange= 6, seed= 7)
print(stab6)
```

Clusterwise Jaccard bootstrap mean 的数值代表每一类的稳定性,数值越高表示越稳定。数值小于 0. 5 表示该类别不稳定,数值在 0. 5~0. 75 之间表示结果有一定的稳定性,数值大于 0. 80 表示该类别非常稳定。结果显示聚成 6 类后,第一、二、三、六类较稳定,第四、五类非常稳定。读者可根据自己选择的聚类数量测试聚类的稳定性,依此选择最优聚类数。

```
> print(stab6)
* Cluster stability assessment *
Cluster method: kmeans
Full clustering results are given as parameter result
of the clusterboot object, which also provides further statistics
of the resampling results.
Number of resampling runs: 100
```

```
Number of clusters found in data: 6

Clusterwise Jaccard bootstrap (omitting multiple points) mean:
[1] 0.7810353 0.7343730 0.6450000 0.8434231 0.8686591 0.5238377
dissolved:
[1] 9 18 36 9 15 58
recovered:
[1] 60 49 64 79 73 39
```

(4）将 K-Means 聚类结果合并到原数据集 data 中

使用 kmeans()函数对 data1 进行 K-Means 聚类,聚类数为 6,聚类结果存于 km 数据集。将 km 数据集中的变量 cluster 合并到 data 数据集中。

```
# 设置随机数种子为 7,确定类别数为 6,对 data1 进行 K-Means 聚类
set.seed (7)
km< - kmeans(data1,6)
# 将基于 data1 聚类的 km 数据集中的 km$ cluster 的值与 data 合并,并存于 data 中
data< - cbind(data,km$ cluster)
# 将 data 数据集中的变量名 km$ cluster 改为变量名 kmcluster
names(data)[8]< - "kmcluster"
# 查看 data 数据
head(data)
```

查看加入了 K-Means 聚类信息的 data 数据集。

	ID	NAME	GREEN_SPACE	HEAT_ISLAND	GDP	NPP	CO2_EMISSION	kmcluster
1	0	玄武区	0.55	0.95	0.11	0.54	0.88	4
2	1	秦淮区	0.11	1.00	0.12	0.66	0.94	6
3	2	建邺区	s0.00	0.95	0.11	0.43	0.91	4
4	3	鼓楼区	0.04	0.99	0.17	1.00	0.97	6
5	4	浦口区	0.59	0.82	0.04	0.14	0.48	2
6	5	栖霞区	0.35	0.94	0.16	0.29	0.62	2

(5）导出数据集

将数据集 data 导出为 CSV 格式,便于用 Excel 软件查看以及后续的空间可视化。

```
write.csv(data, file= "D:/R/handbook/homework09/cluster1.csv")
```

(6）制作 K-Means 聚类雷达图

制作雷达图需要安装并调用 fmsb 包。然后首先查看 km 数据集中的 centers 变量,该变量为每一个聚类在热岛风险指数、国内生产总值、植被净初级生产力指数和二氧化碳排放量四个变量的均值。

```
# 安装并调用 fmsb 包
install.packages("fmsb")
library(fmsb)


# 查看每一类的变量均值
km$ centers
```

代码运行结果如下:

```
> km$ centers
    HEAT_ISLAND    GDP          NPP        CO2_EMISSION
1   0.8740625      0.04062500   0.11125    0.7940625
2   0.8550000      0.11900000   0.18600    0.4990000
3   0.8900000      1.00000000   0.22000    0.6700000
4   0.9163636      0.05545455   0.41000    0.8690909
5   0.3080000      0.01600000   0.03400    0.9180000
6   0.9950000      0.14500000   0.83000    0.9550000
```

依据均值设置每个变量在雷达图上显示的值域范围,也就是最大值和最小值。由于

标准化后的"热岛强度"与"碳排放指标"得分越高表示热岛强度越小或碳排放越少,为了雷达图展示效果的一致性,将这两个变量的最大最小值反向设置。将每个变量的最大最小值存于 maxmin 数据集中。使用 rbind()函数将 maxmin 和 km$centers 纵向合并,存于 radarfig 数据集中。再使用 radarchart()函数绘制 K-Means 聚类雷达图。雷达图绘制命令包含较多参数,可在 R 里用命令"? radarchart"查询参数含义。

```
# 根据均值设置每个维度变量展示的最大最小值
maxmin < - data.frame(HEAT_ISLAND= c(0, 1), GDP= c(1, 0), NPP= c(1,0), CO2_EMIS-
SION= c(0,1))
# 将 maxmin 和 km$ centers 纵向合并
radarfig < - rbind(maxmin,km$ centers)

# 将 radarfig 转化为数据框格式
radarfig < - as.data.frame(radarfig)
# 设置轴标签,如果出图时标签与轴重叠,可通过在标签前后添加空格解决
colnames(radarfig) < - c("热岛风险指数", "国内生产总值",
                        "植物净初级生产力指数","二氧化碳排放量")
# 设置雷达图标注字体、字号、图例样式
# 参数 pty、seg、pcol、plty、plwd、cglty、cglcol、vlcex 用于设置雷达图样式
# 参数 centerzero 表示绘制刻度的格式
radarchart(radarfig,pty = 32, axistype= 0, axislabcol= "black", seg= 5,
           pcol = c('blue','yellow','red','green','black','purple'),
           plty = 1, plwd = 2, cglty = 1, cglcol = "black",
           centerzero = TRUE, vlcex = 1, title = "K- Means 聚类分析")
# 绘制图例
legend("topleft", c("第一类","第二类","第三类","第四类","第五类","第六类"),
       fill = c('blue','yellow','red','green','black','purple'))
```

图 12 - 10 显示南京都市圈 59 个区县的社会—生态系统可持续性聚类结果。第一类区县属于"总体低水平发展类型",其 GDP 水平和植物净初级生产力低,热岛风险和二氧化碳排放水平也不高;第二类区县属于"不可持续发展Ⅰ型",其 GDP 水平和植物净初级生产力不高,但二氧化碳排放水平却很高;第三类区县属于"经济可持续发展类型",其 GDP 水平在所有类别中最高,热岛风险和二氧化碳排放水平较低,但植物净初级生产力不高;第四类区县属于"一般可持续发展类型",其植物净初级生产力在所有类别中位列第二,热岛风险和二氧化碳排放水平较低,但 GDP 水平不高,综合而言其可持续发展水平一般;第五类区县属于"不可持续发展Ⅱ型",其 GDP 水平和植物净初级生产力不高,但热岛风险却很高;第六类区县属于"生态可持续发展类型",其植物净初级生产力在所有类别中最高,热岛风险和二氧化碳排放水平较低,GDP 水平与虽然第三类差距明显,但仍位列第二。

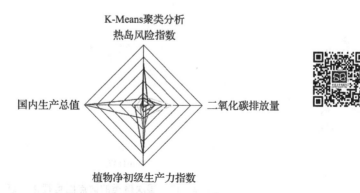

图 12 - 10　K-Means 聚类雷达图示意

5. 进行层次聚类分析

（1）安装并调用 R 包

进行层次聚类分析，需要安装并调用 eclust 包。

```
install.packages("eclust")
library(eclust)
```

（2）制作层次聚类树状图

首先用 eclust()函数进行层次聚类分析，尝试选择 5 类作为聚类数量。然后用 fviz_dend()函数绘制层次聚类树状图（图 12 - 11）。

```
# 使用 elust()函数进行层次聚类分析，"hclust"表示聚类方式选择"层次聚类"
res.hc< - eclust(data1, k= 5,"hclust")
```

```
# 绘制树状图
fviz_dend(res.hc, rect = TRUE)
```

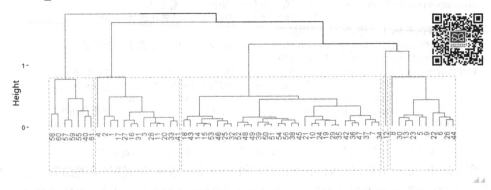

图 12 - 11　层次聚类分析图

（3）进行层次聚类的散点图可视化

聚类分析结果除可用雷达图展示外，也可通过散点图观察分类的效果。本实验用 fviz_cluster()函数查看层次聚类的分类效果（图 12 - 12）。具体参数解释如下：

```
# 参数 res.hc,geom 指定要用于图形的几何图形的文本
# 参数 ellipse 表示是否围绕每个簇的点绘制轮廓,ellipse = F 表示不绘制
# 参数 shape 表示点的形状,参数 pointsize 表示点的大小
# 参数 show.clust.cent 表示是否显示群集中心,show.clust.cent= F 表示不显示
fviz_cluster(res.hc,geom = c("point"),ellipse = F, shape = 16, pointsize = 2,
show.clust.cent= F)
```

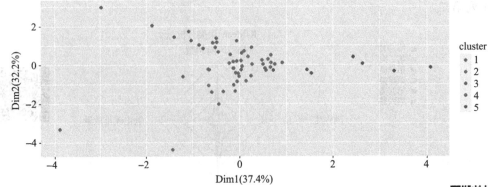

图 12 - 12　层次聚类的散点图可视化示意

（4）测试层次聚类稳定性

用 clusterboot() 函数检查层次聚类稳定性的参数设置与 K-Means 聚类有所不同。需要先用 dist() 函数计算样本间的距离矩阵,存入 ddata。然后设置 clusterboot() 函数的相关参数如下,特别注意聚类方法要设置为层次聚类。

```
# 计算距离矩阵,method= 方法,该例中使用欧氏距离
ddata< - dist(data1,method= "euclidean")
# 参数 B 表示每个方案的重新采样运行次数
# 参数 bootmethod 表示测试方式
# 参数 clustermethod 表示聚类方式, k 表示聚类数量
stab< - clusterboot(ddata,B= 100,bootmethod= "boot", clustermethod= hclustCBI, k
= 5, seed= 7,method= "ward")
# 打印结果
print(stab)
```

Clusterwise Jaccard bootstrap mean 的数值显示层次聚类后,第一、三类非常稳定,第二、三、五类较稳定,没有出现不稳定的类别。层次聚类分 5 类的稳定性比 K-Means 聚类分 6 类的稳定性好。

```
>  print(stab)
*  Cluster stability assessment *
Cluster method: hclust/cutree
Full clustering results are given as parameter result
of the clusterboot object, which also provides further statistics
of the resampling results.
Number of resampling runs: 100

Number of clusters found in data: 5

Clusterwise Jaccard bootstrap (omitting multiple points) mean:
[1] 0.9052363 0.7961667 0.7223591 0.8892410 0.7691905
dissolved:
[1] 4  19  22  1 22
recovered:
[1] 84  53  43  86  49
```

（5）将层次聚类结果也写入原数据集 data

```
# 将基于 data1 聚类的 res 数据集中的 hc$ cluster 的值合并到给 data 中
data< - cbind(data1,res.hc$ cluster)
# 将 data 数据集中的变量名 hc$ cluster 改为变量名 hcluster
names(data)[5]< - " hcluster"
# 查看 data 的变量名
head(data)
# 将数据导出为 CSV 格式,便于用 Excel 软件查看以及后续空间可视化
write.csv(data, file= "D:/R/handbook/homework09/cluster2.csv")
```

6. 进行聚类分析结果的空间可视化

在 ArcGIS 软件中,基于相同 ID 字段连接"cluster2.csv"和南京都市圈空间数据的属性表,设置专题图显示参数,可以实现聚类结果的空间可视化输出(图 12 - 13)。

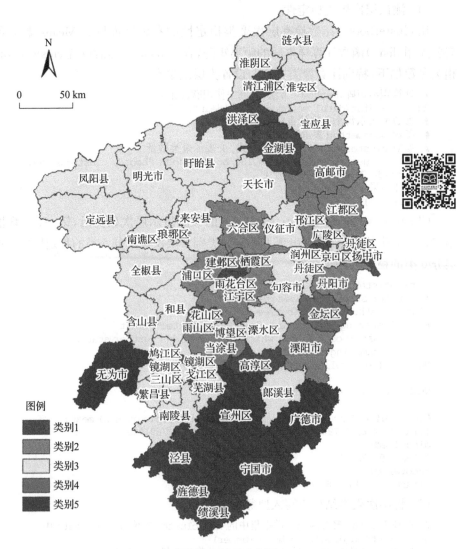

图 12 - 13　层次聚类结果空间展示

12.3.3　聚类分析常见问题解答

1. 使用 cor()函数进行相关性检验时报错

聚类分析前一般用 cor()函数查看数据集中变量间的相关性。cor()函数要求所有变量为数值型变量,不能包括非数值型变量。如果运行 cor(data)时提示"Error in cor(data):'x'必须为数值",建议用 str(data)检查变量中是否存在非数值型变量。如图 12 - 14 所示,Area 为字符型变量,无法与其他数值型变量进行相关性分析,所以报错。需要先剔除数据集中的字符型变量,再运行 cor()函数。

```
29  cor(data)
```
运行结果：
```
> cor(data)
Error in cor(data) : 'x' 必需为数值
```

```
> str(data)
'data.frame':    65 obs. of  35 variables:
 $ Area: chr  "南京市" "溧水区" "高淳区" "无锡市" ...
 $ A   : num  302.5 19.8 20.2 230.9 59.5 ...
 $ B   : int  2094 215 151 5333 1158 973 1941 161 254 316 ...
 $ C   : num  5788 215 185 8940 3248 ...
 $ D   : num  4243 106 102 6699 2487 ...
 $ E   : num  92.87 2.68 2.23 54.01 11.61 ...
 $ F   : num  199.6 13.8 14.1 153.1 36.5 ...
 $ G   : int  6582 1067 792 4788 988 2177 11258 1446 1349 1877 ...
 $ H   : num  174.9 25.7 30.1 107.7 35.3 ...
 $ I   : num  367.8 22.7 26 325.2 81.7 ...
 $ J   : num  100.9 20.9 16.8 72.9 18.6 ...
 $ K   : int  9947 1367 1268 7242 2097 2245 15223 1563 2144 2432 ...
 $ L   : num  94.38 2.46 2.09 78.35 17.47 ...
 $ M   : num  1443.4 47.6 31.4 1180.7 159.2 ...
 $ N   : num  1380.5 39 45.1 1134.8 236.2 ...
 $ O   : num  330.19 6.5 7.62 300.58 82.33 ...
 $ P   : int  18 2 1 9 1 1 7 1 1 1 ...
 $ Q   : int  38420 1247 2680 44133 17697 4524 9172 172 516 2659 ...
```

图 12 - 14　运行 cor( )函数报错示意

2. 绘制雷达图的过程中报错

绘制雷达图需要展示每一类样本在每个变量的平均值，并设定每个变量均值的取值范围。在本实验中，聚类分析的结果存于 km 数据集中，每一类样本在每个变量的平均值可从 km $ centers 中提取。每个变量均值的取值范围需自行创建，如本实验创建的 max-min 数据集。在雷达图绘制前，需要将 km $ centers 和 maxmin 进行合并，生成 radarfig 数据框，作为绘制雷达图的原始数据集。在使用 rbind( )函数进行 km $ centers 和 max-min 合并时，有时会出现"变量的列数不对"报错。其原因是 rbind( )函数一般根据两个数据集的行进行合并，其合并前提是 rbind(a,b) 中数据集 a 和 b 的列数必须相同。因此在使用 rbind( )函数前需对两个将要合并的数据集的行列数进行核查，使其满足合并前提。同理，cbind( )函数是根据两个数据框的列进行合并，其合并前提是两个数据框的行数必须相同。

12.4　聚类分析的应用场景举例

12.4.1　城市发展潜力评估

区域内的城市由于自然禀赋、区位条件、产业基础等方面的差异，城市发展潜力各不相同。在制定区域发展战略时，可通过聚类分析抓住各城市的共性与不同，促进城市间的合作与互补。具体研究中，首先需要构建测度城市发展潜力的指标体系，包括社会、经济、文化、生态等多个维度；其次基于这些指标体系对城市进行聚类，被归为同一类的城市具有相似潜力特征；最后针对不同类型的城市制定差异化发展战略。例如，对于发展前期的"低水平高潜力"城市，在发展战略制定上就需要挖掘潜力，集中力量发展优势产业、加快发展速度，同时补齐发展短板；对于发展已经步入中后期的"高水平低潜力"城市，就需要更加关注发展质量，优化产业结构，找到新的增长点。

12.4.2　城市群类型综合划分

城市群被认为是国家参与全球竞争的新型地域单元，将有望成为国家经济发展中最具活力和潜力的增长点。对城市群进行聚类分析，将为城市群因地制宜的配置资源、优化空间格局、提升治理水平提供科学依据。具体研究中，首先需要构建指标体系测度城市群的产业结构、开放程度、聚集程度、资源环境效应等方面;其次基于上述指标对城市群进行聚类,被归为同一类的城市群在同一类型指标中的得分接近;最后归纳不同类型城市群的特征,提出有针对性地发展建议。例如:"单核极化型"城市群可能中心城市发展水平突出,其他城市与中心城市等级明显;"多核网络型"城市群可能存在多个中心城市,城市间层级更加扁平化。

12.4.3　城镇体系规划支持

城镇体系是一定区域范围内,规模、等级、职能各不相同的城镇形成的相互联系、具有时空地域结构的网络。聚类分析可支持城镇体系规划明确不同层次的城镇地位、性质和作用,促进城镇间相互协调,实现区域经济、社会、空间的可持续发展。在具体规划实践中,可依据城镇规模、经济发展、产业结构等指标对区域内的城镇进行聚类,将等级相近、职能类似的城镇归为同一类,为确定城镇体系等级和体系内城镇具体分工提供依据。例如:依据聚类分析划分的"中心城市"一般是区域内发育程度最高、规模最大的城镇,将作为带动区域发展的"主核",辐射整个区域甚至外部地区;"副中心城市"一般是区域内经济较发达、工业化程度较高的城镇,作为"次核"辐射周边地区。

第 13 章　实验十：城市与区域系统主成分分析和因子分析

城市与区域系统分析涉及的变量众多，既为研究提供了充足丰富的信息，同时也增加了分析的难度。在这种情况下，如果盲目减少变量的个数，可能损失变量中包含的有价值信息，导致数据分析结果存在偏差或错误。这是就需要科学的方法对变量进行降维处理，以便提取变量最核心的信息，降低分析的难度和成本。本章介绍两种常用的数据降维方法，主成分分析和因子分析，然后以城市住房特征的主成分分析和因子分析为例，展示应用 R 语言进行两种方法建模的编码过程，最后探讨相关应用场景。

13.1　数据降维

城市与区域系统分析所构建的数据库往往是多变量高维数据库，数据降维是对此类数据库进行处理的有效方法。它将高维空间的数据映射到低维空间中，通过简化多变量间的复杂关系，实现提升数据处理速度的目的。具体而言，数据降维的原理是将几个关系紧密的变量构建为一个新的变量，使这些新变量间两两不相关。即用数量较少的新综合指标代表原始变量的信息，去除重要性较低的变量，保留数据中最重要的变量特征。在减少需要分析的变量个数的同时，也减少原指标体系的信息损失。数据降维可以在一定信息损失范围内节省分析时间和成本，加强分析效率。主成分分析（Principal Component Analysis，PCA）和因子分析（Factor Analysis，FA）就是数据降维的两种常用方法。

13.2　主成分分析原理

13.2.1　概念原理

主成分分析是一种使用最广泛的数据降维方法，由皮尔森（K. Pearson）在 1901 年率先提出，用于研究非随机变量，1933 年霍特林（H. Hotelling）将这个概念推广到随机向量。主成分分析用较少的彼此间相互独立的新变量代替数量较多的原始变量，使形成的新变量尽可能保留原始变量的信息。主成分分析的前提条件是变量之间存在一定程度的、甚至是较高的相关性，这表明数据冗余或者信息有重叠。用于主成分分析的变量以连续变量或定序变量为主。

主成分分析基于最大方差理论进行构建，尝试寻找一个合适的低维（k 维）空间，使得高维（n 维）空间的数据在低维（k 维）空间上的投影尽可能地分开，也就是方差最大化。假设原始高维数据为 n 维样本点，从原始的 n 维空间中按照顺序寻找一组相互正交的新坐标轴，其中第 1 个新坐标轴是原始数据投影后方差最大的方向，第 2 个新坐标轴是与第1个坐标轴正交的平面中使得投影数据方差最大的方向,第3个轴是与第1个、第2个轴正交的平面中使得投影数据方差最大的方向……依次类推,得到 n 个这样的坐标轴,大部分方差都包含在前 k 个坐标轴中,后面的 $n-k$ 个坐标轴所含的方差几乎为0,因此可以忽略余下的坐标轴,只保留前面 k 个含有绝大部分方差的坐标轴,进而实现对数据特征的降维处理。

主成分分析中的主成分是指将原始的高维(n 维)空间线性映射到较低维度(k 维)空间后,所形成的便于分析的少量不相关变量,它们通常表示为原始变量的某种线性组合。进行线性映射的数学方法是通过样本协方差矩阵的特征值大小对各特征向量进行排序,按照低维(k 维)空间的维数取排名靠前的特征向量,使用这些特征向量所构成的投影矩阵对原始样本进行映射。主成分分析可用下面的数学模型表示:

$$F_1 = u_{11}x_1 + u_{21}x_2 + \cdots + u_{p1}x_p \tag{13-1}$$

$$F_2 = u_{12}x_1 + u_{22}x_2 + \cdots + u_{p2}x_p \tag{13-2}$$

$$\vdots$$

$$F_p = u_{1p}x_1 + u_{2p}x_2 + \cdots + u_{pp}x_p \tag{13-3}$$

其中,$x_1, x_2, \cdots, x_p$ 为标准化后的原始变量,$F_1, F_2, \cdots, F_p$ 为主成分,$u_1, u_2, \cdots, u_p$ 为主成分载荷。

主成分分析的优点是:以方差衡量信息量,不受数据集以外的因素影响;各主成分之间正交,可消除原始数据成分间的相互影响;计算方法简单,主要运算是特征值分解,易于实现。主成分分析法也存在一定的缺点,如:主成分的含义比较抽象,与原始变量相比解释性较弱;降维过程可能丢弃了较为重要的变量信息,对后续数据分析结果产生影响等。

13.2.2　建模步骤

主成分分析的建模步骤为:首先是对研究中所需的原始数据进行标准化处理,计算相关矩阵(或协方差矩阵);其次计算相关矩阵的特征值及对应的特征向量;随后将特征向量按对应特征值大小从上到下按行排列成矩阵,根据累计贡献率(一般要求达到85%)决定选取主成分的个数;最后结合一定的经验和理论,通过载荷矩阵解释主成分的科学意义。需要指出,不是所有提取的主成分都能被合理解释。

13.2.3　主成分分析与聚类分析、判别分析比较

主成分分析与聚类分析都属于非监督分析方法。主成分分析一般用于对变量进行压缩,而聚类分析用于对样本进行分类。主成分分析是一种数学变换的方法,将给定的一组相关变量通过线性变换转化成另一组不相关的新变量,这些新的变量按照方差依次递减的顺序排列。聚类分析在对样本聚类的过程中没有产生新的变量,仅按照样本距离进行分类。

主成分分析与线性判别分析都涉及投影。但是在主成分分析中,一般不考虑样本所属类别,只是把原数据映射到方差比较大的方向;而线性判别分析主要以数据分类为目的,选择分类性能最好(靠近类均值)的投影方向,最大化类间距离而最小化类内距离,投影后的样本尽可能按照原始类别分开。可以认为主成分分析法是非监督降维,线性判别

分析是有监督降维。

13.3　因子分析原理

13.3.1　概念原理

因子分析是通过显在变量（观测变量）测评潜在变量（隐变量），通过具体指标测评抽象因子的数据降维方法。因子分析中原始变量是可观测的显在变量，而因子是不可观测的潜在变量。各因子对有相关性的原始变量产生共同影响，也称为公共因子。例如，城市宜居性是抽象的因素，不便于直接测量，可通过其他具体指标（绿化率、房价、空气质量等）进行间接反映。因子分析多通过显在变量推断出其背后的公共因子，从而揭示数据结构。

因子分析依据分析方法可分为 R 型因子分析和 Q 型因子分析。R 型因子分析是针对变量所做的因子分析。其基本思想是构建变量的相关系数矩阵，根据相关性的大小把变量分组，使同组内变量之间的相关性较高，不同组变量之间的相关性较低；进而找出能够反映所有变量的少数几个随机变量，用以描述多个随机变量之间的相关关系。Q 型因子分析是针对样本所做的因子分析。它的思路与 R 型因子分析相同，但 Q 型因子分析是从样本的相似系数矩阵出发进行分析的。

因子分析依据研究目的可分为探索性因子分析（EFA）和验证性因子分析（CFA）。探索性因子分析常用于探索数据的基本结构，没有先验信息，不事先假定公共因子与显在变量间的关系，通过因子载荷矩阵推断数据的因子结构。验证性因子分析常用于检验已有研究假设，基于先验理论预先定义因子模型，检验观测变量的因子个数和因子载荷是否与预期一致，常用于构建结构方程模型。

因子分析用较少的相互独立的因子变量代替原始变量的大部分信息，可用下面的数学模型表示。

$$x_1 = a_{11}F_1 + a_{12}F_2 + \cdots + a_{1m}F_m + a_1\varepsilon_1 \qquad (13-4)$$

$$x_2 = a_{21}F_1 + a_{22}F_2 + \cdots + a_{2m}F_m + a_2\varepsilon_2 \qquad (13-5)$$

$$\vdots$$

$$x_p = a_{p1}F_1 + a_{p2}F_2 + \cdots + a_{pm}F_m + a_p\varepsilon_p \qquad (13-6)$$

其中，$x_1, x_2, \cdots, x_p$ 为标准化后的原始变量，$F_1, F_2, \cdots, F_m$ 为公共因子，$a_1, a_2, \cdots, a_p$ 为因子载荷，$\varepsilon_1, \varepsilon_2, \cdots, \varepsilon_p$ 为特殊因子，表示原始变量不能被公共因子解释的部分，相当于多元回归分析中的残差。

13.3.2　建模步骤

因子分析主要包括以下步骤：

1. 对数据进行因子分析的适用性检验

因子分析将原有变量中信息重叠的部分提取和综合成公共因子。因此它要求原有变量之间应存在较强的相关关系。所以因子分析首先将原始数据标准化，以消除变量间在数量级和量纲上的不同。并建立相关系数矩阵，如果变量之间无相关性或相关性较小,它们不会有公共因子,也无须进行因子分析。接着需要对数据进行因子分析的适用性检验。一般采用 KMO(Kaiser-Meyer-Oklin)检验对原始变量之间的简相关系数和偏相关系数的相对大小进行检验。KMO 值越接近于 1,变量间的相关性越强,偏相关性越弱,因子分析的效果越好;KMO 值在 0.7 以上效果比较好;在 0.5～0.7 之间说明可以做因子分析,但是不完美;在 0.5 以下不适合应用因子分析。一般采用巴特利特球形检验(Bartlett Test of Sphericity)检查数据的分布,以及各个变量间的独立情况。若拒绝原假设,则说明可以做因子分析;若不拒绝原假设,则说明这些变量可能独立提供一些信息,不适合做因子分析。

此步骤也适合主成分分析。

2. 建立因子载荷矩阵

可通过基于主成分模型的主成分分析法、基于因子分析模型的主轴因子法、极大似然法等方法求解因子载荷矩阵。其中,最常使用的是主成分分析法与主轴法。将原有变量综合为少数几个因子后,如果无法对因子作出有效的解释,则不利于后续分析。这时可通过因子旋转的方式使一个变量只在尽可能少的因子上有比较高的载荷,让提取出的因子具有更好的解释性。旋转后,每个共同因子的特征值会改变,但每个变量的共同性不会改变。常用的旋转方法有最大变异法(Varimax)、四次方最大值法(Quartimax)、相等最大值法(Equamax)、直接斜交转轴法(Direct Oblimin)、迫近最大分差斜交转轴法(Promax)等,其中前三者属于"直交转轴"(Orthogonal Rotations),后二者属"斜交转轴"(Oblique Rotations)。不同的因子旋转方式各有其特点,需要根据研究问题的特点进行选择。在实际研究中,直交旋转(尤其是 Varimax 旋转法)广泛运用。

3. 确定因子个数,解释因子意义

对于因子数目的确定没有精确的定量方法,常借助特征值(Eigenvalue)准则和碎石图检验(Scree Test)准则辅助判断。特征值准则就是选取特征值大于或等于 1 的成分作为公共因子,或累计贡献率大于 80% 的因子为公共因子。碎石检验准则是根据因子被提取的顺序绘出特征值随因子个数变化的散点图,根据图的形状来判断因子的个数。散点曲线的特点是由高到低,先陡后平,最后几乎成一条直线,其中曲线开始变平的前一个点被认为是可提取的最大因子数。确定因子个数后,需要根据研究方案或相关理论及知识经验解释因子的科学意义。

4. 计算因子得分

计算每个样本在各因子上的具体数值,这些数值称为因子得分,此步骤可不做。后续研究可以利用因子得分对样本进行聚类分析或回归建模。

13.3.3　主成分分析与因子分析比较

主成分分析和因子分析都可以与聚类分析结合,进行多变量多样本的综合研究。也可以通过主成分分析或因子分析对数据降维,再将主成分或公共因子引入回归模型的构建中。虽然主成分分析和因子分析都可用于数据降维,但二者存在一些差异。主成分分析是把主成分表示成各个变量的线性组合。因子分析则是把变量表示成各因子的线性组合(图 13-1)。具体而言,主成分分析仅仅是变量之间的数学变换,通过原始变量的线性组合来表示新的综合变量(PC)。而因子分析需要构造因子模型,用潜在的假想变量

(F)和随机影响变量(e)的线性组合表示原始变量。

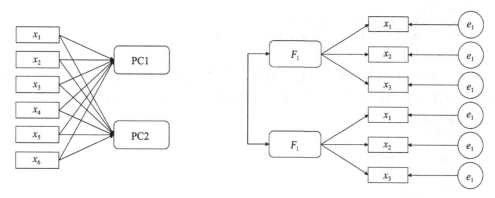

图 13 - 1　主成分分析(左)与因子分析(右)比较

13.4　R 语言主成分与因子分析应用:南京市住宅特征的多变量降维分析

13.4.1　实验目的

通过本实验熟悉运用主成分分析与因子分析研究城市与区域系统问题的基本方法。本次实验以南京市居住特征的多变量降维分析为例,讲解使用 R 语言进行主成分分析与因子分析的编码操作。本实验提取主成分与因子后,尝试建立了回归模型分析房屋结构与可达性因素对城市房价的影响机制。读者可将本实验结果与 9.3 节的实验结果对比阅读。

本实验数据为"data10.csv",该数据库是 2010 年南京市房价与建成环境部分采样数据,包含记录编码、房屋单价、房屋面积、浴室数量、楼层、建筑年代、距最近地铁站的距离、距最近 CBD 的距离共 8 个变量(表 13 - 1)。

表 13 - 1　变量说明

变量名	统计内容	变量类型
ID	记录编码	连续
HPRICE1	房屋单价(单位:元/m²)	连续
HSIZE	房屋面积(单位:m²)	连续
HNBATHR	浴室数量(单位:个)	连续
HFLOOR	楼层(单位:层)	连续
BUILDY	建筑年代(单位:年)	连续
D_PMSP	距最近地铁站的距离(单位:m)	连续
D_PCBD	距最近 CBD 的距离(单位:m)	连续

13.4.2　主成分分析实验步骤

1. 导入数据

利用 setwd()函数设置 R 的工作路径,再通过 read. csv()函数读取数据库,将数据库存储在 data 中。

```
# 导入数据
setwd("D:/R/handbook/homework10")
data< - read.csv("./data10.csv",header= TRUE, sep= ",")
```

2. 检查数据结构

利用 dim()函数计算数据的行数与列数,本数据共有 5 000 行、8 列。后通过 names ()函数来查看变量名称,并将 data 中第 3 至 8 列的所有数据存入 datanew 中。

```
# 检查数据结构
dim(data)
names(data)
datanew< - data[,3:8]
> dim(data)
[1] 5000    8
> names(data
[1] "ID" "HPRICE1" "HSIZE" "HNBATHR" "HFLOOR" "BUILDY" "D_PMSP" "D_PCBD"
```

3. 主成分分析:提取 2 个主成分

进行主成分分析需要用到 R 中的 psych 包,下载并调用 psych 包。

```
# 下载与调用 psych 包
install.packages('psych')
library(psych)
```

通过 fa.parallel()函数绘制含平行分析的碎石图,进而判断需要构建的主成分数量。其中,datanew 为进行分析的数据集,fa="pc"绘制主成分图,n.iter 指模拟平行分析次数。碎石图显示在红色虚线上方的主成分为建议保留主成分,本次实验中建议选择两个主成分(图 13 - 2)。

```
# 判断主成分构建数量
fa.parallel(datanew, fa= "pc",n.iter= 100)
```

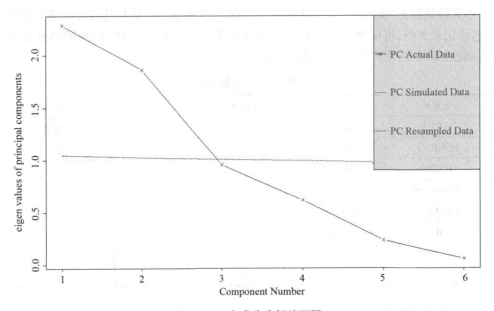

图 13 - 2　主成分分析碎石图

通过 principal()函数进行主成分分析,分析结果存于 pca 中。其中,datanew 为进行分析的数据集;nfactors 设定主成分数量,依据前述碎石图分析本例中将主成分数量设为

2；rotate 可指定载荷矩阵旋转方式，以便更好地解释主成分意义，默认为最大方差旋转，本例中指定了载荷矩阵旋转方式为最大方差；scores 设定是否需要计算主成分得分。

```
# 提取主成分
pca< - principal(datanew, nfactors= 2,rotate= "varimax", scores= T)
pca
```

运行结果显示，RC1 和 RC2 为变量与主成分的相关系数，h2 为主成分公因子方差，即主成分对每个变量的方差解释度；u2＝1－h2 指的是方差无法被主成分解释的比例。观察主成分与变量的载荷关系，可以发现距最近地铁站的距离和距最近 CBD 的距离在主成分 RC1 上载荷很大，房屋面积、浴室数量、楼层和建筑年代在主成分 RC2 上载荷较大，可将主成分 RC1 解释为住宅可达性，将主成分 RC2 解释为为住宅结构属性。

SS loadings 为与各主成分相关联的特征值，即可以通过它来看 90％的方差可以被多少个成分解释，从而选出主成分；Proportion Var 表示每个主成分对整个数据集的解释程度；Cumulative Var 值较为重要，表示各主成分解释程度之和，一般要求大于 80％，也有接受大于 65％即可，本例中两个主成分的累计方差解释为 69％，解释情况较好；Proportion Explained 及 Cumulative Proportion 分别为每个主成分在两个主成分中的总解释方差占比，及累积百分比。

```
> pca< - principal(datanew, nfactors= 2,rotate= "varimax", scores= T)
> pca
Principal Components Analysis
Call: principal(r = datanew, nfactors = 2, rotate = "varimax",
        scores = T)
Standardized loadings (pattern matrix) based upon correlation matrix
                        RC1     RC2     h2      u2      com
HSIZE                   0.07    0.90    0.82    0.177   1.0
HNBATHR                 - 0.01  0.85    0.73    0.273   1.0
HFLOOR                  - 0.13  0.39    0.17    0.829   1.2
BUILDY                  0.42    0.60    0.54    0.465   1.8
D_PMSP                  0.96    - 0.05  0.92    0.078   1.0
D_PCBD                  0.98    0.01    0.96    0.038   1.0

                        RC1     RC2
SS loadings             2.08    2.06
Proportion Var          0.35    0.34
Cumulative Var          0.35    0.69
Proportion Explained    0.50    0.50
Cumulative Proportion   0.50    1.00

Mean item complexity =  1.2
Test of the hypothesis that 2 components are sufficient.

The root mean square of the residuals (RMSR) is 0.1
with the empirical chi square 1652.74 with prob <  0

Fit based upon off diagonal values =  0.92
```

通过 biplot()函数可以根据前两个主成分画出样本分布的散点图以及原始变量轴。运用 fa.diagram()函数可以对主成分的结构进行可视化（图 13 - 3）。

```
# 进行主成分分析可视化表达
biplot(pca)
fa.diagram(pca)
```

4. 主成分分析：提取 3 个主成分

参考步骤 3 的编码，修改 principal()函数 nfactors 的值，对原始数据提取 3 个主成

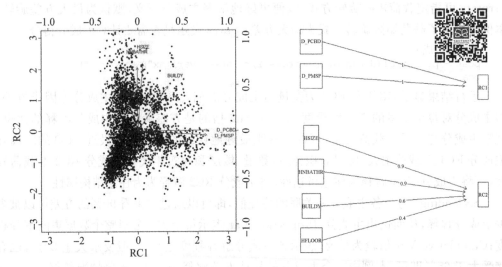

图 13 - 3　主成分分析可视化表达

分。依据主成分与变量的载荷关系,可将主成分 RC2 理解为住宅可达性。但是主成分 RC1 和 RC3 将原有的住宅变量分开,较难解释其具体含义。虽然 3 个主成分的累计方差解释为 85%,高于 2 个主成分的解释力度,但本实验不推荐生成 3 个主成分。

```
# 提取主成分
pcatest< - principal(datanew, nfactors= 3,rotate= "varimax", scores= T)
pcatest
> pcatest< - principal(datanew, nfactors= 3,rotate= "varimax", scores= T)
> pcatest
Principal Components Analysis
Call: principal(r = datanew, nfactors = 3, rotate = "varimax",
      scores = T)
Standardized loadings (pattern matrix) based upon correlation matrix
           RC2     RC1      RC3      h2     u2     com
HSIZE      0.03    0.92     0.11     0.87   0.132  1.0
HNBATHR    - 0.05  0.91     - 0.01   0.83   0.168  1.0
HFLOOR     - 0.08  0.07     0.96     0.93   0.070  1.0
BUILDY     0.42    0.51     0.39     0.58   0.419  2.8
D_PMSP     0.96    - 0.02   - 0.04   0.92   0.077  1.0
D_PCBD     0.98    0.05     - 0.04   0.96   0.038  1.0

                       RC2     RC1      RC3
SS loadings            2.07    1.95     1.08
Proportion Var         0.34    0.32     0.18
Cumulative Var         0.34    0.67     0.85
Proportion Explained   0.41    0.38     0.21
Cumulative Proportion  0.41    0.79     1.00

Mean item complexity = 1.3
Test of the hypothesis that 3 components are sufficient.

The root mean square of the residuals (RMSR) is 0.08
with the empirical chi square 1006.69 with prob <  NA

Fit based upon off diagonal values = 0.95
```

5. 基于主成分分析结果进行回归建模

提取 pca(两个主成分)中的 scores 变量,也就是主成分变量,存储为 pca. score。使

用 cbind()函数将原始数据集 data 与变量 pca. score 基于列合并，将新的数据集存为 da-
ta1。使用 head()函数查看 data1 的数据特征。

```
# 提取数据与汇总查看
pca.score< - data.frame(pca$ scores)
data1< - cbind(data,pca.score)
head(data1)
> pca.score< - data.frame(pca$ scores)
> data1< - cbind(data,pca.score)
> head(data1)
   ID  HPRICE1  HSIZE  HNBATHR  HFLOOR  BUILDY  D_PMSP  D_PCBD  RC1          RC2
1  2   11360   80.00   2       6       2000    2364.6589  1291  - 0.5058664   0.2567836
2  3   9570    108.00  1       11      2003    1726.8076  1357  - 0.4698384   0.1247759
3  4   10480   108.00  1       11      2005    1739.4887  1366  - 0.4162655   0.2027389
4  5   11660   108.21  2       10      2006    1741.2221  1364  - 0.4592990   0.9669637
5  6   13390   48.44   1       6       1988    834.6296   637   - 0.9963111  - 1.2936854
6  7   13710   84.20   1       4       1988    754.9517   627   - 0.9865053  - 0.9658113
```

运用 lm()函数建立线性回归模型，数据集选用 data1。回归模型的因变量是 log
(HPRICE1)，即房屋单价的对数；回归模型的自变量是主成分 RC1 和 RC2。应用 sum-
mary()函数查看线性回归模型的构建结果。RC1 和 RC2 的回归系数都具有显著性，Ad-
justed R-squared 为 0. 446，说明模型可以解释因变量 44. 6% 的方差。本案例结果可与
9. 3 节的实验结果对照来看。

```
# 通过 lm()函数建立线性模型
model1< - lm(log(HPRICE1)~ RC1+ RC2,data= data1)
summary(model1)
> model1< - lm(log(HPRICE1)~ RC1+ RC2,data= data1)
> summary(model1)

Call:
lm(formula = log(HPRICE1) ~ RC1 + RC2, data = data1)

Residuals:
Min          1Q           Median       3Q          Max
- 1.45523    - 0.15025    - 0.02803    0.13796     0.91906

Coefficients:
             Estimate     Std. Error    t value      Pr(> |t|)
(Intercept)  9.000727     0.003167      2842.31      < 2e- 16 * * *
RC1          - 0.198070   0.003167      - 62.54      < 2e- 16 * * *
RC2          0.034789     0.003167      10.98        < 2e- 16 * * *
- - -
Signif. codes:
0 '* * * ' 0.001 '* * ' 0.01 '* ' 0.05 '.' 0.1 ' ' 1

Residual standard error: 0.2239 on 4997 degrees of freedom
Multiple R- squared: 0.4466,Adjusted R- squared: 0.4463
F- statistic: 2016 on 2 and 4997 DF, p- value: < 2.2e- 16
```

13. 4. 3　因子分析实验步骤

1. 确定公共因子数量

因子分析的前期步骤与主成分分析类似，同样需要调用 psych 包进行分析。通过
fa. parallel()函数绘制含平行分析的碎石图，进而判断需要构建的公共因子数量。其中，
datanew 为进行分析的数据集；fa="both"绘制主成分和因子分析两个碎石图；n. iter 指
模拟平行分析次数；fm 指提取公共因子的方法，包括最大似然法(ml)、主轴迭代法(pa)、

加权最小二乘法（wls）、广义加权最小二乘法（gls）和最小残差法（minres），本实验设定
fm＝"ml"。

```
# 导入数据
setwd("D:/R/handbook/homework10")
data< - read.csv("./data10.csv",header= TRUE, sep= ",")
```

```
# 检查数据结构
dim(data)
names(data)
datanew< - data[,3:8]
```

```
# 调用 psych 包
library(psych)
```

```
# 判断因子构建数量
fa.parallel(datanew, fa= "both",n.iter= 100,fm= "ml")
```

结果显示提取两个公共因子较为合适（图 13 - 4）。

```
> fa.parallel(datanew, fa= "both",n.iter= 100,fm= "ml")
Parallel analysis suggests that the number of factors =  2 and the number of compo-
nents =  2
```

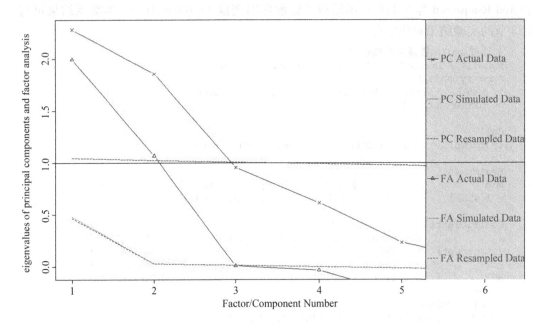

图 13 - 4　因子分析碎石图

2. 进行因子分析

使用 fa()函数进行因子分析，因子数设定为 2，分析结果存于 fa 中。结果中各参数
的解释可参考主成分分析。

```
# 提取公共因子
fa< - fa(datanew, nfactors= 2,rotate= "varimax", scores= T,fm= "ml")
fa
```

结果表明两个公共因子可以解释 6 项指标 63％的方差。根据因子载荷矩阵，发现距
最近地铁站的距离和距最近 CBD 的距离在 ML1 因子上载荷较大，房屋面积、浴室数量、
建筑年代在 ML2 因子上载荷较大，楼层在两个因子上的载荷都很小。依然可将公共因

子 ML1 解释为住宅可达性，将公共因子 ML2 解释为为住宅结构属性。虽然解释的含义相似，但主成分分析与因子分析基于的数学模型不同，参考 13.3.3 节。

```
> fa< - fa(datanew, nfactors= 2,rotate= "varimax", scores= T,fm= "ml")
> fa
Factor Analysis using method =  ml
Call: fa(r =  datanew, nfactors = 2, rotate =  "varimax", scores = T,
      fm =  "ml")
Standardized loadings (pattern matrix) based upon correlation matrix
          ML1       ML2       h2        u2        com
HSIZE     0.09      0.99      0.995     0.005     1.0
HNBATHR   0.04      0.75      0.563     0.437     1.0
HFLOOR    - 0.09     0.19      0.043     0.957     1.4
BUILDY    0.36      0.42      0.307     0.693     2.0
D_PMSP    0.93      - 0.05     0.873     0.127     1.0
D_PCBD    1.00      - 0.01     0.995     0.005     1.0

                    ML1       ML2
SS loadings         2.01      1.76
Proportion Var      0.34      0.29
Cumulative Var      0.34      0.63
Proportion Explained 0.53     0.47
Cumulative Proportion 0.53    1.00

Mean item complexity =  1.2
Test of the hypothesis that 2 factors are sufficient.

The degrees of freedom for the null model are 15 and the objective function was 3.41
with Chi Square of 17046.02
The degrees of freedom for the model are 4 and the objective function was 0.14

The root mean square of the residuals (RMSR) is 0.05
The df corrected root mean square of the residuals is 0.09

The harmonic number of observations is 5000 with the empirical chi square 312.21 with
prob <  2.5e- 66
The total number of observations was 5000 with Likelihood Chi Square =  701.54 with
prob <  1.6e- 150
Tucker Lewis Index of factoring reliability =  0.846
RMSEA index =  0.187 and the 90 %  confidence intervals are 0.175 0.199
BIC =  667.47
Fit based upon off diagonal values =  0.98
Measures of factor score adequacy
                                                   ML1
Correlation of (regression) scores with factors    1.00
Multiple R square of scores with factors           1.00
Minimum correlation of possible factor scores      0.99
                                                   ML2
Correlation of (regression) scores with factors    1.00
Multiple R square of scores with factors           0.99
Minimum correlation of possible factor scores      0.99
```

3. 进行因子分析可视化表达

通过 factor.plot() 函数与 fa.diagram() 函数进行因子分析的可视化表达（图 13 - 5）。因为楼层在两个因子上的载荷都很小，所以没有与任何一个因子连接。

```
# 进行因子分析可视化表达
factor.plot(fa,labels= rownames(fa$ loadings))
fa.diagram(fa)
```

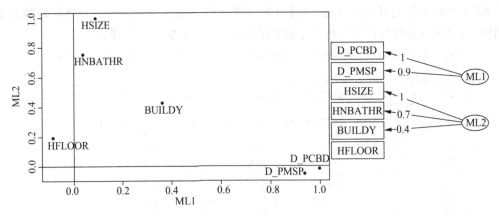

图 13-5　因子分析可视化表达

4. 基于因子分析结果进行回归建模

提取 fa 中的 scores 变量,也就是公共因子变量,存储为 fa. score。使用 cbind()函数将原始数据集 data 与变量 fa. score 基于列合并,将新的数据集存为 data1。

通过 lm()函数建立线性模型,数据集选用 data1。回归模型的因变量是 log(HPRICE1),即房屋单价的对数;回归模型的自变量是公共因子 ML1 和 ML2。应用 summary()函数查看线性回归模型的构建结果。

```
# 提取与汇总数据
fa.score< - data.frame(fa$ scores)
data1< - cbind(data,fa.score)

# 通过 lm()函数建立线性模型
model1< - lm(log(HPRICE1)~ ML1+ ML2,data= data1)
summary(model1)
```

结果显示 ML1 和 ML2 的回归系数都具有显著性,Adjusted R-squared 为 0.485,说明模型可以解释因变量 48.5%的方差。本实验结果可与 13.4.2 节主成分分析回归结果对照来看。

```
> model1< - lm(log(HPRICE1)~ ML1+ ML2,data= data1)
> summary(model1)

Call:
lm(formula =  log(HPRICE1) ~  ML1 +  ML2, data =  data1)

Residuals:
Min          1Q        Median       3Q          Max
- 1.43445    - 0.13878 - 0.02488    0.12784     0.89546

Coefficients:
              Estimate      Std. Error     t value     Pr(> |t|)
(Intercept)   9.000727      0.003055       2946.27     < 2e- 16 * * *
ML1           - 0.207185    0.003063       - 67.65     < 2e- 16 * * *
ML2           0.034765      0.003063       11.35       < 2e- 16 * * *
- - -
Signif. codes: 0 '* * * ' 0.001 '* * ' 0.01 '* ' 0.05 '.' 0.1 ' ' 1

Residual standard error: 0.216 on 4997 degrees of freedom
Multiple R- squared: 0.4849,Adjusted R- squared: 0.4847
F- statistic: 2352 on 2 and 4997 DF, p- value: <  2.2e- 16
```

13.5　主成分分析与因子分析的应用场景举例

13.5.1　城市竞争力评价

城市竞争力是一个城市综合实力的体现,包括城市在生态、社会、经济、制度等多方面的竞争能力。因此,在评价过程中需要对城市各类指标进行全面综合地选取,形成一套层次分明、结构完整的城市竞争力评价指标体系。在城市竞争力研究中常常使用主成分分析方法,将评价体系中的多个指标变量转化为少数几个综合指标,通过计算主成分得分,再结合权重计算城市竞争力综合得分,就可以对城市竞争力进行排名,进而根据城市不同年份的竞争力变化趋势,提出不同类型城市的发展策略。

13.5.2　城市蓝绿空间满意度评价

了解城市居民对城市宜居情况建设的满意度有利于城市规划的制定和宜居城市建设目标的实现。城市蓝绿空间是具有空间属性的重要公共资源,居民对其供给与布局的满意情况是塑造城市环境、发挥生态效益、提升宜居城市建设品质的基础。城市蓝绿空间满意度评价涉及多种影响因素,属于多指标的综合评价。可应用因子分析方法将蓝绿空间满意度测量的多个显在评价指标降维成少数几个潜在因子,计算每个样本的因子综合得分,进而分析不同类型蓝绿空间的满意度得分情况,为后续城市蓝绿空间的精准规划与建设提供支持。也可将因子分析与回归分析结合,识别影响居民蓝绿空间满意度的重要因子,读者可结合 9.4.3 节进行探索。

第 14 章　实验十一：城市与区域系统复杂影响机制分析

前面的章节讲解了城市与区域系统分析的基本模型,这些模型都存在一些局限性。有的模型不能同时处理多个因变量,或者不能处理自变量的多重共线性问题;有的模型不能分析无法直接测量的变量,或者没有考虑变量的测量误差。结构方程模型弥补了这些基本模型的不足,将"潜变量测量"与"复杂关系分析"整合为一体,适用于解析城市与区域系统复杂问题。本章介绍结构方程模型的建模原理,然后以居民健身活动的复杂影响机制分析为例,展示应用 R 语言进行结构方程模型建模的编码过程,最后探讨相关应用场景。

14.1　结构方程模型原理

城市与区域系统涵盖要素众多,包括用地、建筑、道路等物质要素,也包括社会、经济、文化等非物质要素。各要素间的影响路径复杂,不仅存在直接影响,也存在间接影响,需要构建模型同时处理多个原因和多个结果的关系。而且城市与区域系统分析常常遇到不可直接观测或收集数据的潜变量,需要通过一些可测量的显在变量来间接的测量潜变量。结构方程模型综合了路径分析(path analysis)和验证性因子分析(comfirmatory factor analysis),可以比较好地解决上述两类模型构造问题。

14.1.1　四种变量

在结构方程模型(Structural Equation Modeling,SEM)中,依据变量是否能够直接观测或获取可分为显变量和隐变量,依据变量是否会受其他变量影响可分为内生变量和外生变量。四种变量交叉后,可以形成内生显变量、外生显变量、内生潜变量和外生潜变量(图 14-1)。

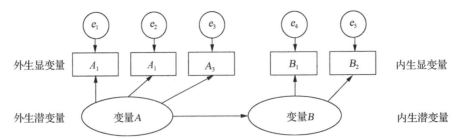

图 14-1　结构方程模型的变量类型

具体而言,显变量是可以直接测量的变量,潜变量是无法直接观测并测量的变量。多个显变量反映的信息具有共同性,如果对这些显变量之间的共同性进行提取,可以得到能够反映多个显变量共同信息的潜变量。在结构方程模型中,潜变量的概念和内涵是基于经验和理论的归纳总结,且潜变量和显变量的关系是在建模分析前就已经提出的理论假设,并通过验证性因子分析来检验该模型。

结构方程模型中的变量还可以分为内生变量和外生变量。外生变量是只起解释变量作用的变量(也就是自变量),内生变量是受其他变量影响的变量,包括外生变量和内生变量的影响。当内生变量同时作为因变量和自变量时,表示该变量不仅受其他变量影响,进而还可能对其他变量产生作用,因此称为中介变量。

14.1.2　两个模型

结构方程模型必须建立在一定的理论基础之上,通过结构方程模型验证前期提出的理论模型的适用性。结构方程模型主要由两个部分构成:测量模型和结构模型。测量模型对应于验证性因子分析,用于估计一组观察变量与其代表的潜变量之间的关系;结构模型对应于路径分析,是多个线性回归方程的组合,用于分析潜变量之间的相互作用关系。

1. 测量模型

结构方程模型的第一步是保证有拟合数据良好的测量模型。如果一个结构方程模型的拟合度不好,很可能问题出现在它的测量模型部分。测量模型需要在理论和实践上对所研究变量有一定的了解,利用多个显变量测度抽象的潜变量。通常使用验证性因子分析检验测量模型是否成立,也就是观察显变量是否适合作为潜变量或因子的测量手段。验证性因子分析根据理论和经验事先定义因子(潜变量)和设定各显变量如何具体负载在假设的因子上,然后检验所设定的模型是否拟合数据。

在测量模型示意图中,显变量以长方形表示,潜变量以圆形或椭圆形表示,一个潜变量通常由 3 个及以上的显变量来测度(图 14-2)。在实际研究中,假定显变量能被完美测量是不现实的。无论数据收集和测量手段多么精确,测量模型总会存在一定测量误差(如图 14-2 中的 $\varepsilon_1,\varepsilon_2,\cdots,\varepsilon_n$)。这些误差可能来源于调查问卷设计、问卷发放数量、数据收集方法、调查者和被调查者自身问题等等。因此研究不可能完全精确测量理论上所期望的变量,在结构方程模型中若不考虑测量误差的影响会导致错误的结论。

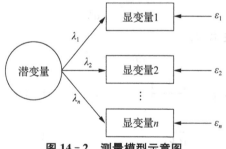

图 14-2　测量模型示意图

在构建测量模型时,需要检验单个具体观察指标(显变量)与综合指标(潜变量)的可靠性关系。一般使用 Cronbach's α 评价测量模型的可靠性(reliability),其值在 0~1 之间,值越高说明测量模型的可靠性越好,大于 0.7 被视为可靠性好。

2. 结构模型

结构模型使得变量之间的关系以结构的方式呈现,结构模型包含了内生潜变量、外生潜变量以及潜变量间的路径关系。基于理论基础确定结构模型后,可利用路径分析方法评估验证潜变量之间的相互关系。路径分析与传统回归分析的不同之处在于路径分析中至少存在一个中介变量。如图14-3所示,潜变量1直接影响潜变量3,同时潜变量1通过潜变量2进而影响潜变量3,潜变量2为中介变量。

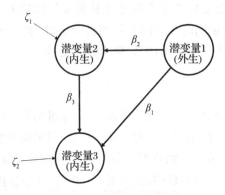

图14-3　结构模型示意图

结构模型的每一条路径都可以构建一个独立的回归方程,路径箭头上标注的系数来自回归系数(如图14-3中的β_1、β_2、β_3)。对于每一个回归模型,自变量对因变量的解释力可以由R^2及F检验值表示。路径上的回归系数若显著,则代表该因果变量间具有直接效应,若不显著则代表不存在直接效应。若变量间存在中介变量,则需要路径上的所有直接效应都显著,才可以判断变量间的中介效应显著。

3. 中介变量与调节变量比较

变量之间的关系不仅包括自变量对因变量的直接关系,还会存在中介变量、调节变量等第三方变量来影响自变量对因变量的作用关系。

如果自变量X通过影响变量M来影响因变量Y,则称M为中介变量(mediator)。中介变量M对于自变量X和因变量Y之间作用关系的影响称之为中介效应。如图14-4所示,c是X对Y的总效应,在考虑了中介变量的影响后,c'是X对Y直接效应,$a \times b$是经过中介变量M的中介效应。各个效应的关系为:

$$c = c' + ab \tag{14-1}$$

中介效应的大小可表示为:

$$ab = c - c' \tag{14-2}$$

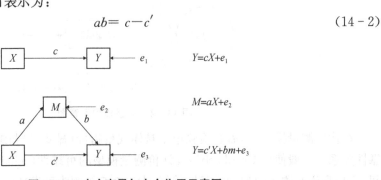

图14-4　中介变量与中介作用示意图

如果变量Y与变量X的关系是变量M的函数,则称M为调节变量(moderator)(图14-5)。调节变量可以是定性的(如城市等级),也可以是定量的(如城市化率等),它影响因变量和自变量之间关系的方向(正或负)和强度(强或弱)。调节变量 M 对于自变量 X 和因变量 Y 之间作用关系的影响称之为调节效应。

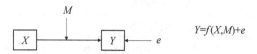

图 14 - 5　调节变量与调节作用示意图

假设 Y 与 X 存在调节效应,可以表达为:

$$Y = aX + bM + cXM + e \qquad (14-3)$$

移项后可得:

$$Y = (a + cM)X + bM + e \qquad (14-4)$$

对于固定的 M,该方程是 Y 对 X 的线性回归。Y 与 X 的关系由回归系数 $a + cM$ 表示,回归系数是 M 的线性函数,c 衡量了调节效应的大小。

对调节效应的理解可参考 9.2.3 节介绍的交互效应,二者在方程表达上相似。需要指出,交互效应分析中,两个自变量的地位可以是对称的,其中任何一个都可以作为调节变量;也可以是不对称的,其中只有一个变量起到调节作用,另一个是自变量(研究的目标变量),二者功能不可以互换。

14.1.3　方程构建与参数估计

结构方程模型可用 3 个基本方程表示,方程都以矩阵格式表达(表 14 - 1):

$$\boldsymbol{\eta} = \boldsymbol{B}\boldsymbol{\eta} + \boldsymbol{\Gamma}\boldsymbol{\xi} + \boldsymbol{\zeta} \qquad (14-5)$$

$$\boldsymbol{Y} = \boldsymbol{\Lambda}_y \boldsymbol{\eta} + \boldsymbol{\varepsilon} \qquad (14-6)$$

$$\boldsymbol{X} = \boldsymbol{\Lambda}_x \boldsymbol{\xi} + \boldsymbol{\delta} \qquad (14-7)$$

第一个方程[式(14 - 5)]为结构方程,是反映潜变量效应关系的方程,矩阵 $\boldsymbol{\eta}$ 代表相应的内生潜变量,矩阵 $\boldsymbol{\xi}$ 为相应的外生潜变量。内生与外生潜变量由系数矩阵 $\boldsymbol{B}$ 和 $\boldsymbol{\Gamma}$ 及残差向量 $\boldsymbol{\zeta}$ 的线性方程连接,$\boldsymbol{\Gamma}$ 代表外生潜变量对内生潜变量的效应,$\boldsymbol{B}$ 代表某些内生潜变量对其他内生潜变量的效应,$\boldsymbol{\zeta}$ 表示结构方程的残差项。

第二个方程[式(14 - 6)]和第三个方程为[式(14 - 7)]根据显变量定义潜变量的测量模型。第二个方程[式(14 - 6)]表示内生显变量 $\boldsymbol{Y}$ 与内生潜变量 $\boldsymbol{\eta}$ 之间的关系,第三个方程[式(14 - 7)]表示外生显变量 $\boldsymbol{X}$ 与外生潜变量 $\boldsymbol{\zeta}$ 之间的关系。显变量 $\boldsymbol{Y}$ 和 $\boldsymbol{X}$ 通过因子载荷 $\boldsymbol{\Lambda}_y$ 和 $\boldsymbol{\Lambda}_x$ 分别与相应的潜变量 $\boldsymbol{\eta}$ 和 $\boldsymbol{\xi}$ 相关。$\boldsymbol{\varepsilon}$ 和 $\boldsymbol{\delta}$ 分别是与显变量 $\boldsymbol{Y}$ 和 $\boldsymbol{X}$ 相关联的测量误差。这是以矩阵格式表达的方程式。

表 14 - 1　结构方程模型的基本方程参数意义

变量	定义	维度
$\boldsymbol{\eta}$	内生潜变量	$m \times 1$
$\boldsymbol{\xi}$	外生潜变量	$n \times 1$
$\boldsymbol{\zeta}$	结构方程的残差项	$m \times 1$
$\boldsymbol{Y}$	内生显变量	$p \times 1$
$\boldsymbol{X}$	外生显变量	$q \times 1$

变量	定义	维度
ε	Y 的测量误差	$p \times 1$
δ	X 的测量误差	$q \times 1$

注:m 和 n 分别代表样本中潜变量和显变量的数量;p 和 q 是内生变量和外生变量的数量。

结构方程模型的参数估计与线性回归不同,它不是极小化因变量拟合值与观察值之间的差异,而是极小化样本方差/协方差与模型估计的方差/协方差之间的差异。一般通过最大似然估计方法进行模型的参数估计。

14.1.4　模型评估与修正

结构方程模型评估的参数较为多样,一般使用卡方自由度比(χ^2/DF)、规范拟合指数(NFI)、不规范拟合指数(NNFI)、比较拟合优度(CFI)、增量拟合指数(IFI)、拟合优度指数(GFI)、调整后的拟合优度指数(AGFI)、相对拟合指数(RFI)、均方根残差(RMR)、近似均方根残差(RMSEA)等拟合指数来表征模型的拟合度。其中卡方自由度比(χ^2/DF)在 2~3 之间说明模型拟合度好;规范拟合指数(NFI)、不规范拟合指数(NNFI),比较拟合优度(CFI)、增量拟合指数(IFI)、拟合优度指数(GFI),调整后的拟合优度指数(AGFI)、相对拟合指数(RFI)等指数,大于 0.9 说明模型拟合度好;均方根残差(RMR)小于 0.035 说明模型拟合度好;近似均方根残差(RMSEA)小于 0.08 说明模型拟合度好。

研究者通常基于理论基础构建初始结构方程模型,然后用设定的模型拟合可用的数据。但在实际应用中初始模型可能拟合效果不好,需要寻找模型拟合不良的原因,进一步优化模型。可对测量模型修正或依据修正指数调整初始模型。

1. 测量模型修正

如果多个模型拟合度指标都不达标,首先需要查看测量模型是否有问题。若测量模型出现标准化载荷系数值较低(比如小于 0.7)的情况,或者出现共线性问题(此时标准化载荷系数值会大于 1),最终的拟合效果会较差,因而需要删除不合理的因子载荷路径,保证最终的测量模型载荷良好。

2. 依据修正指数调整

修正指数(Modification Index,MI)是诊断结构方程模型的常用指标,修正指数值越大,表明这一项越需要修正。修正指数的含义是将其对应的变量关系在模型中加上的话,模型的整体卡方值会下降,下降的数值即为修正指数值。根据修正指数调整是指建立各类协方差关系,以减少模型的卡方值,同时也会减少自由度值。修正指数调整一般对卡方自由度值指标(χ^2/DF)有着明显的影响,但对于其他指标的影响相对会较小。在计算结构方程模型的修正指数后,如果有多个修正指数值较高的变量关系,应从值最高的变量关系开始,每次只修正一个,重新拟合之后再进入下一步修正。需要强调的是模型修正应有理论基础,不能以修正指数作为唯一判断依据。

除以上两种模型修正方法外,也可结合自身专业知识和经验对模型进行主观调整。一般来说,结构方程模型越简单,模型拟合指数越好。可考虑将复杂的初始结构方程模型拆分成多个简单模型,以提升拟合效果。也可尝试对模型的个别复杂关系进行删减以拟合出更优的模型。这种主观调整是一个基于理论基础的反复尝试的过程,没有程式化的步骤,应避免盲目追求模型拟合指数的改善而单纯地增加或去除参数。

14.1.5　结构方程模型一般建模步骤

结构方程模型建模首先要进行模型表述,需要研究者依据经验或已有理论定义测量模型和结构模型,建立总体概念模型,提出一系列的研究假设;然后对测量模型的可靠性进行检验,若检验不通过,则需要修改测量模型;接下来对模型进行参数估计,一般使用极大似然方法;在获得模型的参数估计值后,需要对模型的拟合度进行评价,如果模型拟合不好,则需要重新设定或修改模型,在修改过程中可参考修正指数,但不可盲目追求统计效果,而忽视理论根基。

14.2　R 语言结构方程模型应用:南京市居民健身活动的影响机制分析

14.2.1　实验目的

人民健康是民族昌盛和国家强盛的重要标志。我国正在大力推进健康中国建设,把保障人民健康放在优先发展的战略位置。健康包括生理健康和心理健康,全民健身可以有效促进人民身心健康,塑造健全人格。

本次实验以居民健身活动的影响机制分析为例,讲解使用 R 语言构建结构方程模型的编码操作。通过本实验可以熟悉运用结构方程模型分析研究城市与区域系统问题的基本方法。

本实验数据为“data11. csv”,该数据库是南京市居民身体活动意愿与实际行为调查问卷的部分数据。问卷设计基于计划行为理论假设,包含健身效益感知、健身主观规范感知、健身控制因素感知、健身意向等测度变量,同时还包括平均每周以健身为目的的步行时间变量(表 14 - 2、图 14 - 6 所示)。

14.2.2　理论模型构建

1. 计划行为理论

本实验的理论模型来源于计划行为理论(Theory of Planned Behavior,TPB)的研究框架(图 14 - 7)。计划行为理论由美国学者艾奇森(I. Ajzen)在 1990 年代提出,该理论认为个体的行为意向受态度、主观规范和知觉行为控制 3 个因素的共同影响,个体行为又由行为意向和知觉行为控制共同决定。

表 14 - 2　变量说明和问卷展示

变量名	统计内容	变量类型
ID	居民编号	连续
walk	平均每周以健身为目的的步行时间(小时)	连续

	完全 不同意 1	有些 不同意 2	中立 3	有些 同意 4	非常 同意 5
a. 很多我的邻居都在进行体育锻炼	☐	☐	☐	☐	☐
b. 很多多的家庭成员都在进行体育锻炼	☐	☐	☐	☐	☐
c. 很多我的同事都在进行体育锻炼	☐	☐	☐	☐	☐
d. 很多我的朋友都在进行体育锻炼	☐	☐	☐	☐	☐
e. 对我很重要的人认为我应该进行体育锻炼	☐	☐	☐	☐	☐
f. 对我很重要的人会支持我进行体育锻炼	☐	☐	☐	☐	☐
g. 对我很重要的人想让我进行体育锻炼	☐	☐	☐	☐	☐
h. 锻炼身体有益身体健康	☐	☐	☐	☐	☐
i. 锻炼身体有益心理健康	☐	☐	☐	☐	☐
j. 锻炼身体有助于结交朋友	☐	☐	☐	☐	☐
k. 锻炼身体有助于培养坚韧不拔的品格	☐	☐	☐	☐	☐
l. 我的身体素质适合进行身体锻炼	☐	☐	☐	☐	☐
m. 我的居住环境适合进行身体锻炼	☐	☐	☐	☐	☐
n. 我有资金支持我进行身体锻炼	☐	☐	☐	☐	☐
o. 我有时间进行身体锻炼	☐	☐	☐	☐	☐
p. 我有所需的健身设备(自行车、滑板、健身房等)	☐	☐	☐	☐	☐
q. 我以后想要进行身体锻炼	☐	☐	☐	☐	☐
r. 我计划下周增加身体锻炼的次数或时间	☐	☐	☐	☐	☐
s. 我将会在下周增加身体锻炼的次数或时间	☐	☐	☐	☐	☐

图 14 - 6　基于计划行为理论的测度变量

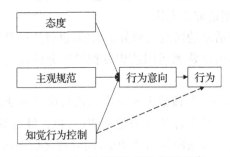

图 14 - 7　计划行为理论模型示意

2. 基于计划行为理论的居民健身活动概念模型

基于计划行为理论构建居民健身活动的影响机制概念模型,共包括 5 个研究假设(图 14 - 8)。

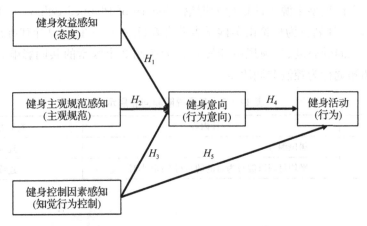

图 14 - 8　居民健身活动理论假设模型

H_1：健身效益感知对健身意向有正向影响。健身态度反映了个体对于健身行为效果和效果影响的预期。居民健身的意愿受到其对锻炼所能带来的积极效果的主观认知的影响，如对身心健康的提升等作用等，所以健身态度积极的人可能有更强的健身意愿。

H_2：健身主观规范感知对健身意向有正向影响。周围人正面的健身意见和积极的健身活动可能会提升居民自身的健身意向。

H_3：健身控制因素感知对健身意向有正向影响。个体对于健身控制因素（如时间成本、经济成本）的判断会对其锻炼的意愿产生一定的影响。居民对健身行为的控制能力越强，其健身意向可能越强烈。

H_4：健身控制因素感知对健身活动有正向影响。居民在健身过程中受到的实际阻碍越少，即控制程度越高，实际进行的健身行为就可能越频繁。

H_5：健身意向对健身活动有正向的影响。行为意向反映个体对这一行为的意愿强度，是行为活动的直接影响因素，也是态度、主观规范和知觉行为控制与行为之间关系的桥梁。居民的健身意向越强，其健身活动可能越频繁。

14.2.3 实验步骤

1. 导入数据

利用 setwd() 函数设置 R 的工作路径，再通过 read.csv() 函数读取数据库并将数据存于 data 中。

```
# 导入数据
setwd("D:/R/handbook/homework11")
data< - read.csv("./data11.csv",header= TRUE, sep= ",")
```

2. 构建测量模型

根据理论基础和经验常识构建测量模型，其中健身效益感知由 h、i、j、k 显变量构成，将这几个变量存于 att 中；健身主观规范感知由 a、b、c、d、e、f、g 显变量构成，将这几个变量存于 norm 中；健身控制因素感知由 l、m、n、o、p 显变量构成，将这几个变量存于 control 中；健身意向由 q、r、s 显变量构成，将这几个变量存于 intention 中（图 14 - 9）。

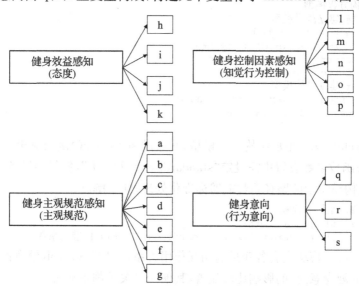

图 14 - 9　实验测量模型构建

```
# 构建测量模型
att< - data[,c("h","i","j","k")]
norm< - data[,3:9]
control< - data[,14:18]
intention< - data[,19:21]
```

3. 进行测量模型的可靠性检验

在初步建立测量模型后,需要对其进行可靠性检验。在 R 中主要通过 psych 包中的 alpha()函数计算其 Cronbach's α 系数。

```
# 进行测量模型的可靠性检验
library(psych)
psych::alpha(att)$ total$ std.alpha
psych::alpha(norm)$ total$ std.alpha
psych::alpha(control)$ total$ std.alpha
psych::alpha(intention)$ total$ std.alpha
```

可靠性检验结果表明,健身社会规范感知、健身效益感知、健身意向测量模型的可靠性检验结果大于 0.7,较为可靠;健身控制因素感知测量模型的检验结果略小于 0.7,具有一定的可靠性,且该测量模型符合理论基础,因而暂不修改。

```
> psych::alpha(att)$ total$ std.alpha
[1] 0.8561082
> psych::alpha(norm)$ total$ std.alpha
[1] 0.8621381
> psych::alpha(control)$ total$ std.alpha
[1] 0.6798699
> psych::alpha(intention)$ total$ std.alpha
[1] 0.8382861
```

4. 构建结构方程模型

在 R 中构建结构方程模型需要通过 lavaan 包中的函数来实现。因此需要安装并调用 lavaan 包。

```
# 安装并调用 lavaan 包
install.packages("lavaan")
library(lavaan)
```

然后定义测量模型和结构模型,存于 model 中。

```
# 描述结构方程模型
model< - '# 建立测量模型
        att= ~ h+ i+ j+ k
        norm= ~ a+ b+ c+ d+ e+ f+ g
        control= ~ l+ m+ n+ o+ p
        intention= ~ q+ r+ s
        # 建立结构模型
        intention~ att+ norm+ control
        walk~ intention+ control
    '
```

最后利用 cfa()函数生成结构方程模型,并通过 summary()函数输出模型运行结果。在 summary()函数参数设置中需设定"standardized=TRUE",使得测量模型中的因子载荷系数以及结构模型中的路径系数能够标准化处理,便于解读。

```
# 运行与输出结构方程模型
fit< - cfa(model,data= data)
summary(fit,fit.measures= TRUE,standardized= TRUE)# 标准化系数
```

在 Regressions 模块查看各变量的相互作用关系。只有 control(健身控制因素感知)对于 intention(健身意向)的影响比较显著,其他变量关系都不显著。

```
Regressions:
               Estimate    Std.Err    z-value    P(> |z|)    Std.lv    Std.all
intention ~
att            0.050       0.078      0.640      0.522       0.036     0.036
norm           0.008       0.042      0.194      0.847       0.012     0.012
control        0.389       0.099      3.931      0.000       0.317     0.317
walk ~
intention      0.477       0.597      0.800      0.424       0.266     0.046
control        1.488       0.857      1.736      0.082       0.676     0.116
```

5. 评价模型

结构方程模型初步建立后需要对其拟合度进行评价。在 R 中运用 fitMeasures() 函数并使用卡方自由度比(χ^2/DF)、规范拟合指数(NFI)、不规范拟合指数(NNFI)、比较拟合优度(CFI)、增量拟合指数(IFI)、拟合优度指数(GFI)、调整后的拟合优度指数(AGFI)、相对拟合指数(RFI)、均方根残差(RMR)、近似均方根残差(RMSEA)等拟合指数对模型进行评价。

```
# 评价模型
fitMeasures(fit,c("chisq","df","gfi","agfi","cfi","nfi","nnfi","ifi","rmsea","
rmr"))
fitMeasures(fit,"chisq")/fitMeasures(fit,"df")
```

初始模型的拟合指数都较差,需要对模型进行调整优化。

```
> fitMeasures(fit,c("chisq","df","gfi","agfi","cfi","nfi","nnfi","ifi","rm-
sea","rmr"))
chisq    df      gfi     agfi    cfi     nfi     nnfi    ifi     rmsea    rmr
1333.285 163.00  0.735   0.658   0.719   0.693   0.672   0.720   0.140    0.148
> fitMeasures(fit,"chisq")/fitMeasures(fit,"df")
chisq
8.18
```

6. 修正与优化模型

优先考虑对测量模型做出修改。对于潜变量健身效益感知,考虑剔除 k 变量,将 h、i、j 变量作为测量模型中的观测变量;对于潜变量健身社会规范感知,选择指标 e、f、g 作为测量模型中的观测变量;对于潜变量健身控制因素感知,选择指标 m、n、p 作为测量模型中的观测变量;对于潜变量健身意向,选择变量 q、r 作为测量模型中的观测变量。读者可能有不同的见解,可尝试建立自己的测量模型。

建立新的测量模型后,还需对其可靠性进行检验。

```
# 进行测量模型修改及可靠性检验
att< - data[,c("h","i","j")]
norm< - data[,c("e","f","g")]
control< - data[,c("m","n","p")]
intention< - data[,c("q","r")]
# 进行可靠性检验
psych::alpha(att)$ total$ std.alpha
psych::alpha(norm)$ total$ std.alpha
psych::alpha(control)$ total$ std.alpha
psych::alpha(intention)$ total$ std.alpha
```

可靠性检验结果表明,健身效益感知和健身社会规范感知对应的测量模型可靠性好,健身控制因素感知和健身意向对应的测量模型可靠性相对一般。

```
> psych::alpha(att)$ total$ std.alpha
[1] 0.823876
> psych::alpha(norm)$ total$ std.alpha
[1] 0.9295264
```

```
> psych::alpha(control)$ total$ std.alpha
[1] 0.6096313
> psych::alpha(intention)$ total$ std.alpha
[1] 0.6560749
```

重新构建结构方程模型,将测量模型的编码与上述模型对应,结构模型编码不变。

```
# 描述修正后的结构方程模型
model2< - '# 建立测量模型
            att= ~ h+ i+ j
            norm= ~ e+ f+ g
            control= ~ m+ n+ p
            intention= ~ q+ r
            # 建立结构模型
            intention~ att+ norm+ control
            walk~ intention+ control
'
# 运行与输出结构方程模型
fit< - cfa(model,data= data)
summary(fit,fit.measures= TRUE,standardized= TRUE)# 标准化系数
# 运行与输出结构方程模型
fit2 < - cfa(model2,data= data)
summary(fit2,fit.measures= TRUE,standardized= TRUE)# 标准化系数
```

模型输出结果表明,健身控制因素感知"control"和健身效益感知"attention"对健身意向"intention"存在显著的影响;而健身意向"intention"对健身活动"walk"存在显著影响。

```
Regressions:
                Estimate    Std.Err    z-value    P(> |z|)    Std.lv    Std.all
  intention ~
    att         0.543       0.151      3.591      0.000       0.212     0.212
    norm        - 0.143     0.082      - 1.749    0.080       - 0.104   - 0.104
    control     0.888       0.158      5.621      0.000       0.475     0.475
  walk ~
    intention   1.152       0.455      2.531      0.011       1.172     0.201
    control     - 0.260     0.838      - 0.310    0.757       - 0.141   - 0.024
```

对修正后的模型进行拟合度评价。

```
# 评价模型
fitMeasures(fit2,c("chisq","df","gfi","agfi","cfi","nfi","nnfi","ifi","rmsea","rmr"))
fitMeasures(fit2,"chisq")/fitMeasures(fit2,"df")
```

评价结果表明,Chisq/df=2.563,在2~3之间;各拟合指数(GFI、AGFI、CFI、NFI、NNFI、IFI)都大于0.9,RMSEA小于0.08,而RMR大于0.035,模型总体上拟合度较好。

```
> fitMeasures(fit2,c("chisq","df","gfi","agfi","cfi","nfi","nnfi","ifi","rm-
sea","rmr"))
  chisq      df       gfi      agfi     cfi      nfi      nnfi     ifi      rmsea    rmr
  120.450    47.000   0.947    0.911    0.961    0.939    0.946    0.962    0.065    0.094
> fitMeasures(fit2,"chisq")/fitMeasures(fit2,"df")
  chisq
  2.563
```

使用 modificationindices()函数计算模型的 MI 指数来辅助进行模型优化。MI 数值较大的变量关系应优先添加到模型中来,以此提高模型的拟合度。利用 subset()函数提取出 MI 指数大于 10 的变量关系。

```
# MI 指数
MI< - modificationindices(fit2)
```

```
subset(MI,mi> 10)
```

输出结果表明,参数 op 对应的"=～"表示潜变量和显变量间的因子载荷关系,"～～"表示显变量间的协方差关系,"～"结构模型中的回归关系。其中"p～～r"(MI=15.094)变量关系 MI 指数最高,说明如果在结构模型中纳入"p"和"r"的关系项,模型的卡方值会提升 15.094。本实验不展示进一步的优化结果,读者可自行尝试在模型中纳入新的变量关系。

```
> subset(MI,mi> 10)
     lhs op rhs       mi       epc      sepc.lv      sepc.all      sepc.nox
77    h ~ ~ q       11.772    0.044    0.044        0.374         0.374
90    j ~ ~ e       12.479    0.050    0.050        0.211         0.211
97    j ~ ~ r       11.382    0.121    0.121        0.184         0.184
130   p ~ ~ r       15.094    0.260    0.260        0.230         0.230
```

7. 可视化与解释模型

利用 semPlot 包中的 semPaths()函数进行 model2 分析结果的可视化,也就是绘制变量间路径关系图。semPaths()函数中的 what="stand"参数表示在图中展示标准参数估计,layout = "tree2"表示路径关系图为树状的第二种风格。将 R 的路径关系图结合理论假设模型整理后,得到图 14-10。

```
# 可视化模型
install.packages("semPlot")
library(semPlot)
semPaths(fit2,what= "stand",layout =  "tree2")
```

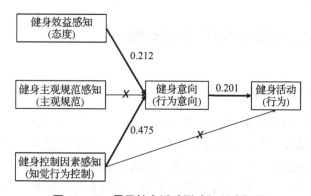

图 14-10　居民健身活动影响机制路径图

健身主观规范感知对健身意向不产生显著影响,理论假设 H_2 可能不成立;健身控制因素感知对健身活动也不产生显著影响,理论假设 H_5 可能也不成立;健身效益感知对健身意向有显著正向影响,H_1 理论假设得到支持,说明居民的健身意向会受到个人对于锻炼所能带来积极效果的主观认知的影响;健身控制因素感知对健身意向有显著正向影响,H_3 理论假设得到支持,说明居民感受到的健身阻碍越小,居民的健身意向越强烈;健身意向对健身活动有显著正向影响,H_4 理论假设得到支持,说明居民的健身意向越强,其健身活动可能越频繁。综上,居民健身效益感知和健身控制因素感知会对居民健身意向产生正向影响,进而促进居民健身活动。

14.2.4 结构方程模型常见问题解答

1. 在 R 中对结构方程模型的描述存在缺失，导致运行错误

在 R 中进行结构方程模型分析时首先需要描述测量模型和结构模型，涉及变量和符号较多，可能出现遗漏部分变量或变量名称前后不一致的情况，导致模型运行失败。此外，在模型描述中"f1 =～ item1 ＋ item2 ＋ item3"表示的是测量模型，"f3～f1＋f2"表示的是结构模型，要保证结构模型中出现的潜变量（如 f1，f2，f3）已经在测量模型中得到定义，否则会导致模型运行失败。

2. 模型修正缺少依据

在调整优化结构方程模型时不要以自变量显著和模型拟合度提升为首要目标，以至于初始理论模型被修改得面目全非。对于变量的剔除以及测量模型与结构模型的重新定义，既要以理论基础和实践经验为依据，又要通过测量模型载荷系数、MI 指数等统计指标进行模型的优化（参照 14.1.7 节的模型优化方法），最终使得模型具有理论和统计学双重意义，方能科学有效指导城市与区域规划实践。

3. 路径图绘制有歧义

在确定最优结构方程模型后，一般生成路径图对变量间的复杂关系进行可视化。以本实验为例，部分变量间的因果关系不显著，可在路径图中淡化或去除该变量间的路径和回归系数，避免引起误解。

14.3 结构方程模型的应用场景举例

14.3.1 居民满意度的影响机制研究

以人为本的城乡规划常常调查各类居民满意度，以改善规划的供需平衡，如居民对公共服务设施的满意度、对绿地公园的满意度、对居住的满意度等。满意度是不可直接观测的变量，需要通过设计若干问题，间接得出满意度评分。9.4.3 节举例说明了应用线性回归分析公园绿地特征与居民满意度的关系。本章介绍的结构方程模型也适用于满意度的影响机制研究。可通过问卷调查，构建居民满意度的测量模型，进而构建居民满意度、居民行为、居民社会经济属性和建成环境特征之间的结构模型，依据结构方程模型的建模结果提出相应的居民满意度提升对策和规划建议。

14.3.2 城市碳排放驱动机制分析

研究城市碳排放影响机制，可为我国实现"双碳目标"提供路径指引。城市的生产和生活是碳排放的主要驱动因素，政策和技术是约束和改善碳排放的变量，城镇空间既承载了生产功能，又服务于居民生活需求，而城市化过程中的土地利用变化也是碳排放的驱动因素之一。基于这些认知，可进一步结合相关理论于文献，构建城市碳排放影响机制的结构方程模型。对这个模型进行参数估计，就可以得到社会、经济、政策、技术、空间形态、土地利用等变量对城市碳排放的直接效应、间接效应和总效应。对这些影响路径的具体解析，有助于制定相应的城市低碳发展策略。

第 15 章　实验十二：城市与区域系统时间序列分析

城市与区域系统要素随时间动态变化。有些要素随时间推移呈现增长或下降趋势，如城市人口、GDP、用地规模等要素可能呈现逐年增长的趋势。有些要素随着时间发展呈现周期性的变化特征，如大城市工作日的交通流量往往有明显的早晚高峰、人口的跨区域流动在每年春节达到峰值等。时间序列分析正适合研究城市与区域系统要素随时间变化的长期规律。本章介绍时间序列分析的建模原理，然后以城市建设用地变化趋势分析为例，展示应用 R 语言进行时间序列建模的编码过程，最后探讨相关应用场景。

15.1　时间序列概述

15.1.1　基本概念

时间序列是将随机变量按时间先后顺序排序所形成的数列。设 F 是实数集合 $\mathbf{R}$ 的子集，对于任意 $t \in F$，都有 Y_t 与之对应，那么就称随机变量的集合 $\{Y_t\}$ 是一个随机过程，当 F 为时间指标时，这个序列即为时间序列。时间序列中的"时间"可以是年份、季度、月份或其他任何时间单位。时间序列相关概念包括均值、方差函数、自协方差函数和自相关函数。

1. 均值

时间序列 $\{Y_t\}$ 的均值即为 Y_t 的期望值，可以记为：

$$\mu_t = E(Y_t) \tag{15-1}$$

2. 方差与自协方差

协方差用于衡量两个变量的总体误差，自协方差指时间序列 $\{Y_t\}$ 中，任意两个不同时刻 t 和 s 对应的 Y_t、Y_s 取值起伏变化的相关程度，可以记为：

$$\gamma_{t,s} = Cov(Y_t, Y_s) = E(Y_t - \mu_t)(Y_s - \mu_s) \tag{15-2}$$

方差是协方差的一种特殊情况，即当两个变量相同的情况（$Y_t = Y_s$）。时间序列 $\{Y_t\}$ 的方差是 $\{Y_t\}$ 中每个样本值与均值 μ_t 之差的平方的平均数，可以记为：

$$Var(Y_t) = E(Y_t - \mu_t)^2 \tag{15-3}$$

3. 自相关函数

自相关函数用于描述时间序列 $\{Y_t\}$ 在任意两个不同时刻 t, s 对应取值 Y_t 和 Y_s 之间的相关程度。

$$\rho_{t,s} = Corr(Y_t, Y_s) = \frac{Cov(Y_t, Y_s)}{\sqrt{Var(Y_t)} \sqrt{Var(Y_s)}} = \frac{\gamma_{t,s}}{\sqrt{\gamma_{t,t}} \sqrt{\gamma_{s,s}}} \tag{15-4}$$

15.1.2 平稳时间序列

如果时间序列$\{Y_t\}$围绕一个常数上下波动且波动范围有限(即均值和方差为常数),不存在周期性特征,则称时间序列$\{Y_t\}$为平稳序列(图15-1)。平稳序列的均值、方差、协方差的取值在未来仍能保持不变或波动较小,这是进行时间序列分析的基础。当时间序列为平稳序列时就可以根据现有数据的发展趋势对未来样本进行预测。

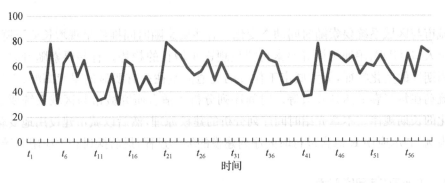

图15-1 平稳时间序列

时间序列的平稳性可分为严平稳性(strictly stationary)和宽(弱)平稳性(weak stationary)(表15-1)。严平稳性是一种条件比较苛刻的平稳性定义,只有当时间序列所有的统计性质都不会随着时间的推移而发生变化时,该序列才能被判定为平稳时间序列。通常时间序列分析较多的是宽(弱)平稳时间序列,其均值和方差都是常数,并且自相关函数与时间的起止点无关。

表15-1 严平稳性与宽(弱)平稳性

平稳性	定义
严平稳性	对于任何时间间隔k和时间点$t_1,t_2,\cdots,t_n$,有$\{Y_t\}$(包括$Y_{t1},Y_{t2},\cdots,Y_{tn}$)和$\{Y_{t-k}\}$(包括$Y_{t1-k}$, $Y_{t2-k},\cdots,Y_{tn-k}$)的联合分布相同,即序列Y_t所有的统计性质都不会随着时间的推移而发生变化
宽(弱)平稳性	对于任何时间间隔k和时间点$t_1,t_2,\cdots,t_n$,有$\{Y_t\}$(包括$Y_{t1},Y_{t2},\cdots,Y_{tn}$)和$\{Y_{t-k}\}$(包括$Y_{t1-k}$, $Y_{t2-k},\cdots,Y_{tn-k}$)的期望和方差相同,且序列的自相关函数只依赖于时间的平移长度k而与时间的起止点无关

在平稳时间序列里有一类特殊的情况,称为纯随机序列或白噪声序列。该类时间序列在任何两个时点的随机变量都不相关,任意两个时点的协方差/相关性系数都是零。白噪声序列是平稳的,但由于其没有任何可以利用的动态规律,因此不具有分析的意义。不能用白噪声序列对未来样本进行预测。

15.1.3 非平稳时间序列

非平稳时间序列是均值或方差随时间变化而变化的时间序列。非平稳时间序列包含趋势、季节性或周期性中的一种成分,也可能是几种成分的组合。

趋势(trend)指时间序列在长时期内呈现出来的某种持续上升或持续下降的变动,例如城市老年人口占比随时间推移而持续上升(图15-2)。时间趋势有确定性和随机性两种类型,确定性趋势为时间的线性函数,随机性趋势是随机的且随时间变化的趋势,是非线性的。

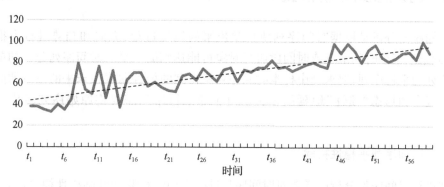

图 15 - 2　有趋势的非平稳时间序列

循环性(cyclicity)指时间序列以不固定的频率呈现不规则的周期变动,变化周期可长可短(图 15 - 3)。

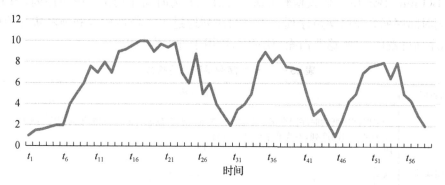

图 15 - 3　循环变化的非平稳时间序列

季节性(seasonality)通常表现为时间序列的周期性,"季节"可为季度、月份、天等(图15 - 4)。与循环性不同,季节性的时间序列变动有比较固定的时间周期规律,而循环波动无固定规律,变动周期多在一年以上,周期不规则。

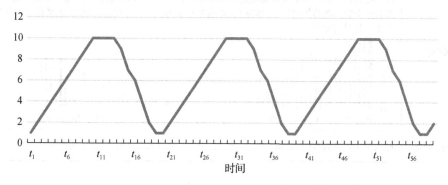

图 15 - 4　季节性变化的非平稳时间序列

15.2　时间序列分析模型

时间序列分析是根据时间序列所反映出来的发展过程、方向和趋势进行类推或延伸,预测未来某个时间节点或时间段研究对象可能达到的水平。时间序列分析的前提是原始序列为平稳序列,要求经由样本时间序列所得到的拟合曲线在未来的一段期间内仍能顺着现有的形态"惯性"地延续下去。对于非平稳序列需要将原始序列转化为平稳序列。

15.2.1　时间序列平稳性检验

在进行时间序列分析前需要对时间序列进行平稳性检验和纯随机性检验(白噪声检验)。平稳性检验方法主要有图形检验方法(时序图、自相关图)和假设检验方法(单位根检验)(表 15 - 2)。如果时间序列满足平稳性的条件,还需检验其是否为白噪声序列。可采用 LB(Ljung-Box test)假设检验方法,原假设 H_0 为时间序列是白噪声序列,如拒绝原假设,则时间序列为非白噪声序列。当时间序列通过了平稳性检验和纯随机性检验后,该时间序列可被称为"平稳非白噪声序列",可用于进一步分析。

表 15 - 2　时间序列平稳性检验方法

方法名称	方法介绍与图示
时序图检验	如果时间序列的时序图在某一常数附近波动且波动范围有界,则判断该时间序列平稳。下图中左为平稳时间序列,右为非平稳时间序列
自相关图检验	自相关图的横坐标为延迟值,纵坐标为自相关系数(ACF)或偏自相关系数(PACF)。如果时间序列的自相关图有拖尾或截尾现象则称该时间序列平稳。截尾指在某阶之后系数都为 0,拖尾指有一个衰减的趋势,但是不都为 0。以拖尾现象为例,下面自相关图中左为平稳时间序列,右为非平稳时间序列
单位根检验	原假设 H_0 为时间序列是非平稳时间序列,如果拒绝原假设,则该时间序列平稳

15.2.2　平稳非白噪声时间序列分析

对于平稳非白噪声序列的具体分析步骤如下:

1. 计算自相关系数(ACF)和偏自相关系数(PACF)

时间序列的前期状态对后续状态往往有影响,这种影响越大,自相关性越强。ACF

是时间序列观测值 Y_t 与其过去 k 个单位观测值 Y_{tk} 之间的线性相关性，PACF 是在给定中间观测值的条件下，时间序列观测值 Y_t 与其过去 k 个单位观测值 Y_{tk} 之间的线性相关性。例如，研究 2000—2020 年的某个时间序列，对于 2005 年和 2008 年的数据，PACF 会剔除中间值（2006 年和 2007 年数据）的影响，而 ACF 则包含中间值的影响。

如果有超过 5% 的样本 ACF 和 PACF 值都落入 2 倍标准差范围之外，或者由显著非 0 的 ACF 和 PACF 值衰减为小值波动的过程比较缓慢或非常连续，则该时间序列的 ACF 或 PACF 存在拖尾现象。如图 15-5 所示，横坐标 Lag 表示滞后期数 t，纵坐标 ACF 给出每一滞后期 t 的自相关系数值。两条平行的横虚线分别代表 95% 可信区间的临界水平，原假设 H_0 是自相关系数等于 0，凡是超过虚线的竖线条都具有统计学意义，如果落在两虚线之间，则表示无统计学意义。图 15-5 说明 ACF 存在 5 阶拖尾。

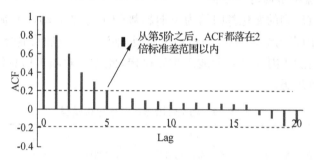

图 15-5　ACF 的 5 阶拖尾

如果 ACF 和 PACF 值在最初的 t 阶明显大于 2 倍标准差范围，之后几乎 95% 的值都落在 2 倍标准差范围以内，并且由非零自相关系数衰减为在零附近小值波动的过程非常突然，则该时间序列的 ACF 或 PACF 存在截尾现象。和拖尾现象相同，凡是超过虚线的竖线条都具有统计学意义。如图 15-6 所示，PACF 存在 6 阶截尾。

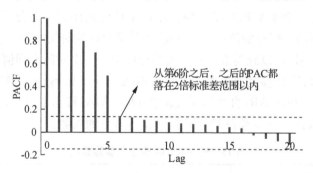

图 15-6　PACF 的 6 阶截尾

2. 构建 ARMA 模型

自回归滑动平均模型（Autoregressive Moving Average Model，ARMA）由自回归模型（AR 模型）与移动平均模型（MA 模型）为基础"混合"构成，要求数据是单变量序列。在由 ACF 和 PACF 确定判断拖尾和截尾情况后，可选择用 AR(p) 模型、MA(q) 模型或 ARMA(p,q) 模型进行时间序列分析。模型参数选择可参考表 15-3。例如某时间序列的 ACF 满足拖尾的同时，PACF 满足 6 阶截尾，那么应选择 AR(6) 模型。

表 15 - 3 ARMA 模型参数确定方法

模型	ACF	PACF
AR(p)	拖尾	p 阶截尾
MA(q)	q 阶截尾	拖尾
ARMA(p,q)	拖尾	拖尾

15.2.3 非平稳时间序列分析

如果时间序列未通过平稳性检验,则属于非平稳时间序列,可参考以下方法进行分析。

1. 确定性因素分解的时序分析

该方法把所有序列的变化都归结为长期趋势(T)、季节变动(S)、循环变动(C)和随机变动(I)这四个因素的综合影响,通过加法模型、乘法模型或加乘混合模型进行分析(表15-4)。但因为由随机因素导致的波动难以确定,此方法对随机信息浪费严重,会导致模型拟合精度不够理想。

表 15 - 4 确定性因素的时序分析模型

模型	解释	公式
加法模型	四种成分相互独立,各个成分都用绝对量表示(与时间序列本身量纲相同)	$Y_t = T_t + S_t + C_t + I_t$
乘法模型	四种成分相互依存,长期趋势用绝对量表示(与时间序列本身量纲相同),其他成分则用相对量表示	$Y_t = T_t \times S_t \times C_t \times I_t$
加乘混合模型	四种成分中,有的相互依存,有的相互独立,长期趋势用绝对量表示(与时间序列本身量纲相同),其他成分则用相对量表示	$Y_t = T_t \times S_t + C_t + I_t$ $Y_t = T_t + S_t \times C_t \times I_t$

2. 随机时序分析

首先用差分运算将非平稳时间序列转化成平稳时间序列。差分运算即用后一时间点的值(y_t)减去当前时间点的值(y_{t-1})。一阶差分是对原始时间序列差分,二阶差分是对一阶差分数据再次差分,以此类推。每一次差分都会少一个时间序列值。

然后用自回归综合移动平均模型(Auto-Regressive Integrated Moving Averages,ARIMA)进行分析,包括 AR(自回归项)、I(差分项)、MA(移动平均项),要求数据是单变量序列。模型参数选择可参考表15-5,其中 d 为差分的次数。

表 15 - 5 ARIMA 模型及参数确定

模型选择	ACF	PACF
ARIMA($p,d,0$)	拖尾	p 阶截尾
ARIMA($0,d,q$)	q 阶截尾	拖尾
ARIMA(p,d,q)	拖尾	拖尾

除上述时间序列分析模型外,表15-6给出其他常用时间序列分析模型供读者参考。

表 15 - 6 其他常用时间序列分析模型

模型名称	描述
平滑法	常用于趋势分析和预测,利用修匀技术,削弱短期随机波动对序列的影响,使序列平滑化。根据所用平滑技术的不同,可分为移动平均法和指数平滑法
趋势拟合法	把时间作为自变量,相应的序列观察值作为因变量,建立回归模型根据序列的特征,可分为线性拟合和曲线拟合
ARCH 模型	能准确地模拟时间序列变量的波动性变化,适用于序列具有异方差性并且异方差函数短期自相关
GARCH 模型及其衍生模型	称为广义 ARCH 模型,是 ARCH 模型的拓展。更能反映实际序列中的长期记忆性、信息的非对称性等性质

15.3 R 语言时间序列分析应用:城市建设用地变化趋势分析

15.3.1 实验目的

当前国家正在大力推进以人为核心的新型城镇化,加快农业转移人口市民化,加快转变超大特大城市发展方式,实施城市更新行动。如何挖掘城市存量建设用地潜力? 这需要对城市建设用地变化趋势进行分析。本次实验以城市建设用地变化趋势分析为例,讲解使用 R 语言进行时间序列分析的编码操作。通过本实验可以熟悉运用时间序列分析研究城市与区域系统问题的基本方法。

本实验数据为"data12.csv",该数据库是某地级市 2000—2019 年的城市建设用地面积数据,包含年份、城市建设用地面积共 2 个变量(表 15 - 7)。

表 15 - 7 变量说明

变量	统计内容	变量类型
YEAR	年份	连续
CONSTRUCTION_LAND	城市建设用地面积(单位:km²)	连续

15.3.2 实验步骤

1. 确定研究问题

城市建设用地面积随时间的动态变化规律如何? 未来发展趋势如何?

2. 导入与查看数据

利用 setwd()函数设置 R 的工作路径,再通过 read.csv()函数读取数据库并将数据存于 data 中。

```
# 导入数据
setwd("D:/R/handbook/homework12")
data< - read.csv("./data12.csv",header= TRUE, sep= ",")

# 查看数据特征
dim(data)
names(data)
```

运行代码后结果如下:

```
> dim(data)
```

```
[1] 20 2
> names(data)
[1] "YEAR"             "CONSTRUCTION_LAND"
```

3. 生成时序对象

用 ts()函数生成时序对象,存入 nj。其中 start 参数和 end 参数(可选)分别表示时序的起始时间和终止时间,frequency 参数为每个单位时间所包含的观测值数量,例如:"frequency=12"表示以月份为单位,"start = c(2017,1)"表示从 2017 年 1 月开始;"frequency=4"表示以季度为单位;"frequency=1"表示以年为单位;"frequency=7"表示以天为单位,按星期对齐;"frequency=365"表示以天为单位,不按星期对齐。

```
nj = ts(data[,2],start = c(2000,1),frequency = 1)
nj
```

运行代码后结果如下:

```
> nj = ts(data[,2],start = c(2000,1),frequency = 1)
> nj
Time Series:
Start = 2000
End = 2019
Frequency = 1
[1] 201 212 439 447 484 513 575 577 592 598 619 637 653 713 734 755 774 796 817 823
```

4. 制作时序图

为方便后续分析可先调用两个 R 包,forecast 和 fUnitRoots。用 plot()函数可对时间序列 nj 生成时序图,横轴显示时间标签,具体编码如下:

```
# 调用扩展包
install.packages('fUnitRoots')
library(forecast)
library(fUnitRoots)

# 生成时序标签,by 参数可以是"day", "week", "month", "quarter" 或 "year"
# length 参数表示需要生成的序列个数,需与前面数据量一致
time < - seq.Date(as.Date("2000/1/1"), by = "year", length = 20)

# 函数 data.frame 用于生成数据框,每列数据用逗号隔开
dat_nj < - data.frame(time, nj)
# 函数 plot 用于绘制图表,type 参数选择绘制图表的类型,"l"表示折线图,xaxt = "n"表示不
显示 x 轴刻度标签,ylim 参数用于设定 y 轴的最大最小值,ylab 参数用于设定 y 轴的名称
plot(dat_nj,type= "l", xaxt = "n", ylim= c(0,1000), ylab= "Square kilometer")

# axis.Date 用于在图表上添加轴线,第一个参数是轴线位置,"1"表示下方,at 参数表示需要添
加刻度的数值,format 参数用于确定日期格式
axis.Date(1, at = time, format = "% Y")
```

时序图如图 15-7 所示。

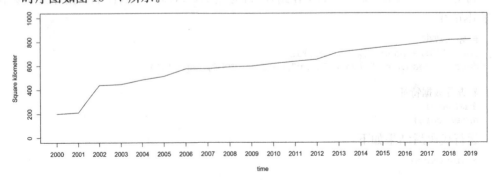

图 15-7 生成时序图

5. 进行平稳性检验

使用 acf() 函数打印自相关系数图。

```
# 进行自相关系数检验
acf(nj)
```

图 15-8 显示自相关系数 ACF 呈现三阶拖尾。

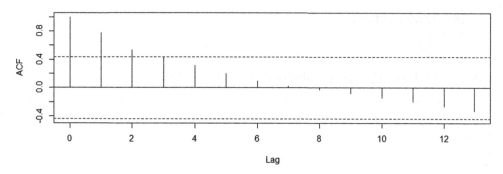

图 15-8　自相关系数(ACF)图：三阶拖尾

使用 pacf() 函数打印偏自相关系数图。

```
# 进行偏自相关系数检验
pacf(nj)
```

图 15-9 显示偏自相关系数 PACF 呈现一阶截尾。

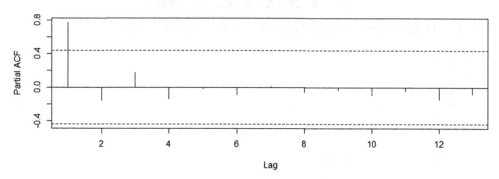

图 15-9　偏自相关系数(PACF)图：一阶截尾

使用 unitrootTest() 进行单位根检验。

```
# 进行单位根检验
unitrootTest(nj)
```

单位根检验的 p 值大于 0.05(P VALUE 分别给出了两种统计方法的 p 值)，可将该时间序列判断为非平稳序列。

```
> unitrootTest(nj)
Title:
Augmented Dickey- Fuller Test

Test Results:
  PARAMETER:
    Lag Order: 1
  STATISTIC:
    DF: 1.6481
  P VALUE:
    t: 0.9708
    n: 0.97
```

6. 进行差分分析

虽然时间序列 nj 的 ACF/PACF 图存在拖尾和截尾,但其未通过单位根检验,用 diff()函数对 nj 进行一阶差分。然后再次进行 ACF、PACF 和单位根检验。

```
# 进行一阶差分分析
difnj = diff(nj)

# 再次进行 ACF、PACF、单位根检验
acf(difnj)
pacf(difnj)
unitrootTest(difnj)
```

图 15 - 10 表明一阶差分后的时间序列 ACF 为一阶截尾。

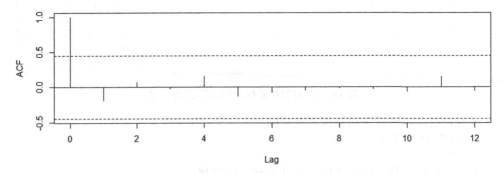

图 15 - 10　自相关系数(ACF)图:一阶截尾

图 15 - 11 表明一阶差分后的时间序列 PACF 无拖尾也无截尾。

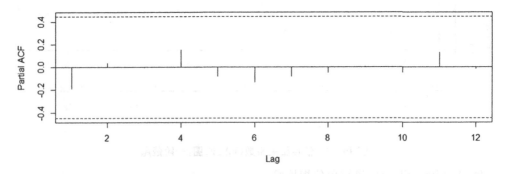

图 15 - 11　偏自相关系数(PACF)图:无拖尾无截尾

单位根检验的 p 值小于 0.05(参考 t 检验的 p 值),说明是平稳序列。

```
> unitrootTest(difnj)

Title:
 Augmented Dickey- Fuller Test

Test Results:
 PARAMETER:
   Lag Order: 1
 STATISTIC:
   DF: - 5.5039
 P VALUE:
   t: 1.806e- 05
   n: 0.08181
```

虽然时间序列 nj 的 ACF 图存截尾,单位根检验 p 值小于 0.05,但 PACF 没有拖尾

或截尾,所以用 diff() 函数对 nj 进行二阶差分。然后再次进行 ACF、PACF 和单位根检验。

```
# 进行二阶差分分析
difnj2 = diff(nj,differences= 2)

# 再次进行 ACF、PACF、单位根检验
acf(difnj2)
pacf(difnj2)
unitrootTest(difnj2)
```

二阶差分后的时间序列 ACF 图呈现二阶截尾(图 15 - 12)、PACF 图呈现一阶拖尾(图 15 - 13)、单位根检验 p 值小于 0.05(参考 t 检验的 p 值),表明该序列是平稳序列。

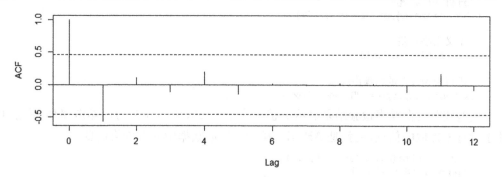

图 15 - 12　自相关系数(ACF)图:二阶截尾

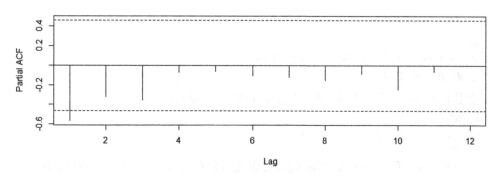

图 15 - 13　偏自相关系数(PACF)图:一阶拖尾

```
> unitrootTest(difnj2)

Title:
Augmented Dickey- Fuller Test

Test Results:
  PARAMETER:
    Lag Order: 1
  STATISTIC:
    DF: - 5.242
  P VALUE:
    t: 3.295e- 05
    n: 0.08887
```

7. 进行白噪声检验

使用 Box. test() 函数进行白噪声检验。

```
# 白噪声检验
Box.test(difnj2,type = "Ljung- Box")
```

结果表明 p 值小于 0.05，所以二阶差分后的时间序列是平稳非白噪声序列。

```
> Box.test(difnj2,type = "Ljung- Box")

    Box- Ljung test

data: difnj2
X- squared = 6.7772, df = 1, p- value = 0.009233
```

8. 进行 ARIMA 建模

使用 arima()函数构建模型，数据库选用原始时间序列数据库 nj，模型参数参考表 15 - 5 进行设置。建模后对残差再次进行白噪声检验。

```
# 进行 ARIMA 建模
fit = arima(nj,order= c(0,2,2))

# 定义模型残差
res = fit$ residuals

# 进行模型残差的白噪声检验
Box.test(res,type = "Ljung- Box")
```

模型残差的白噪声检验结果显示 p 值远大于 0.05，说明残差为白噪声序列，残差中几乎没有未提取的信息，也就是 ARIMA 模型已提取数据中的有价值信息。

```
> fit = arima(nj,order= c(0,2,2))
> res = fit$ residuals
> Box.test(res,type = "Ljung- Box")

    Box- Ljung test

data: res
X- squared = 0.70159, df = 1, p- value = 0.4022
```

9. 利用模型预测

使用 forecast()函数预测未来 4 期的城市建设用地面积。

```
# 预测
nj_forecast< - forecast(fit,4)
nj_forecast
```

第一列 Point Forecast 表示预测值，后面几列分别表示 80% 和 95% 的置信区间。

```
> nj_forecast
     Point Forecast    Lo 80       Hi 80       Lo 95       Hi 95
2020  821.7708         768.1123    875.4292    739.7073    903.8343
2021  824.5294         759.2892    889.7695    724.7532    924.3056
2022  827.2880         732.0906    922.4853    681.6962    972.8798
2023  830.0465         690.9136    969.1795    617.2610    1042.8320
```

最终得到预测的 2020—2023 年城市建设用地发展情况，如表 15 - 8 所示。

表 15 - 8　城市建设用地预测　　　　　　　　　　　　　　　　单位：km²

YEAR	CONSTRUCTION_LAND
2020	822
2021	825
2022	827
2023	830

可以用 plot()函数进行时间序列预测的可视化（图 15 - 14）。

```
plot(forecast(fit,4), xlab = 'Time',ylab = 'Square kilometer')
```

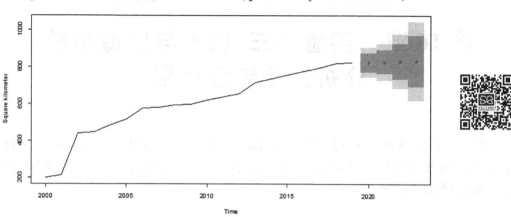

图 15-14 时间序列预测结果可视化

需要说明的是，本实验仅考虑理想化的场景，简单分析了城市建设用地面积随时间的动态变化趋势，而实际城市建设用地扩张的影响因素是多元复杂的，在城市与区域系统研究中需要充分考虑影响城市发展的各类因素，构建更为复杂的分析模型。

15.4 时间序列分析的应用场景举例

15.4.1 城市环境监测的时间序列分析

城市的热岛效应、空气质量、环境污染等都是城市与区域系统分析关注的热点问题。可利用多年遥感影像数据、城市多年环境监测点的监测数据等，将时空数据融合，分析城市环境问题的时空演变规律。同时，可结合城市的社会经济政策发展特征，基于空间类聚、空间回归等分析方法，进一步解析城市环境问题时空演变的驱动机制，为城市的合理规划和人居环境优化提供科学依据。

15.4.2 区域城镇化发展水平的时间序列分析

可构建区域城镇化发展水平综合评价指标体系，分析长时间序列的区域城镇化发展时空分异特征。进而结合空间自相关、多元线性回归等方法，解析区域城镇化发展水平变化的动力机制。在此基础上，可预测区域未来城镇化水平的发展趋势，为制定区域规划政策提供参考。

第16章 实验十三：城市与区域系统分析方法综合应用

在学习前述基本统计分析方法及其应用场景的基础上,本章以低碳导向的江苏省国土空间优化策略研究为例,展示综合运用R语言编码认识、描述、分析城市与区域系统问题并提出对策建议的全过程。

16.1 低碳导向的江苏省国土空间优化策略研究框架

16.1.1 研究背景

大气中二氧化碳(CO_2)浓度持续增加会引发全球变暖、冰川融化、海平面上升等一系列环境问题,对人类社会的可持续发展和生态环境安全产生严重威胁。2020年9月中国明确提出2030年"碳达峰"与2060年"碳中和"目标,即2030年左右中国实现二氧化碳排放达到峰值,2060年前排放出的二氧化碳都可以通过自然或人工的方式进行吸收与固定。

国土空间是人类经济社会活动的基本载体。国土空间的开发与利用通过影响生产活动、生活方式与生态质量而产生碳排放与碳汇(陆地植被和土壤对二氧化碳的吸收作用)。江苏省作为全国人口密度最高的省份之一,下辖13个地级市,53个市辖区及县级市,工业化和城镇化水平高,国土空间受到人类活动影响较大。探讨低碳导向的江苏国土空间优化策略有助于江苏实现"双碳"目标任务。

16.1.2 研究思路

1. 江苏省碳排放现状分析

现状分析是国土空间优化的基础。低碳导向的江苏省国土空间协同优化需要基于对江苏省内各城市碳排放的现状分析,明晰哪些城市是碳排放的高值区域,哪些是碳排放的低值区域,以此作为后续空间优化的支撑。

2. 江苏省碳排放预测

自"双碳"目标提出以来,各行业、各省市都在紧急编制碳达峰行动方案。江苏省作为中国的经济强省,在绿色环保创新方面也一直走在国内前列。在分析了江苏碳排放历史和现状后,需要对其未来年份的碳排放进行预测,明确其碳排放峰值以及碳达峰时间,以此作为国土空间优化的重要依据。

3. 江苏省碳排放驱动因子分析

低碳导向的国土空间优化有赖于厘清碳排放的影响因素,在预测未来碳排放趋势后,需要构建经济、社会、空间指标体系,识别碳排放的关键驱动因子,精准调控关键影响因素,作为国土空间优化的重要抓手。

4. 低碳导向的江苏省国土空间功能分区及优化策略研究

依据《江苏统计年鉴(2021)》,2020 年江苏省共辖 13 个地级市,可分为 13 个地级市市区、21 个县级市、19 个县。这些区县的经济社会发展状况及生态环境压力分异明显,不能对这些区县国土空间采取"一刀切"的减排手段。因此,开展低碳导向的江苏省国土空间功能分区有助于分析区县尺度经济社会发展驱动下的碳排碳汇状况,对于制定区域国土空间协同优化策略有一定的参考价值。

16.1.3　技术路线

图 16-1 是本实验的技术路线,共包括四个主要分析步骤。需要说明,本实验的技术路线设计简化了分析过程,实际的研究比此过程复杂很多。

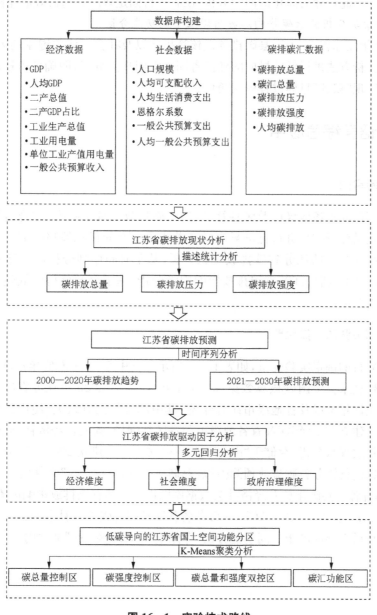

图 16-1　实验技术路线

1. 基于描述统计方法的江苏省碳排放现状分析

基于 2020 年江苏省及其区(县)碳排放数据和社会经济数据,对江苏省各地级市及区(县)碳排放总量、碳排放压力、单位 GDP 碳排放等指标进行描述统计与可视化表达。

2. 基于时间序列分析的江苏省碳排放预测

基于 2000—2020 年江苏省碳排放数据,分析江苏省近 20 年碳排放演变趋势,并利用时间序列分析模型预测江苏省 2021—2030 年碳排放量,确定其碳排放峰值及达峰时间节点。

3. 基于多元回归分析的江苏省碳排放影响因素分析

基于 2005—2020 年江苏省区县社会经济与碳排放面板数据,通过多元回归模型分析在江苏省城镇化快速发展过程中社会、经济、政府治理等影响因素对碳排放的贡献大小与作用方向。此步骤为简化的回归分析,没有进行固定效应和随机效应建模。

4. 基于聚类分析的低碳导向江苏省国土空间功能分区

以 2020 年江苏省 53 个区县碳排碳汇核算指标以及社会经济关键驱动因子为基础,借助于聚类分析方法进行低碳导向的江苏省国土空间功能分区,明确各市辖区以及县级市在江苏省实现"双碳"目标过程中的角色。

16.2　R 语言综合应用

16.2.1　实验目的

基于多年江苏省各地级市及区县社会经济、碳排放与碳汇数据,综合运用多种城市与区域系统定量分析方法进行低碳导向的江苏省国土空间优化策略研究。相关方法包括基于描述统计方法的江苏省碳排放现状分析、基于时间序列分析的江苏省碳排放预测、基于多元回归分析的江苏省碳排放影响因素分析、基于聚类分析的低碳导向江苏省国土空间功能分区。

16.2.2　数据来源和变量说明

根据实验目的确定实验变量,如表 16-1 所示。其中 2000—2020 年江苏省各区县碳排放与碳汇数据来自中国碳核算数据库(CEADS),2005—2020 年江苏省经济社会数据来自江苏省统计年鉴以及各地级市统计年鉴,其中部分数据有缺失,使用数据插补等方法进行补齐。建立 2020 年江苏省各地级市和各区县碳排、碳汇及经济社会数据库,以进行江苏省碳排放现状分析,存储于"data13_1. csv"文件内。建立 2000—2020 年江苏省碳排放数据库以进行江苏省碳排放预测模拟,存储于"data13_2. csv"文件内。建立 2005—2020 年江苏省各区县碳排放及经济社会数据库以进行江苏省碳排放影响因素分析,存储于"data13_3. csv"文件内;建立 2020 年江苏省各区县碳排碳汇及社会经济关键影响因素数据库以进行低碳导向国土空间功能分区,存储于"data13_4. csv"文件内。

表 16 - 1　变量说明

变量名	统计内容	变量类型
Name	各地级市、区县名称	文本
Year	年份	连续
CarbonEmission	碳排放总量(单位：MT，百万吨)	连续
CarbonSink	碳汇总量(陆地植被吸收碳总量，单位：MT，百万吨)	连续
Pop	常住人口规模(单位：万人)	连续
GDP	国内生产总值(单位：亿元)	连续
PerGDP	人均 GDP(单位：元)	连续
CarbonPressure	碳排放压力(CarbonEmission/CarbonSink)	连续
GDP_CE	碳排放强度(每亿元 GDP 碳排放，单位：吨/亿元)	连续
Per_CE	人均碳排放(单位：吨/人)	连续
PerIncome	人均可支配收入(单位：元)	连续
PerCons	人均生活消费支出(单位：元)	连续
EngelEff	恩格尔系数	连续
SecGDP	第二产业 GDP(单位：亿元)	连续
SecGDP_Str	二产占 GDP 比重(二产 GDP/GDP，数值范围：0~1)	连续
IndGDP	工业生产总值(单位：亿元)	连续
IndEletr	工业用电量(单位：亿千瓦时)	连续
PerEletr	单位工业产值用电量(单位：亿千瓦时/亿元)	连续
Revenue	一般公共预算收入(单位：亿元)	连续
Expenditure	一般公共预算支出(单位：亿元)	连续
PerRevenue	人均一般公共预算收入(单位：元)	连续
PerExpenditure	人均一般公共预算支出(单位：元)	连续

16.2.3　实验步骤

1. 基于描述统计方法的江苏省碳排放现状分析

（1）导入数据

将 2020 年各地级市及其区县碳排放、碳汇和经济社会数据库(data13_1.csv)导入到 R 中。

```
# 导入数据
setwd("D:/R/handbook/homework13")
data< - read.csv("./data13_1.csv",header= TRUE, sep= ",")
```

（2）分析江苏省地级市尺度碳排放总量现状

对江苏省 13 个地级市的碳排放总量进行可视化表达，选择使用 barplot()函数生成柱状图。

```
# 从数据库中提取出 13 个地级市的数据
datanew< - data[1:13,]
# 使用柱状图将江苏省各地级市碳排放可视化
b< - barplot(datanew$ CarbonEmssion,names.arg= datanew$ Name,
        xlab = "City",ylab = "Carbon Emssion/MT",space = .1,
```

```
        col = "grey",border = "black")
text(b,datanew$ CarbonEmssion,labels= datanew$ CarbonEmssion,
    cex= 1.5,pos= 1)
```

图 16-2 表明苏州市 2020 年碳排放总量远远超过其他地级市,达到 126.9MT,南京、无锡、南通、徐州、盐城处于碳排放总量第二梯队,碳排放总量在 50MT~71MT 之间,常州、泰州与扬州处于碳排放总量第三梯队,碳排放总量在 40MT~50MT 之间,镇江、连云港、淮安以及宿迁碳排放总量相对较少,碳排放总量在 30MT~40MT 之间。

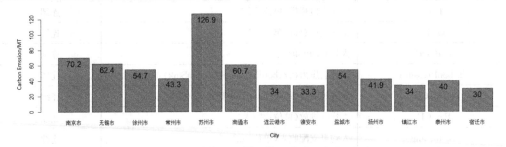

图 16-2　2020 年江苏省各地级市碳排放总量

(3) 分析江苏省区县尺度碳排放压力现状

碳排放压力可以反映某地区碳排放对于生态基底的压力,利用 order()函数对各区县碳排放压力进行降序排列,并展示碳排放压力最大的 10 个区县。

```
# 从数据库中提取出 53 个区县的数据
datanew2< - data[14:66,]
# 对各区县碳排放压力进行降序排列
datanew3< - datanew2[order(- datanew2$ CarbonPressure),]
datanew31< - datanew3[,c(1,7)]
# 显示碳排放压力最大的 10 个区县
head(datanew31,10)
```

结果表明碳排放压力最大的区县大都位于苏南地区,其中苏州的昆山、张家港、常熟、太仓,无锡的江阴以及泰州的扬中碳排放压力指数数值都大于 10,即这些地区碳排放总量是碳汇总量的 10 倍以上,也就是说这些地区是江苏省实现"双碳"目标需要重点干预的地区。

```
> head(datanew31,10)
     Name        CarbonPressure
29   昆山市       13.692308
16   江阴市       13.000000
28   张家港市     12.142857
57   扬中市       10.750000
30   太仓市       10.461538
27   常熟市       10.150000
24   常州市区      8.500000
15   无锡市区      8.028571
61   靖江市        8.000000
14   南京市区      6.882353
```

(4) 分析江苏省区县尺度碳排放强度现状

碳排放强度可以反映单位 GDP 增加所产生的碳排放,碳排放强度越高说明该地区经济发展越趋于高碳化,反之则属于低碳发展状态。利用 order()函数对各区县碳排放强度进行降序排列并展示碳排放强度最大的 10 个区县。

```
# 对各区县碳排放强度进行降序排列
datanew4< - datanew2[order(- datanew2$ GDP_CE),]
```

```
datanew41< - datanew4[,c(1,8)]
# 显示碳排放强度最大的 10 个区县
head(datanew41,10)
```

结果表明碳排放强度最大的区县大都位于苏北地区，其中连云港的东海、灌云、灌南，盐城的建湖，淮安的盱眙以及宿迁的泗阳每亿元 GDP 碳排放都在 10 000 t 以上，东海县和灌云县更是分别达到 14 987 t 和 14 150 t，能源结构以及产业结构都较为高碳。江苏省实现"双碳"目标亟须干预这些地区的产业低碳转型。

```
> head(datanew41,10)
      Name         GDP_CE
37    东海县        14987.360
38    灌云县        14150.943
49    建湖县        10607.846
42    盱眙县        10337.698
39    灌南县        10330.058
65    泗阳县        10028.382
19    丰县          9866.393
30    太仓市        9811.702
66    泗洪县        9706.890
63    宿迁市区      9689.275
```

2. 基于时间序列分析的江苏省碳排放预测

（1）导入数据

将 2000—2020 年江苏省碳排放数据库（data13_2.csv）导入到 R 中。

```
# 导入数据
setwd("D:/R/handbook/homework13")
data< - read.csv("./data13_2.csv",header= TRUE, sep= ",")
```

（2）生成时序对象

ts（）函数用于生成时序对象，start 参数和 end 参数（可选）分别表示时序的起始时间和终止时间，frequency 为每个单位时间所包含的观测值数量，以 2000—2020 年江苏省年度碳排放数据为基础生成时序对象 js。

```
# 生成时序对象
js = ts(data[,2],start = c(2000,1),frequency = 1)
js
```

（3）分析江苏省 2000—2020 年碳排放演变趋势

将生成的时序对象进行可视化，即将 2000—2020 年江苏省碳排放演变趋势制作成时序图。

```
# 调用时间序列分析所需的 R 包
library (forecast)
library (fUnitRoots)
# 进行时序对象可视化
time < - seq.Date(as.Date("2000/1/1"), by = "year", length = 21)
js_carbonemission < - data.frame(time, js)
plot(js_carbonemission,type= "l",xaxt= "n", ylim= c(0,1000), ylab= "Carbon Emis-
sion/MT")
axis.Date(1, at = time, format = "% Y")
```

图 16-3 表明 2000—2011 年江苏省碳排放一直处于快速增长阶段，2011 年以后碳排放总量趋于稳定，碳排放在总量在 660MT～710MT 区间范围内波动。

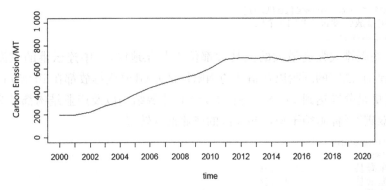

图 16 – 3　2000—2020 年江苏省碳排放总量演变趋势

(4) 进行序列平稳性检验、白噪声检验与差分

只有当时序对象是平稳非白噪声序列时才可进行时间序列分析。因此对 js 时间序列进行 ACF/PACF 图检验以及平稳性检验,发现其为非平稳序列。可考虑使用 15.3.2 节的差分方法使原始数据变为平稳序列。也可考虑本实验采用的 auto.arima() 函数辅助进行 ARIMA 参数确定。

```
# 进行时间序列平稳性检验
acf(js)
unitrootTest(js)
# ARIMA 自动定阶
auto.arima(js,trace= T)
```

结果表明最优模型是 ARIMA(0,2,1)。

```
> arima< - auto.arima(js,trace= T)
ARIMA(2,2,2)    : Inf
ARIMA(0,2,0)    : 182.5828
ARIMA(1,2,0)    : 182.8425
ARIMA(0,2,1)    : 182.1327
ARIMA(1,2,1)    : 184.9289
ARIMA(0,2,2)    : 184.929
ARIMA(1,2,2)    : Inf

Best model: ARIMA(0,2,1)
```

(5) 进行 ARIMA 建模与残差白噪声检验

构建 ARIMA(0,2,1)模型,存于 fit,并对模型的残差进行白噪声检验,结果显示 p 值大于 0.05,表示残差序列为白噪声序列,残差中几乎没有未提取的有效信息,故模型 fit 检验通过。

```
fit < - arima(js,order= c(0,2,1))
# 进行模型残差的白噪声检验
res < - fit$ residuals
Box.test(res,type = "Ljung- Box")
```

(6) 基于 ARIMA 模型预测江苏省 2021—2030 年碳排放

对模型 fit 使用 forecast() 函数进行预测,预测内容是 2021－2030 年江苏省碳排放趋势,并对其进行可视化表达。

```
# 预测模型
js_forecast< - forecast(fit,10)
js_forecast
# 将预测结果可视化
plot(forecast(fit,10),xlab= "time",ylab= "Carbon Emssion/MT")
```

预测结果说明 2021—2030 年江苏省碳排放将逐年缓慢下降,2030 年碳排放总量约为 614.4MT。

```
> js_forecast
     Point Forecast    Lo 80      Hi 80       Lo 95       Hi 95
2021      678.4758   645.6699   711.2818    628.3034    728.6483
2022      671.3517   611.3174   731.3859    579.5372    763.1661
2023      664.2275   573.7058   754.7492    525.7865    802.6685
2024      657.1034   532.7773   781.4295    466.9630    847.2437
2025      649.9792   488.7246   811.2339    403.3615    896.5969
2026      642.8551   441.7507   843.9594    335.2925    950.4176
2027      635.7309   392.0360   879.4258    263.0317   1008.4302
2028      628.6068   339.7359   917.4777    186.8169   1070.3967
2029      621.4826   284.9845   957.9808    106.8531   1136.1121
2030      614.3585   227.8981  1000.8188     23.3183   1205.3986
```

图 16-4 显示了 2000—2030 年江苏省的碳排放趋势,碳排放达峰时间为 2019 年左右。

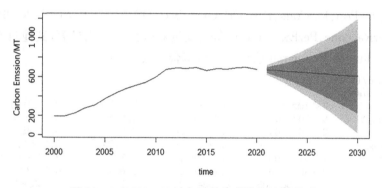

图 16-4　2000—2030 年江苏省碳排放总量预测

3. 基于多元回归分析的江苏省碳排放影响因素分析

(1) 导入数据与进行数据预处理

将 2005—2020 年区县碳排放及经济社会数据库(data13_3.csv)导入到 R 中,进行数据核查,发现其满足多元回归模型对于数据类型的要求。

```
# 导入数据
setwd("D:/R/handbook/homework13")
data< - read.csv("./data13_3.csv",header= TRUE, sep= ",")
# 核查数据
head(data)
str(data)
```

(2) 初步建立模型与进行共线性诊断

选取人均碳排放(Per_CE)作为因变量,构建多元回归模型。首先用 shapiro.test() 函数对因变量进行正态分布检验。经检验 Per_CE 不符从正态分布,对其进行取对数处理后仍不符合正态分布。观察 Per_CE 变量的值发现存在较多比较小的数值,故考虑将因变量转换为 $\log(\text{Per\_CE}+1)$。经检验该因变量服从正态分布,可作为回归模型的因变量。

```
> shapiro.test(log(data$ Per_CE+ 1))

    Shapiro- Wilk normality test

data: log(data$ Per_CE +  1)
```

```
W = 0.99666, p- value = 0.0713
```

以 log(Per_CE+1)作为因变量构建多元回归模型 model1,其中的自变量从三个维度选择。社会维度选取常住人口规模(Pop)、人均可支配收入(PerIcome)、人均生活消费支出(PerCons)、恩格尔系数(EngelEff);经济维度选取 GDP、人均 GDP(PerGDP)、第二产业 GDP(SecGDP)、二产占 GDP 比重(SecGDP_Str)、工业生产总值(IndGDP)、工业用电量(IndEletr)、单位工业产值用电量(PerEletr);政府治理维度变量选取一般公共预算收入(Revenue)、人均一般公共预算收入(PerRevenue)、一般公共预算支出(Expenditure)、人均一般公共预算支出(PerExpenditure)。

```
# 初步建立多元回归模型
model1< - lm (log(Per_CE+ 1) ~ Pop+ PerIncome+ PerCons+ PerGDP
            + EngelEff+ GDP+ SecGDP+ SecGDP_Str+ IndGDP+ IndEletr
            + PerEletr+ Revenue+ Expenditure+ PerRevenue
            + PerExpenditure,data= data)
summary(model1)
```

结果显示,Pop、PerCons、PerGDP、GDP、SecGDP、SecGDP_Str、IndGDP、IndEletr、PerEletr、PerRevenue、PerExpenditure 等自变量对碳排放影响显著,其他自变量影响不显著,模型 Adjusted R-squared 达到 0.775,拟合度较好。

```
> summary(model1)
Coefficients:
                  Estimate      Std. Error    t value     Pr(> |t|)
(Intercept)       9.000e- 01    1.055e- 01     8.534      < 2e- 16 * * *
Pop               2.966e- 04    1.156e- 04     2.566      0.010456 *
PerIncome        - 2.648e- 06   1.973e- 06    - 1.342     0.179872
PerCons           1.557e- 05    3.039e- 06     5.122      3.76e- 07 * * *
PerGDP            2.688e- 06    7.458e- 07     3.604      0.000333 * * *
EngelEff         - 2.979e- 03   2.008e- 03    - 1.483     0.138364
GDP               1.294e- 04    5.764e- 05     2.245      0.025007 *
SecGDP           - 2.842e- 04   9.577e- 05    - 2.968     0.003086 * *
SecGDP_Str        1.837e+ 00    1.068e- 01    17.192      < 2e- 16 * * *
IndGDP           - 2.656e- 04   6.120e- 05    - 4.340     1.60e- 05 * * *
IndEletr          8.802e- 04    2.874e- 04     3.062      0.002266 * *
PerEletr         - 2.424e- 01   1.112e- 01    - 2.181     0.029467 *
Revenue           3.596e- 04    3.422e- 04     1.051      0.293639
Expenditure      - 5.318e- 04   3.336e- 04    - 1.594     0.111341
PerRevenue        1.440e- 05    6.245e- 06     2.307      0.021320 *
PerExpenditure    1.153e- 05    5.575e- 06     2.068      0.038915 *
- - -
Signif. codes: 0 '* * * ' 0.001 '* * ' 0.01 '* ' 0.05 '.' 0.1 ' ' 1

Residual standard error: 0.154 on 832 degrees of freedom
Multiple R- squared: 0.779,Adjusted R- squared: 0.775
F- statistic: 195.5 on 15 and 832 DF, p- value: < 2.2e- 16
```

对 model1 进行共线性诊断。

```
# 对模型进行共线性诊断
library(car)
vif(model1)
```

共线性诊断结果表明 model1 的自变量存在共线性问题。

```
> vif(model1)
Pop           PerIncome       PerCons         PerGDP          EngelEff
8.535224      27.198050       19.996427       42.742695       3.359096
GDP           SecGDP          SecGDP_Str      IndGDP          IndEletr
334.729669    183.812358      2.010615        53.444905       19.577878
PerEletr      Revenue         Expenditure     PerRevenue      PerExpenditure
```

| 1.747041 | 135.910045 | 138.511226 | 25.592041 | 22.879513 |

（3）基于逐步回归优化模型

使用逐步回归 step()函数筛选自变量并优化模型，生成 model2。

```
# 使用逐步回归来优化模型
model2< - step(model1)
summary(model2)
```

model2 筛除了部分不显著的变量，保留的自变量大部分对人均碳排放有显著影响，model2 的 Adjusted R-squared 与 model1 比变化微弱。

```
> summary(model2)
Coefficients:
                Estimate      Std. Error    t value     Pr(> |t|)
(Intercept)     9.533e- 01    9.299e- 02    10.252      < 2e- 16 * * *
Pop             2.757e- 04    1.109e- 04    2.486       0.01310 *
PerCons         1.336e- 05    2.214e- 06    6.036       2.38e- 09 * * *
PerGDP          2.718e- 06    4.714e- 07    5.766       1.14e- 08 * * *
EngelEff        - 3.503e- 03  1.881e- 03    - 1.863     0.06287 .
GDP             9.108e- 05    2.824e- 05    3.225       0.00131 * *
SecGDP          - 2.289e- 04  8.867e- 05    - 2.581     0.01001 *
SecGDP_Str      1.774e+ 00    9.646e- 02    18.395      < 2e- 16 * * *
IndGDP          - 2.795e- 04  5.787e- 05    - 4.830     1.62e- 06 * * *
IndEletr        8.593e- 04    2.721e- 04    3.159       0.00164 * *
PerEletr        - 2.410e- 01  1.092e- 01    - 2.208     0.02753 *
PerRevenue      2.105e- 05    3.846e- 06    5.473       5.86e- 08 * * *
- - -
Signif. codes: 0 '* * * ' 0.001 '* * ' 0.01 '* ' 0.05 '.' 0.1 ' ' 1

Residual standard error: 0.1542 on 836 degrees of freedom
Multiple R- squared: 0.7776,Adjusted R- squared: 0.7747
F- statistic: 265.7 on 11 and 836 DF, p- value: < 2.2e- 16
```

继续对 model2 进行共线性诊断，若其不存在共线性问题，可考虑将其作为最优模型。

```
# 对模型进行共线性诊断
vif(model2)
```

共线性诊断结果表明，model2 中的 GDP、SecGDP、IndGDP、IndEletr、PerRevenue 这五个变量共线性较高，需对其进行筛选与剔除。

```
> vif(model2)
Pop          PerCons      PerGDP       EngelEff     GDP          SecGDP
7.839950     10.590803    17.044766    2.941649     80.212382157.289807
SecGDP_Str   IndGDP       IndEletr     PerEletr     PerRevenue
1.636520     47.712735    17.513242    1.681929     9.689880
```

（4）确定最优模型

将 model2 中共线性较为严重的 GDP、SecGDP、IndGDP、IndEletr、PerRevenue 自变量进行剔除。又因为 PerCons(人均生活消费支出)与 EngelEff(恩格尔系数)同为居民消费维度的自变量，考虑剔除 EngelEff，保留 PerCons，建立 model3。

```
# 优化模型
model3< - lm(log(Per_CE+ 1)~ Pop+ PerCons+ PerGDP+
                    SecGDP_Str+ PerEletr,data= data)
summary(model3)
```

model3 输出结果表明，POP、PerCons、PerGDP、SecGDP_Str 对因变量影响都较为显著，PerEletr 对因变量影响不显著。Model3 的 Adjusted R-squared 为 0.751，与 model2

比略微下降。

```
> summary(model3)
Coefficients:
              Estimate      Std. Error     t value      Pr(> |t|)
(Intercept)   8.585e- 01    5.010e- 02     17.135       < 2e- 16 * * *
Pop          - 2.945e- 04   4.324e- 05    - 6.812       1.84e- 11 * * *
PerCons       1.980e- 05    2.051e- 06     9.654        < 2e- 16 * * *
PerGDP        2.281e- 06    3.447e- 07     6.617        6.50e- 11 * * *
SecGDP_Str    1.683e+ 00    8.948e- 02     18.814       < 2e- 16 * * *
PerEletr      9.322e- 03    9.330e- 02     0.100        0.92
- - -
Signif. codes: 0 '* * * ' 0.001 '* * ' 0.01 '* ' 0.05 '.' 0.1 ' ' 1

Residual standard error: 0.1621 on 842 degrees of freedom
Multiple R- squared: 0.7524,Adjusted R- squared: 0.751
F- statistic: 511.8 on 5 and 842 DF, p- value: < 2.2e- 16
```

进一步优化模型，剔除 PerEletr，建立 model4。

```
# 优化模型
model4< - lm(log(Per_CE+ 1)~ Pop+ PerCons+ PerGDP+
                        SecGDP_Str,data= data)
summary(model4)
```

model4 中所有自变量对因变量影响都显著，Adjusted R-squared 为 0.751 3，模型拟合度较好。

```
> summary(model4)
Coefficients:
              Estimate      Std. Error     t value      Pr(> |t|)
(Intercept)   8.594e- 01    4.911e- 02     17.500       < 2e- 16 * * *
Pop          - 2.943e- 04   4.316e- 05    - 6.819       1.75e- 11 * * *
PerCons       1.976e- 05    2.024e- 06     9.764        < 2e- 16 * * *
PerGDP        2.283e- 06    3.437e- 07     6.643        5.51e- 11 * * *
SecGDP_Str    1.685e+ 00    8.850e- 02     19.036 < 2e- 16 * * *
- - -
Signif. codes: 0 '* * * ' 0.001 '* * ' 0.01 '* ' 0.05 '.' 0.1 ' ' 1

Residual standard error: 0.162 on 843 degrees of freedom
Multiple R- squared: 0.7524,Adjusted R- squared: 0.7513
F- statistic: 640.5 on 4 and 843 DF, p- value: < 2.2e- 16
```

继续对 model4 进行共线性诊断。

```
# 对模型进行共线性诊断
vif(model4)
```

诊断结果表明 PerCons 和 PerGDP 存在一定的共线性问题。但考虑到两个变量分别是社会维度和经济维度的关键因子，所以在模型中予以保留，将 model4 作为本实验最优模型。读者可尝试将自变量重新组合，建立自己的最优模型。

```
> vif(model4)
Pop        PerCons      PerGDP      SecGDP_Str
1.076216   8.022923     8.209288    1.248054
```

（5）分析江苏省碳排放影响因素相对重要性

为比较 model4 中各自变量对因变量的相对影响大小，使用 scale()函数对变量标准化，用以计算标准化回归系数。

```
# 计算标准化回归系数
model4new< - lm (scale(log(Per_CE+ 1))~ scale(Pop)+
            scale(PerCons)+ scale(PerGDP)+ scale(SecGDP_Str),data= data)
summary(model4new)
```

标准化回归系数表明，常住人口规模（Pop）、人均生活消费支出（PerCons）、人均GDP（PerGDP）、二产占 GDP 比重（SecGDP_Str）对人均碳排放的相对影响程度排序为：人均生活消费支出＞二产占 GDP 比重＞人均 GDP＞常住人口规模。具体而言，人均生活消费支出越多，人均碳排放越大，可能是因为居民生活消费支出增多表示其资源能源消耗增多，导致碳排放增加；二产 GDP 占比越高，人均碳排放越大，可能是因为第二产业是三次产业结构中碳排放的主要来源，其占 GDP 比重大意味着产生碳排放的产业比例较高，使得人均碳排放增加；人均 GDP 越高，城市经济越发达，对资源和能源的需求越大，导致碳排放增加；人口规模越大，人均碳排放越小，可能是因为人口规模的增加使得城市经济社会发展的集约效应凸显，资源能源的人均消耗减少。

```
Coefficients:
                  Estimate      Std. Error     t value      Pr(> |t|)
(Intercept)       5.113e- 16    1.713e- 02     0.000        1
scale(Pop)        - 1.212e- 01  1.778e- 02     - 6.819      1.75e- 11 * * *
scale(PerCons)    4.739e- 01    4.854e- 02     9.764        < 2e- 16 * * *
scale(PerGDP)     3.262e- 01    4.910e- 02     6.643        5.51e- 11 * * *
scale(SecGDP_Str) 3.644e- 01    1.914e- 02     19.036       < 2e- 16 * * *
- - -
Signif. codes: 0 '* * * ' 0.001 '* * ' 0.01 '* ' 0.05 '.' 0.1 ' ' 1

Residual standard error: 0.4987 on 843 degrees of freedom
Multiple R- squared: 0.7524,Adjusted R- squared: 0.7513
F- statistic: 640.5 on 4 and 843 DF, p- value: < 2.2e- 16
```

4. 基于聚类分析的低碳导向江苏省国土空间功能分区

（1）导入数据

将 2020 年各区县碳排碳汇及其关键影响因素数据库"data13_4.csv"文件导入 R 中。该数据库包括上述解析的人均碳排放关键影响因素（人口规模、人均 GDP、人均生活消费支出和二产 GDP 占比），以及碳排放总量（CarbonEmission）和碳汇总量（CarbonSink）变量。对这六个变量进行聚类分析，作为低碳导向国土空间功能分区的依据。读者亦可根据个人理解选择聚类的变量。

```
# 导入数据
setwd("D:/R/handbook/homework13")
data< - read.csv("./data13_4.csv",header= TRUE, sep= ",")
# 提取聚类变量
data1< - data[,2:7]
```

（2）确定最优聚类数与进行平稳性检验

使用 K-Means 聚类分析方法来进行低碳导向的江苏省国土空间功能分区。首先通过 fviz_nbclust() 函数辅助确定最优聚类数。

```
# 调用聚类分析所需的 R 包
library(fpc)
library(factoextra)
library(cluster)
# 确定最优聚类数
set.seed(7)
fviz_nbclust(data1, kmeans, method = "wss") +
  geom_vline(xintercept = 4, linetype = 2)+
  labs(subtitle = "Elbow method")
```

运行结果推荐 K-Means 最优聚类数为 4（图 16 - 5）。

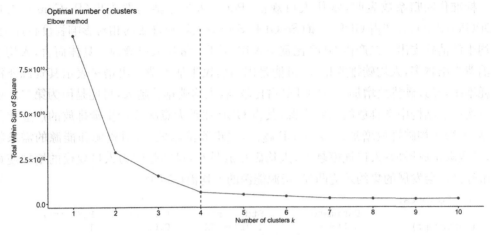

图 16 - 5　最优聚类数图表判别

使用 clusterboot()函数进行聚类数为 4 类的稳定性检验。

```
# 进行最优聚类数的稳定性检验
stab4< - clusterboot(data1,B= 100,bootmethod= "boot",
                     clustermethod= kmeansCBI, krange= 4, seed= 7)
print(stab4)
```

稳定性检验结果显示,第一类具有一定稳定性,第二、三、四类稳定性较好,故最终选择以 4 类进行 K-Means 聚类。

```
> print(stab4)
Number of clusters found in data: 4

Clusterwise Jaccard bootstrap (omitting multiple points) mean:
[1] 0.7381260 0.9084771 0.9179520 0.8962900
```

(3) 进行 K-Means 聚类分析

使用 kmeans()函数,以聚类数为 4 进行聚类分析。

```
# kmeans 聚类
set.seed (7)
km< - kmeans(data1,4)
data2< - cbind(data,km$ cluster)
head(data2)
```

聚类输出结果(前 6 行)显示,江阴市归为第 1 类,南京市区、无锡市区以及宜兴市归为第二类,徐州市区归为第三类,丰县归为第四类。

```
> head(data2)
  Name    Pop    Per_GDP   PerCons  SecGDP_Str  CarbonEmssion CarbonSink  km$ cluster
1 南京市区 932.0  158991.2  32844    0.3519048   70.2          10.2        2
2 无锡市区 439.8  146078.2  32579    0.4237422   28.1          3.5         2
3 江阴市   178.0  231239.0  34329    0.5090514   19.5          1.5         1
4 宜兴市   128.6  142501.0  34164    0.5101708   14.8          3.4         2
5 徐州市区 358.9  103512.9  24214    0.4108317   23.4          4.4         3
6 丰县     93.5   51949.0   19656    0.3590734   4.8           2.2         4
```

(4) 判定聚类结果

虽然 K-Means 聚类分析将江苏省 53 个区县分为 4 类,但不明确每一类的具体特征,可通过雷达图判断每一类区县的聚类特征(图 16 - 6)。

```
# 调用 fmsb 扩展包
library(fmsb)
```

```
# 根据聚类均值设置每个维度变量展示的最大最小值
maxmin < - data.frame(Pop= c(250, 50), Per_GDP= c(210000, 50000),
                PerCons= c(38000,15000),SecGDP_Str= c(0.55,0.35),
                CarbonEmssion= c(25, 5),CarbonSink= c(5,0))
# 将 maxmin 和 km$ centers 纵向合并为数据框
radarfig < - rbind(maxmin,km$ centers)
radarfig < - as.data.frame(radarfig)
# 设置轴标签
colnames(radarfig)< c ("Pop","Per_GDP","PerCons","SecGDP_Str",
                "CarbonEmssion", "CarbonSink")
# 设置雷达图标注字体、字号、图例样式
radarchart(radarfig,pty = 32, axistype= 0, axislabcol= "black", seg= 5,
                pcol = c('blue','yellow','red','green'), plty = 1, plwd = 2,
        cglty = 1, cglcol = "black", centerzero = TRUE,
        vlcex = 1, title = "K-Means 聚类分析")
legend("topleft", c("第一类","第二类","第三类","第四类"),
            fill = c('blue','yellow','red','green'))
```

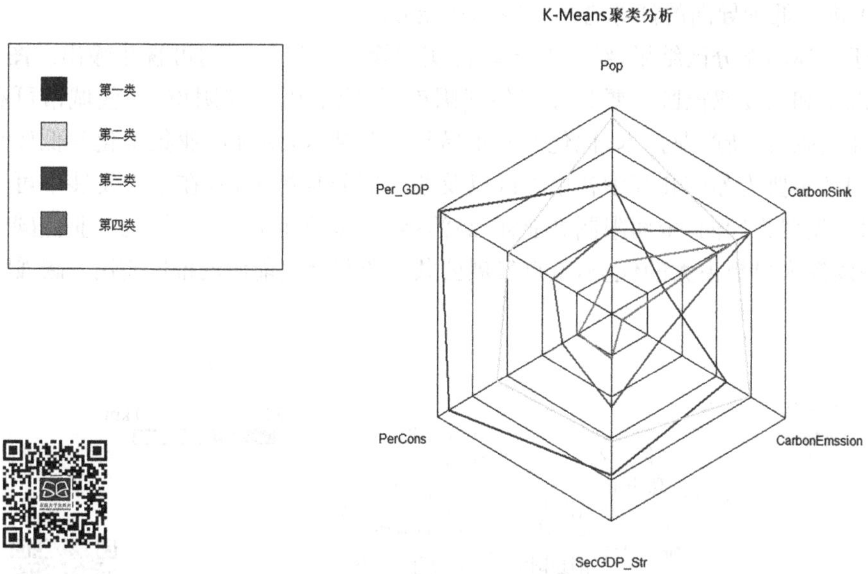

图 16-6　聚类结果雷达图可视化

依据图 16-6 可知，第一类区县人口规模较大、人均 GDP 和人均消费水平高、二产占 GDP 比重高、碳排放较多但碳汇最低，此类区县多为依赖制造业发展的经济发达地区，城市化水平较高，处于低碳发展转型时期，应逐步淘汰其高碳排制造业、提升制造业低碳发展水平，控制该城市碳排放强度和碳排放总量，所以第一类区县可划分为碳总量和强度双控区。第二类区县人口规模最大、人均 GDP 和人均消费水平较高、二产占 GDP 比重较高、碳排放最多但碳汇也较高，说明这类区县经济发展水平较高，人口大量向城市集聚，碳排放总量占江苏省较大比例，控制其碳排放总量的增加对于江苏省实现碳达峰目标具有重要意义，所以第二类区县可划分为碳总量控制区。第三类区县人口规模较小、人均 GDP 和人均消费水平较低、二产占 GDP 比重较低、碳排放较少但碳汇很高，此类区县多为经济欠发达地区，可能处于城市化和工业化中期，承担发达地区的中低端产业转移，碳排放有增长趋势，应着重对其产业进行低碳准入管理，降低碳排放强度，所以第三类区县可划分为碳强度控制区。第四类区县人口规模小、经济相对落后、碳排放少且碳汇相对较高,此类区县城镇化水平较低,以发展农业和服务业为主,未来应着重发挥其农业生产和生态服务功能,保护基本农田和生态基底,所以第四类区县可划分为碳汇功能区。

表16-2　基于聚类分析的江苏省区县类型说明

类别	类别在各变量的特征	类型
第一类	人口规模较大、人均GDP和人均消费水平高、二产占GDP比重高、碳排放较多但碳汇最低	碳总量和强度双控区
第二类	人口规模最大、人均GDP和人均消费水平较高、二产占GDP比重较高、碳排放最多但碳汇也较高	碳总量控制区
第三类	人口规模较小、人均GDP和人均消费水平低、二产占GDP比重较低、碳排放较少但碳汇很高	碳强度控制区
第四类	人口规模小、经济相对落后、碳排放少且碳汇相对较高	碳汇功能区

(5)进行低碳导向的江苏省国土空间功能分区

基于上述功能分区结果,结合GIS软件实现聚类结果的空间可视化输出。图16-7表明碳总量和强度双控区主要为苏南的江阴市、张家港市和江阴市,这些城市可利用雄厚的工业基础,创新产业技术,优化产业布局与产业结构,促进产业集聚化与低碳化。碳总量控制区主要为苏南和苏中各市辖区以及苏南部分县级市,其在未来发展中可以生态优先、绿色发展为导向,全面限制高能耗、高污染、高排放企业,加快传统工业低碳化技术改造,并发挥人口规模大的优势,重点发展公共交通和绿色能源的推广应用。碳强度控制

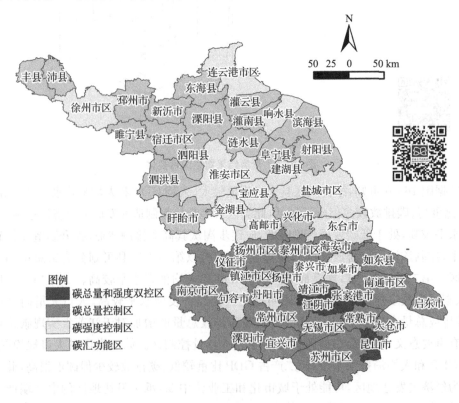

图16-7　低碳导向的江苏省国土空间功能分区

区主要分布于盐城、扬州、泰州以及淮安等苏中、苏北区县，这些城市在今后发展过程中需注意控制城市无序蔓延，通过严格划定永久基本农田和生态保护红线倒逼城市集约化发展，构建低碳产业转移准入机制，推动产业结构优化升级，进一步降低单位 GDP 碳排放强度。碳汇功能区要分布于徐州、宿迁、连云港与盐城四市，其在今后发展过程中应严格划定城镇开发边界，控制建设用地总量，加强生态空间管控，推进农业规模化发展，形成现代农业与特色生态旅游服务区。

16.2.4　实验结论

本实验的主要结论主要有：

① 2020 年江苏省各地级市碳排放总量存在较大差异。苏州市碳排放总量远远超过其他地级市，达到 126.9MT，南京、无锡、南通、徐州、盐城处于碳排放总量第二梯队，碳排放总量在 50MT～71MT 之间，常州、泰州与扬州处于碳排放总量第三梯队，碳排放总量在 40MT～50MT 之间，镇江、连云港、淮安以及宿迁碳排放总量相对较少，碳排放总量在 30MT～40MT 之间。江苏省碳排放压力最大的 10 个区县大都位于苏南地区，碳排放强度最大的 10 个区县大都位于苏北地区。碳排放压力大、碳排放强度大的地区是江苏省实现双碳目标需要重点干预的地区。

② 2000—2011 年江苏省碳排放一直处于快速增长状态，2011—2014 年碳排放增长趋势放缓，2014 年以后碳排放总量趋于稳定。经 ARIMA 模型预测，江苏省 2021－2030 年碳排放将逐年缓慢下降。在未来应将重点放在减少碳排放总量，增加国土空间碳汇总量上。

③ 常住人口规模、人均生活消费支出、人均 GDP、二产占 GDP 比重是人均碳排放的主要影响因素，其中人均生活消费支出、人均 GDP、二产占 GDP 比重对人均碳排放有显著正向影响，而常住人口规模对人均碳排放有显著负向影响，其影响程度排序为：人均生活消费支出＞二产 GDP 占比＞人均 GDP＞常住人口规模。

④ 从江苏省实现双碳目标及低碳协调发展的角度，依据实验获得的人均碳排放关键影响因素指标以及碳排放汇总量指标，将江苏省区县国土空间单元分为 4 类区域：碳总量和强度双控区、碳总量控制区、碳强度控制区、碳汇功能区。碳总量和强度双控区多为省内发达地区，处于低碳发展转型时期，制造业是其支柱产业，碳排放总量和二产占 GDP比重仍然较高，需同时控制碳排放强度和碳排放总量，加速调整产业结构，发展低碳工业，推动传统产业优化升级。碳总量控制区多为省内较发达地区，碳排放总量大，是江苏省实现碳达峰目标的关键区域，可考虑一方面加大科技创新投入，淘汰高碳排产业，优化能源结构；另一方面利用其人口规模大的优势，重点发展公共交通并进行绿色能源的推广应用，加快形成低碳生活方式。碳强度控制区可能承担发达地区的产业转移，碳排放有增长趋势，需着重对其产业进行低碳准入管理，发达地区需对其产业和能源结构转型优化提供创新要素支持。碳汇功能区作为粮食重要基地，碳排放量低，具有一定碳汇资源，该区可充分发挥区域比较优势，在稳定碳汇能力的同时，因地制宜地发展生态产业、旅游业、现代农业等。

主要参考文献

[1] 陆大道. 区位论及区域研究方法[M]. 北京：科学出版社，1988.

[2] 王德忠，庄仁兴. 区域经济联系定量分析初探：以上海与苏锡常地区经济联系为例 [J]. 地理科学，1996，16(1)：51 - 57.

[3] 杜德斌，徐建刚. 影响上海市地价空间分布的区位因子分析[J]. 地理学报，1997，52(5)：403 - 411.

[4] 刘明吉，王秀峰，黄亚楼. 数据挖掘中的数据预处理[J]. 计算机科学，2000，27(4)：54 - 57.

[5] 许国志. 系统科学[M]. 上海：上海科技教育出版社，2000.

[6] 王济川，郭志刚. Logistic 回归模型：方法与应用[M]. 北京：高等教育出版社，2001.

[7] 徐海量，陈亚宁，李卫红. 塔里木河下游环境因子与沙漠化关系多元回归分析[J]. 干旱区研究，2003，20(1)：39 - 43.

[8] 菅志刚，金旭. 数据挖掘中数据预处理的研究与实现[J]. 计算机应用研究，2004，21(7)：117 - 118.

[9] Páez A，Scott D M. Spatial statistics for urban analysis：A review of techniques with examples[J]. *GeoJournal*，2004，61(1)：53 - 67.

[10] 石飞，江薇，王炜，等. 基于土地利用形态的交通生成预测理论方法研究[J]. 土木工程学报，2005，38(3)：115 - 118.

[11] 陈彦光. 中国城市发展的自组织特征与判据：为什么说所有城市都是自组织的? [J]. 城市规划，2006，30(8)：24 - 30.

[12] 颜泽贤，范冬萍，张华夏. 系统科学导论：复杂性探索[M]. 北京：人民出版社，2006.

[13] 黎云，李郇. 我国城市用地规模的影响因素分析[J]. 城市规划，2006，30(10)：14 - 18.

[14] 薛惠锋，寇晓东，秦丕栋. 城市系统工程探索 [M]. 2 版. 北京：国防工业出版社，2007.

[15] 程开明. 统计数据预处理的理论与方法述评[J]. 统计与信息论坛，2007，22(6)：98 - 103.

[16] 吴晓军，薛惠锋. 城市系统研究中的复杂性理论与应用[M]. 西安：西北工业大学出版社，2007.

[17] 艾建国，丁烈云，贺胜兵. 论房价与地价的相互关系：基于北京、上海、武汉数据的实证研究[J]. 城市发展研究，2008，15(1)：77 - 83.

[18] 尹海伟，孔繁花，宗跃光. 城市绿地可达性与公平性评价[J]. 生态学报，2008，28

(7)：3375 – 3383.

[19] 袁晓玲，王霄，何维炜，等. 对城市化质量的综合评价分析：以陕西省为例[J]. 城市发展研究，2008，15(2)：38 – 41.

[20] 许学强，周一星，宁越敏. 城市地理学[M]. 2 版. 北京：高等教育出版社，2009.

[21] 吕卫国，陈雯. 制造业企业区位选择与南京城市空间重构[J]. 地理学报，2009，64(2)：142 – 152.

[22] 邱皓政，林碧芳. 结构方程模型的原理与应用[M]. 北京：中国轻工业出版社，2009.

[23] 尹海伟，徐建刚，孔繁花. 上海城市绿地宜人性对房价的影响[J]. 生态学报，2009，29(8)：4492 – 4500.

[24] 卡塞拉，贝耶. 统计推断 [M]. 张忠占，傅莹莹，译. 北京：机械工业出版社，2009.

[25] 吴明隆. 结构方程模型：AMOS 的操作与应用[M]. 2 版. 重庆：重庆大学出版社，2010.

[26] 任雪松，于秀林. 多元统计分析[M]. 2 版. 北京：中国统计出版社，2011.

[27] 王济川，王小倩，姜宝法. 结构方程模型：方法与应用[M]. 北京：高等教育出版社，2011.

[28] 马静，柴彦威，刘志林. 基于居民出行行为的北京市交通碳排放影响机理[J]. 地理学报，2011，66(8)：1023 – 1032.

[29] 李航. 统计学习方法[M]. 北京：清华大学出版社，2012.

[30] 陈昇，戴琳，寇鹏. 零膨胀泊松回归模型及其在交通事故中的应用[J]. 计算机技术与发展，2013，23(10)：163 – 166.

[31] 石飞. 可持续的城市机动性：公交导向与创新出行[M]. 南京：东南大学出版社，2013.

[32] 桑劲. 基于多元回归模型的规划实施评价方法研究[J]. 规划师，2013，29(10)：79 – 85.

[33] 杨霞，吴东伟. R 语言在大数据处理中的应用[J]. 科技资讯，2013，11(23)：19 – 20.

[34] 柴彦威. 空间行为与行为空间[M]. 南京：东南大学出版社，2014.

[35] Hu H, Geertman S, Hooimeijer P. The willingness to pay for green apartments：The case of Nanjing, China[J]. *Urban Studies*，2014，51(16)：3459 – 3478.

[36] Hu H, Geertman S, Hooimeijer P. Amenity value in post-industrial Chinese Cities：The case of Nanjing[J]. *Urban Geography*，2014，35(3)：420 – 439.

[37] Hu H, Geertman S, Hooimeijer P. Green apartments in Nanjing China：Do developers and planners understand the valuation by residents? [J]. *Housing Studies*，2014，29(1)：26 – 43.

[38] 赵可，张雄，张炳信. 城市化与城市建设用地关系实证：基于中国大陆地区 1982—2011 年时序数据[J]. 华中农业大学学报(社会科学版)，2014(2)：107 – 113.

[39] 陈夫凯，夏乐天. 运用 ARIMA 模型的我国城镇化水平预测[J]. 重庆理工大学学报(自然科学版)，2014，28(4)：133 – 137.

[40] 吴殿廷. 区域系统分析方法研究[M]. 南京：东南大学出版社，2014.

[41] 董志，黄初冬. 整合多源异构的城市规划数据进行认知交流的研究[J]. 地理信息世界，2014，21(5)：13-18.

[42] 林德荣，张军洲. 旅游时间序列的季节性特征研究：以城市入境旅游为例[J]. 旅游学刊，2015，30(1)：63-71.

[43] 罗志刚. 从城镇体系到国家空间系统[M]. 上海：同济大学出版社，2015.

[44] Hu H，Geertman S，Hooimeijer P. Planning support in estimating green housing opportunities for different socioeconomic groups in Nanjing，China[J]. *Environment and Planning B：Planning and Design*，2015，42(2)：316-337.

[45] 尹海伟，罗震东，耿磊. 城市与区域规划空间分析方法[M]. 南京：东南大学出版社，2015.

[46] 黄金川，陈守强. 中国城市群等级类型综合划分[J]. 地理科学进展，2015，34(3)：290-301.

[47] 吴昊，彭正洪. 城市规划中的大数据应用构想[J]. 城市规划，2015，39(9)：93-99.

[48] 关阳，金力，朱李凡. 数据挖掘中的数据预处理问题分析[J]. 数字技术与应用，2015(8)：200.

[49] 石飞，居阳. 公交出行分担率影响因素分析：基于南京主城区的实证研究[J]. 城市规划，2015，39(2)：76-84.

[50] 卡巴科弗. R 语言实战[M]. 高涛，肖楠，陈钢，译. 北京：人民邮电出版社，2013.

[51] 周志华. 机器学习[M]. 北京：清华大学出版社，2016.

[52] 吴殿廷，乔家君. 区域分析与规划高级教程[M]. 2 版. 北京：北京师范大学出版社，2016.

[53] 徐建刚，祁毅，张翔，等. 智慧城市规划方法：适应性视角下的空间分析模型[M]. 南京：东南大学出版社，2016.

[54] Hu H，Geertman S，Hooimeijer P. Personal values that drive the choice for green apartments in Nanjing China：The limited role of environmental values[J]. *Journal of Housing and the Built Environment*，2016，31(4)：659-675.

[55] 刘晶晶，黄璇璇，林德荣. 城市宜居性与旅游发展关系研究：基于面板数据的分析[J]. 人文地理，2016，31(4)：143-152.

[56] 张述嵩，唐亚利. 警惕统计谬误的陷阱[J]. 中国统计，2016(10)：69-72.

[57] 程静，刘家骏，高勇. 基于时间序列聚类方法分析北京出租车出行量的时空特征[J]. 地球信息科学学报，2016，18(9)：1227-1239.

[58] 孙方，王炜，廖聪，等. 基于中心性的乡镇居民点等级划分研究：以重庆市潼南区为例[J]. 经济地理，2016，36(12)：82-88.

[59] 牛强，胡晓婧，等. 我国城市规划计量方法应用综述和总体框架构建[J]. 城市规划学刊，2017(1)：71-78.

[60] 秦萧，甄峰. 大数据与小数据结合：信息时代城市研究方法探讨[J]. 地理科学，2017，37(3)：321-330.

[61] 龙瀛，刘伦伦. 新数据环境下定量城市研究的四个变革[J]. 国际城市规划，2017，32(1)：64-73.

[62] 朱杰. 城市交通事故的时空分布规律及其环境影响因素：以上海为例[D]. 上海：华东师范大学，2017.

[63] 李春光，徐元国，屈时雨. 河南承接产业转移城市综合承载力的时空演变[J]. 经济地理，2017，37(1)：134-141.

[64] 丁志伟，王发曾. 城市-区域系统综合发展的理论与实践[M]. 北京：中国经济出版社，2017.

[65] 崔功豪，魏清泉，刘科伟. 区域分析与区域规划[M]. 3版. 北京：高等教育出版社，2018.

[66] 胡宏，徐建刚. 复杂理论视角下城市健康地理学探析[J]. 人文地理，2018，33(6)：1-8.

[67] 魏振香，孙东兴. 青岛市生态城市发展水平综合研究[J]. 生态经济，2018，34(12)：70-75.

[68] Hu H, Geertman S, Hooimeijer P. Market-conscious planning：A planning support methodology for estimating the added value of sustainable development in fast urbanizing China[J]. *Applied Spatial Analysis and Policy*，2018，11(2)：397-413.

[69] Hu H, Xu J G, Shen Q, et al. Travel mode choices in small cities of China：A case study of Changting[J]. *Transportation Research Part D：Transport and Environment*，2018，59：361-374.

[70] Hu H, Geertman S, Hooimeijer P. Personal values that drive the choice for green apartments in Nanjing China：The limited role of environmental values[J]. *Journal of Housing and the Built Environment*，2016，31(4)：659-675.

[71] 秦艺帆，石飞. 地图时空大数据爬取与规划分析教程[M]. 南京：东南大学出版社，2019.

[72] 何宛余，李春，聂广洋，等. 深度学习在城市感知的应用可能：基于卷积神经网络的图像判别分析[J]. 国际城市规划，2019，34(1)：8-17.

[73] 范峻恺，徐建刚，胡宏. 基于BP神经网络模型的海绵城市建设适宜性评价：以福建省长汀县为例[J]. 生态经济，2019，35(11)：222-229.

[74] 王海波，倪鹏飞，龚维进，等. 从全球视角看中国城市格局、层级与类型：基于全球城市竞争力数据的研究[J]. 北京工业大学学报(社会科学版)，2019，19(1)：60-68.

[75] 李智轩，胡宏. 基于计划行为理论的城市居住分异对居民健康活动的影响研究[J]. 地理科学进展，2019，38(11)：1-14.

[76] 陈伟清，赵文超，张学垚. 基于主成分分析法的南宁市新型智慧城市建设研究[J]. 生态经济，2019，35(4)：99-103.

[77] 格罗勒芒德. R语言入门与实践[M]. 冯凌秉，译. 北京：人民邮电出版社，2020.

[78] 李林. 智慧城市大数据与人工智能[M]. 南京：东南大学出版社，2020.

[79] Hu H, Xu J G, Zhang X. The role of housing wealth, financial wealth, and social

welfare in elderly households' consumption behaviors in China[J]. *Cities*, 2020, 96: 102437.

[80] 徐建刚, 祁毅, 胡宏, 等. 数字城市规划教程[M]. 南京: 东南大学出版社, 2019.

[81] 闫坤如, 李宏. 大数据时代的"统计陷阱"及其规避探析[J]. 学术研究, 2020(5): 23 - 28.

[82] 席广亮. 城市流动性与智慧城市空间组织[M]. 北京: 商务印书馆, 2021.

[83] 夏四友, 杨宇. 基于主体功能区的京津冀城市群碳收支时空分异与碳补偿分区[J]. 地理学报, 2022, 77(3): 679 - 696.

[84] 蒋金亮, 陈军, 席广亮, 等. 数据驱动的国土空间规划新技术应用探讨[J]. 上海城市规划, 2022(2): 108 - 113.

[85] 蒋昀辰, 钟苏娟, 王逸, 等. 全国各省域碳达峰时空特征及影响因素[J]. 自然资源学报, 2022, 37(5): 1289 - 1302.

[86] 宋府霖, 韩传峰, 滕敏敏. 长三角地区能源消费碳排放驱动因素分析及优化策略[J]. 生态经济, 2022, 38(4): 21 - 28.

[87] 甄峰, 王波, 秦萧. 基于大数据的城市研究与规划方法创新[M]. 北京: 中国建筑工业出版社, 2015.

[88] Ewing R, Park K. Basic quantitative research methods for urban planners[M]. New York: Routledge, 2020.